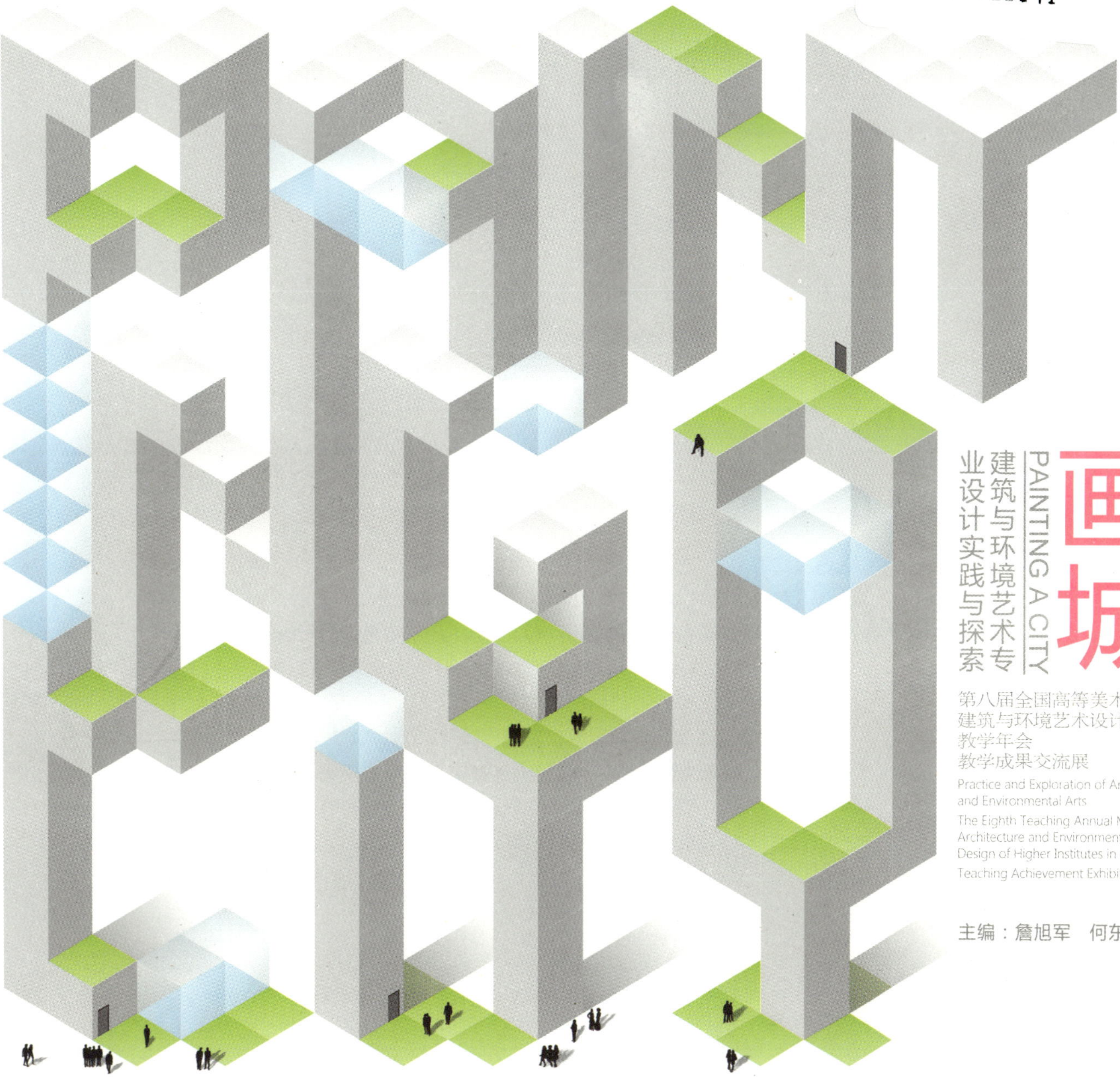

画城

PAINTING A CITY

建筑与环境艺术专业设计实践与探索

第八届全国高等美术院校
建筑与环境艺术设计专业
教学年会
教学成果交流展

Practice and Exploration of Architecture and Environmental Arts

The Eighth Teaching Annual Meeting of Architecture and Environmental Art Design of Higher Institutes in China

Teaching Achievement Exhibition

主编：詹旭军　何东明

中国建筑工业出版社

图书在版编目（CIP）数据

画城 建筑与环境艺术专业设计实践与探索／詹旭军，何东明主编．—北京：中国建筑工业出版社，2011.11

ISBN 978-7-112-13711-4

Ⅰ.①画… Ⅱ.①詹…②何… Ⅲ.①建筑设计－作品集－中国－现代②环境设计－作品集－中国－现代 Ⅳ.①TU206②TU-856

中国版本图书馆CIP数据核字（2011）第211889号

责任编辑：唐 旭 张 华

责任校对：王誉欣 陈晶晶

画城 建筑与环境艺术专业设计实践与探索

PAINTING A CITY Practice and Exploration of Architecture and Environmental Arts

主编：詹旭军 何东明

*

中国建筑工业出版社出版、发行（北京西郊百万庄）

各地新华书店、建筑书店经销

北京嘉泰利德公司制版

北京画中画印刷有限公司

*

开本：889×1194毫米 1/20 印张：9⅖ 字数：265千字

2011年11月第一版 2011年11月第一次印刷

定价：68.00元

ISBN 978-7-112-13711-4

（21496）

参展院校

中央美术学院
湖北美术学院
广州美术学院
四川美术学院
中国美术学院
天津美术学院
鲁迅美术学院
西安美术学院
清华大学美术学院
上海大学美术学院
江汉大学
武汉纺织大学
沈阳建筑大学
天津商业大学德宝学院
北方工业大学
东北大学
天津大学
中国美术学院艺术设计职业技术学院
南京林业大学
海南师范大学
浙江科技学院
天津工业大学
南开大学
天津职业技术师范大学
天津科技大学
天津职业大学
安徽工程大学
东华大学

前言
FOREWORD

环境艺术在国内是一个年轻而充满活力的专业，从1985年部分高校设立该专业到今天不过20几年的历史，但她却在这短短光景里见证了社会的飞速发展，见证了社会环境意识的进步——从《华沙宣言》到《里约环境与发展宣言》，从坊间对环境保护的呐喊到环境设计成为社会主流话语等。与此同时，环境艺术专业相继在各大高校开设，并逐渐成为学科中的一个庞茂的专业。然而这20多年的发展对环境艺术专业来说并不是一路坦途，由于环境艺术专业学科本身的边缘性和交互性，使得她在发展的过程中不得不面对学科定位以及教学目标等确定性问题。这既有对专业界定的历史症结，也有时下关于环艺发展的疑惑。我们在此姑且回避环艺与室内、景观与规划等专业定义之间甚嚣尘上的争执，如果换个角度来说，社会发展对于诸如环境艺术之类的交互式专业人才需求是否更为迫切？答案显然是肯定的。

随着信息化时代的发展，人们也越来越发现被工业时代捧为圣物的技术反而不再是问题，倒是差异化、地域性等成为了时代的精神诉求，这是因为信息碾平了世界，世界也变得越来越充满了游戏感而失去了真实的尺量。显然在这样的时代语境下，我们似乎更需要的是对技术伦理的安抚，对环境对个体的人文关怀，这与艺术精神是一致的。所以，为环艺专业注入艺术精神，为我们生活的城市画上美丽的色彩，使人们能徜徉于诗意的街巷，成为了社会赋予环艺专业的时代课题，这也成为了我们对环艺专业思考的新的线索。这些年，湖北美术学院环艺系在专业构架与教学理念上进行了不同的探索，尤其是在课程教学中更多地关注了设计的地域性的思考，以及在操作中对材料与建造的探索。我们非常欣慰地看到各个兄弟院校在环艺教学中特色鲜明的思考与革新，特别是在各院校学生作品中我们读到了这种变化与尝试，这也使我们颇为受益。

今年我院作为“第八届全国高等美术院校建筑与环境艺术设计专业教学年会”的主办方，特以“艺术城市”为题并契合武汉双年展活动展开了对当下城市发展的讨论。之所以以“艺术城市”为题，主要基于我们希望发声于本土，拾取一个普通市民拙朴而真实的视角，叙述关于对自己生活城市的记忆和梦想：它可能是共识而经典的记忆，也可能是偶然而市井的记忆；它可能是充满了奇幻的梦想，也可能是井然而有序的梦想。不论怎样，这始终是我们思考城市发展的一个普众视角，它为我们设计师开启了一扇解读城市之窗。

作为首届武汉双年展的承办单位，我们将会为公众呈现武汉不同的城市记忆片段和武汉城市肌理的变迁历程。武汉是一座榻卧于长江之畔的文化名城，它在历史的沿河中沧桑变幻，沉浮千载；它从繁华商埠到近代工业摇篮再到新中国工业基地，一直以其自身的地缘与经济、政治的优势而自豪。这种优越感所折射的“大武汉”的情结时至今日仍旧寄放在每个“老武汉”人的内心深处。武汉在历史中也是一个重要的商都。从民国时期的“货到汉口”到改革开放初期的汉正街，武汉的里巷之间沉积了浓郁的商业市侩气。这种坊间的汉腔文化是武汉作为码头城市与商业舶来品以及南来北往的小商贩相互融合的结果。所以，对于武汉的城市文化来说，似乎“小商品”、“大工业”的概括再为贴切不过了。随着20世纪80年代初改革开放的迈进，武汉逐渐在政治主导的东渐西弱的经济格局下失去了话语权，加之时代技术的变革更使得武汉老的工业优势逐渐失去，汉正街让位于浙江义乌，大工业让位于沿海新兴产业，武汉不折不扣地进入了后工业时代，整个城市庞然沉浸在后工业的镇痛之中，以至于在多年的发展中沉默而失语。尽管如此，武汉一直没有割舍它那份对工业相守为伴的情结，早至张之洞创办的汉阳钢厂，近到武钢、武重、武锅、武船，关于武汉的工业史总是流淌着令人津津乐道的佳话。在今天的武汉，我们依然能看见各个厂区遗留下来的鳞次栉比的“红房子”，它们深深地烙印在城市发展的肌理中。

的确，一座城市的发展总是寄托了太多的梦想，城市可能是柯布西耶式的光辉城市，也可能是特兰西克式图底鲜明的步行城市，也可能是卡尔维诺式记忆丰满的城市等，总之，城市与它承载的文化哺育了生活于此的市民，也为他们缔造着精神与梦想的家园。城市的灵魂在于它衍衍不息的地域性和节奏渐进的都市性，城市是一个关于复写记忆与艺术创作的画框……在今天，新的建设蓝图正在悄然改变武汉的风貌，基础设施不断被完善，工业也被注入新的活力，然而城市街区空间的延续与修复似乎更待我们设计师去思考，除却这个城市厚重的工业遗产与商业文化，我们可能需要更多的是美学与伦理，也许这就是武汉的城市之梦吧。

本次年会我们欣喜地收到了各大院校学生大量的优秀作品，有对城市再造的思考，有对都市景观、聚落景观的创意，有对城市建筑的创作，还有地域性批判的建筑作品等，数量上比往届更多，创意也更为丰富，在这些作品中我们看到了学生们各有特色的设计，尽管有的作品略显稚嫩但却饱含新意。由此，我们特别遴选部分优秀的作品攒成一个集子，作为一个交流的平台。我们期望通过作品中所反映的差异性的教学成果，以促成各个院校相互交流。在此，我们特别感谢主办方——中国建筑工业出版社与中央美术学院不遗余力的组织、协调，特别感谢各大兄弟院校的积极支持，也特别感谢各位指导老师的积极指导。我们相信通过大家的共同努力，这个活动会越办越好，会有更多更好的作品在往后的活动中出现。由于编排仓促，不免有误，期待各位读者和专家批评指正。

詹旭军　何东明

湖北美术学院环境艺术设计系

目　录
CONTENTS

城市话谈 CITY TALKING

现成品的另类切入
——后现代艺术视野中的旧工业厂房改造

近几年来，中国城市中的旧建筑再利用，特别是旧工业厂房的改造，已成为一种新的设计类型，时尚的创意空间把建筑、设计、艺术紧紧地联系在一起，人们正在以激动人心的新方式，诠释着各种先前散乱的建筑与城市景观秩序，力图以历史为依托来挖掘和放大当代文化价值。在艺术另类的视角下，旧工业厂房这种原先被认为是低历史价值的建筑，所拥有的重要的意义开始被人们从更加广阔的视野加深理解。而由信息爆炸引发的社会面貌和人类观念大动荡和大改变，使设计也经历着“质”的变化。

与过去相比，后工业社会最根本的改变还是在思想观念和思维方式上。之前，“两极对立”是人们理解世界的主要方式，然而随着信息的侵入，物质与精神的对立似乎正在消失。随着这种对立的消失，工具理性以及这种理性依赖的逻辑原则也正在受冷落，以往那些被人们视为相互对立的和矛盾的现象，不再呈现一种一方压倒另一方的关系，而是同时呈现，甚至相互融合。一向作为“工具理性”之典型表现的设计领域一反常态，越来越追求一种无目的性的，不可预料的和无法准确测定的抒情价值，与“种种能引起诗意反应的物品”。很明显，这种价值正是当代艺术的追求。这意味着，在当今社会中，设计产品正在迅速地与艺术产品靠拢，设计过程正在与艺术创造接近。人们已经证明“设计应该被认为是一个技术的或艺术的活动。设计——似乎可以变成过去各自单方面发展的科学技术和人文文化之间一个基本的和必要的链条或第三要素。”总之，设计与艺术之间的界限正在消失，一个二者之间对话的“边缘地带”迅速形成。

从20世纪初开始，在勃拉克与毕加索的拼贴画中就加入了外来的异体。一片画纸、一张晚报的碎片，都是向日常生活借来的“现成品”。魔盒一旦打开，从此以后，就出现了一个无穷无尽的实验性场所。

后现代艺术家最重要的起跳点是达达主义的主要人物马歇尔·杜尚的反美学主张以及“现成品”的概念。杜尚在那些现成物体中，发现了一些在本质上涉及艺术史中历史价值问题的形式。他使用了“现成物体”这个术语，用来标明这种作法的形式。这些现成物体的选择，从来不受什么审美快感的支配，以视觉的无所反应为基础，偶尔写在现成物体上的短句是最重要的，它不是一个标题，而是“把观者的思想带到另外一种主要是受字眼支配的领域中去”。对他来说，制作艺术品的概念是“发现”而不是物体的独特性。现成品的使用，可以被视为是后现代艺术的一个重要标志，它改变了传统的艺术创作方式，使材料的范畴无限扩大，更把艺术家的注意力从作品的制作过程引向了艺术家在创作作品时的意图。

诸多后现代艺术家的实践表明：“重要的事情不是去创造新的视觉可能性，而是把你生活中的现实组织到一种描述中去……一个以描述为目的的画家真正的困难，是确定他自己作为一个现实主义者的方式……把时间和空间扩展为一种新的精神行为。”此时，艺术家已经不再把个性化的视觉效果或者说形式上的突破作为自己的主要目标，“现成品”的另类切入，也不仅仅从材料角度和现代生活建立一种联系，而是开始挖掘材料以及使用材料的方式所具有的描述性意义或者象征意义，也就是考虑如何把媒介与形式作为表达艺术家观念与感受的载体。

从毕加索的“拼贴”，到马塞尔·杜尚的“现成品”，基里柯的“达”，约瑟夫·科内尔的“盒子”，罗伯特·劳申伯格的“集成”，路易斯·尼维尔森的“装置艺术”，约瑟夫·库苏斯的“观念艺术”，或者戈登·马塔·克拉克的“解构”……这只是其中很少一些，但它们足以说明，已有的事物与新生事物一样很容易产生出新的含义的。创造性地重新调整和定位已知事物，会带来新的感悟和演绎，随着这股潮流，正在成长的一代艺术家与设计师，他们几乎是下意识地在这样的重组的基础上成就了非常自由而丰富的作品。

设计由此变成一个编辑的过程，而非新发明或个人的宣言。在后现代艺术的视野中，此时旧建筑也与环境形成了新的对话关系，“解构主义”建筑师库哈斯的“功能置换”策略，“极少主义”建筑师赫尔佐格和德梅隆的“表皮”设计策略，“高技派”建筑师福斯特的“新技术”策略，“新地域主义”建筑师莫内欧对建筑的“诗意”诠释。几位大师处理旧建筑的思想和方法中，相同的是他们关注建筑中的最基本问题，围绕着基本功能问题提出解决方法，这种相同的出发点，却产生了不同的形式，其根本在于他们敏感地针对旧建筑的不同情况，所采取的不同的处理态度和方法。库哈斯的“拼贴”、赫尔佐格和德梅隆的“包裹”、福斯特的“并置”、莫内欧的“重叠”，可以看到后现代艺术的视觉方式在旧建筑再利用设计中的显现。

如果把每个改造都看做是新实验，那么实验的初衷源于新的功能要求下可能出现的新状态，对材料的重新挖掘，开发新的可能性，把这种可能性与功能和城市相结合，童话也就变成了动人的现实。

20世纪90年代末，中国开始出现改造和利用工业建筑为文化空间的现象。这种空间的出现首先是因为都市发展和功能的转型，许多工厂被迫搬离城市中心地带与近郊；再次是由于技术进步导致对空间需求的变化，旧有的空间失去使用价值；有时则是整个产业的衰败遗留下了空间。无论是哪一种原因，这类空间出现正是所谓后工业时代来临的具体征象。

一大批艺术家、设计人和各种各样的文化机构进驻空置厂房，包括设计、出版、展示、演出、艺术家工作室等文化生产行业，也包括精品家居、时装、酒吧、餐饮等服务性行业。出于各种特殊的行业要求和使用目的，入驻者将原有的工业厂房进行了大规模的重新定义与改造，他们带来的是对于建筑和生活方式的个性化的理解。这些空置厂房经他们改造后成为新的建筑作品，与厂区的旧有建筑展开了生动的对话：在历史文脉与发展范式之间，实用与审美之间。而这批入驻者的生存方式本身就是经济改革的产物，他们展示了个人理念与社会经济结构之间新的关系：在乌托邦与现实，记忆与未来之间。

798工厂、八号桥、LOFT49等已经由一个地理概念演化为一个文化概念，甚至成为了城市中新的文化旅游景区。LOFT现象所呈现的是一种生活方式，一种处理艺术与生活的关系的新策略。这种方式是艺术家的个人理想与新经济模式、新社会结构，与都市化进程共同作用的结果。

五六十年代已经成为新的遗产，其建筑本身已经成为情感投射对象，怀旧情绪的指向。LOFT文化现象提醒我们，不但要保护历史文化建筑，也要适当保护新中国早期的建筑遗存。应该站在新的社会构架和城市沙盘的这边，重新审视和评估它的价值与能量。

厂房的改造和再利用成为城市再生的一个契机，从深层意义上说旧厂房改造热表现出对现代城市问题的一种反思，但表层意义上说它更表达了城市人的一种文化和审美价值取向的转变。

20世纪60年代的工业建筑，更多地表现为基本功能的空间属性，它几乎把建筑艺术内涵范围内的象征风格、审美、形式感完全剥离。存在于建筑体内的水泥、梁柱结构被暴露无遗，与当今后工业时代的审美取向一拍即合。这些在当年最无文化色彩，最缺少时代面貌的工业建筑，反倒成了那个文化残留在今天的重要视觉元素。今天站在空旷的空置厂房里，仿佛还能看到当年社会主义生产的集体协作的忙碌身影，能听到抓革命促生产的广播声，你的怀旧甚至也无需借助于犹在壁上的革命年代的红色标语和语录，社会主义生产的痕迹似乎无处不在。工业建筑已演变成为感性的寄寓物，拟像渗透了仍然坚固的墙体，作为工业建筑的这些基本建筑，在今天却因为它的朴素性而成为极适合于意义附着的活跃的能指，你可以无穷无尽地阐释它……

后现代艺术对“现成品”的使用，并不仅仅是形式上求变的需要，其中蕴含的是对当今环境状况的敏感反映，这实际上与环境科学的研究是同步的。旧建筑的再利用也是在此时被提到一个迫切的高度，这也充分说明现象的产生不是偶然的，是人文与自然科学的发展深度所决定的。旧工业厂房改变为创意空间正是后工业时代特征的具象表征，是社会发展的必然。

周　彤

湖北美术学院环境艺术设计系副教授、系副主任

艺术城市的历史传承

——对武汉近代历史民居建筑保护的思考

当下的中国，城市化进程正处于加速发展的时期，其推进速度之快令人瞩目。未来的城市发展是社会进步的必然规律，随着城市的建设，打破原有的城市状态和格局势在必行，但一座城市的艺术性必然在于其发展过程和历史风貌。当上海世博会以全新的姿态呈现在世人面前，展示着人类社会经济、文化、科技成果的同时，也凸显出中西方在未来城市建设发展上所持观点的异同。回望有着百年历史的世博会，其举办宗旨和会址建设无不是对城市发展的启迪。有数据表明，两百年来城乡生活的人类比例发生了巨大的改变，在二百年前城市生活人口只占全球人口的3%，一百年前比例上升到近15%，而2009年这一比例达到了近40%。这种发展速度并不是人们所期望的。当前全国性的城市化进程下，新的城市不断形成、组合、重构、重复，千篇一律的新城区建筑加速地来到我们面前。城市变得越来越单调、枯燥、乏味，缺乏个性。为此专家学者提出了质疑，并积极构建、研究新的中国城市建筑科学，希望广泛吸收从世界各国城市规划发展中获得的成功经验以及失败的教训，营造出具有中国特色的未来城市建设模式。历史证明，中国及世界上优美宜居的城市，无一不是具有独特的地域特色以及丰富的物质及文化精神生活内涵的集合体。

建筑是城市组成的重要载体。任何建筑的产生与发展,总是和它所处时代的政治与文化背景紧密相连,是城市历史文脉的表现和物化。历史建筑是一座城市的宝贵遗产和财富，是城市环境特色与生活风貌最为重要的人文因素反映。伴随着城市建设的高速发展，近年来许多老城区由于其位置的商业价值而被大规模开发，那些历史名城及其个性特征的城市历史建筑集中回到我们的关注视线之中。不可否认，历代设计师对这一极具争议但无法回避的议题进行过不懈地努力，涌现出不少改造再利用的设计成果，带给了我们众多新的视觉印象。然而在此时我们也切实地看到，在一些历史建筑的改造中，由于规划设计不当，使得我们永远失去了许多无法复得的宝贵遗产，特别是大面积的拆除及不合理的改建，众多有特色的历史建筑在我们眼中快速消失，令人惋惜。在此时，如何继承与保护历史建筑这一文化遗产，并将其融入当代高速发展的城市建设中，使其延续城市文脉和个性，是一个世界性课题，也是我们未来城市可持续发展中一个不可回避的现实问题。

作为国家第二批历史文化名城的武汉，以其悠久历史、城市规模和经济地位，早已成为中国内陆的特大中心城市，并以其众多的近代历史建筑而独具特色。城市历史建筑形成于特定的历史时期，蕴涵着一座城市独特的地域文化，是城市个性魅力的一个重要组成部分，对城市风貌的形成产生了较大的影响。只是由于建成的年代久远，时至今日历史建筑的设施、功能已经不能满足日益增长的居住、工作要求，且还有不少历史建筑由于年久失修，过度使用，已成为危旧房屋，迫切需要进行更新及改造。近年来，武汉市的旧城改造如火如荼，老城区大多被高楼大厦所取代。处于繁华地段的历史建筑也不可避免地成为被拆除的对象，诸多武汉人耳熟能详的历史建筑和地名一夜间便成为了历史。如今，北京打响“保卫胡同”的战役，上海大力保护、改造石库门而成为各方取经的典范，那么仍具相当规模、有近百年历史的武汉历史建筑呢？我们该如何面对城市的迅速发展？在历史街区的更新改造过程中怎样继承这笔不可复得的近代历史建筑文化遗产，直至维护武汉市作为中国历史文化名城的地位，体现出其近代城市所独有的风貌特色与老城旧韵的等等问题，是亟须引起城市决策者、社会和相关部门重视与关注的大事情。对近代历史建筑以及住区环境的理性改造，也必将成为新世纪武汉市现代化城市建设中的一出重头戏。

武汉拥有优秀的历史建筑遗产这一认识，近年来随着可持续发展观念的深入人心，人们的保护意识有所提高，在老建筑的保护和利用上取得了一些成效，但是因为处于起步阶段，仍然有许多的问题需要解决：

1.目前仍然缺乏老建筑保护的完整的长效运行机制。对历史建筑的保护要提高到“城市生存价值”上来认识，形成制度和共识，才可避免在老建筑的保护中为商业目的让路，因为一些短视的经济因素而牺牲了属于不可再生资源的历史建筑中最宝贵的东西。

2.政府和民间都缺乏保护的理性认识和有效的保护手段，缺乏专门的具有执行权力的政策执行机构和技术研究机构。多年来保护的呼声似乎停留在民间，在少数知名度比较高的历史建筑受到保护的同时，往往还有大部分的老建筑正在被有意识或无意识的遭到破坏，甚至是在保护口号之下的破坏。

3.老建筑保护的理论研究和技术的不发达导致了老建筑保护中的手段单一。对历史建筑生命力的激活仅靠保留外壳是不够的，关键还在于合理的使用。但目前对老建筑的开发利用意识不够，仅有的民间自发个人行为处于自生自灭的状态，政府缺乏鼓励和引导，不能够使老建筑的再利用产生更多的经济和社会效益，保护成为城市发展的包袱，这是保护工作迟迟无法收效和推而广之的重要原因。

对于一座完整的历史文化名城来说，既要有新建设的“楚河汉街”，同时更要拥有足够大的、足以体现名城特色的历史街区，才可真实反映其历史风貌。因此应扩大历史街区的保护范围，对具有保存价值及风貌特色的历史建筑与住宅环境进行成套化改造，其范围比例应达到全市旧城区内历史建筑与人居环境的35%以上。

历史民居建筑的老化是必然的。因此在老街区的保护中，一方面科学衡量街区的承受能力，要设法迁出多余居民，为历史建筑减负。另一方面要加大修缮力度，修旧如旧，延续建筑的生存寿命。在此同时还有必要进行“渐进性重构”，小规模的、逐渐的对无法维持的老建筑按原貌进行更新重建，使老街区形成有机的“微循环”。对损毁严重的里巷和民居，其更新改造设计的方法可参考上海市北京路附近中国与荷兰合作进行的张家宅94号街坊改造的形式，在其改造设计中保留了四条基本完整的历史建筑，对质量较差的房屋进行了拆除重建。这些拆建的新房屋，其外观处理仍利用了原有房屋的许多构件，以使之能与旧房取得形式上的联系。这种成套化更新改造方法是国际上通行的旧房改造重要模式，故应将其用作武汉市旧城区内历史建筑与人居环境更新改造的主要形式。

总的来看，提出选择局部与整体渐进性重构的改造方式的建议，其目的就是为了紧紧围绕历史建筑风貌保护与重构，从可持续发展高度与整体的环境规划设计视角，研究其未来发展的方向。我们深感，在城市的现代化建设中，如果以牺牲城市的特色和文化生态为代价，造成人文链条的断裂和城市文脉的丧失，其结果是不堪设想的。作为武汉独有的建筑品牌——历史民居，在未来城市发展中构成独特的武汉景观方面，在保留武汉的城市艺术风貌方面，应该具有特殊的、不可取代的重要价值。

傅 欣

武汉纺织大学教授

武汉纺织大学艺术与设计学院副院长

01 艺术城市篇

ART CITY CHAPTER

作　　品：非反肚（适生建筑模型）
作　　者：卢海峰（指导老师）
邱丽芳　苏文静　陈云才　艾　嘉　郭炼宇　林泽丰　傅诗然　孙桃欢
付沙鸥　李翠连　李芳婷　杨利华　关亢亢　林　畅　葉美智
指导教师：卢海峰
单　　位：广州美术学院

非反肚
UNPaunchUP

适生建筑模型

建筑与环境艺术设计学院
广州美术学院

在这次尝试中，我们放弃了常规的建筑结构……

为了实现框架的应变能力（Y），我们将建筑框架变成是软的，像渔网一样，具有弹性，可以弯曲，可以改变造型，而模块（S）可以随意叠加，居民可以自由穿梭。

（参见 Model_1008）

缸1（新水缸）

缸2

model_1012
Y框架与S模块 #3

卢海峰

作　　品：非反肚（适生建筑模型）
作　　者：卢海峰（指导老师）
　　　　　邱丽芳　苏文静　陈云才　艾　嘉　郭炼宇　林泽丰　傅诗然　孙桃欢
　　　　　付沙鸥　李翠连　李芳婷　杨利华　关亢亢　林　畅　葉美智
指导教师：卢海峰
单　　位：广州美术学院

三尖八角——城市建筑的数量与密度的不断增长，意味着人类个人空间不断地膨胀，对自然公共空间的不断入侵与挤压。也许有那么一天，我们的城市建筑的密度到了极限，人会做何想法呢？为了探求答案，我们试着为非反肚的迷你居民（鱼）做了一个超高密度的三尖八角世界，供我们做初步的观察与思考！

空间是流体，万物皆处其中。流体中不同的位置具有不同的流向与流势，如果将其用数学方法去测量，我们可以得到一个混沌的流体矩阵。在流体中，梭形具有独特的性能，它能在动态中趋宁静、在炎热中趋凉爽、在寒冷中趋温暖。

敏感梭是一个梭形的居所，它对流体环境极其敏感，可旋转、开合、呼吸，随流体动而动。

缸3

model_1011
入侵#2 _ 三尖八角

关亢亢、林畅、葉美智

缸4

model_1001
敏感梭

邱丽芳 苏文静 陈云才

作　　品：非反肚（适生建筑模型）
作　　者：卢海峰（指导老师）
　　　　　邱丽芳　苏文静　陈云才　艾　嘉　郭炼宇　林泽丰　傅诗然　孙桃欢
　　　　　付沙鸥　李翠连　李芳婷　杨利华　关亢亢　林　畅　葉美智
指导教师：卢海峰
单　　位：广州美术学院

随着地球气候的变化，在夏季，我们生活的都市的气温越来越高，街道上火辣的阳光再也让人无法忍受……

在“丛林”中，高大的核心筒支撑着一个大“曲面”，高楼大厦从曲面的底部倒着往下生长。这样的景像就好像整个常规的都市连同地表被一起翻了个底朝天。

在这里，顶部的“曲面”像树冠，遮挡了炎热的阳光，凉快的阴影无处不在，走在阴影里给人绝对的“丛林”感受。

这个“曲面”可以被建造成一个新的地平面，有山有水，有花有木，为都市人享受真自然提供了可能。“丛林”令都市里的自然被双层化了。

自然是动态的，不稳定，暴雨、地震、洪水……总会发生。于是，在常规的建筑框架中，我们试图加入了应变（Y）机能，使其能对不同的自然变化作出一定的反应。

同时，人的生活也是动态的，从单身到一家三口、从打工仔到老板、从与朋友聚会到陪儿女玩泥沙……为了满足这些需要，我们被迫不停地装修、改建、换房，造成大量资源的浪费。于是，我们试图将房子设计成像积木一样的模块，可以加减、重组、回收……甚至租用，具有适应（S）生活变化的机能。

这就是应变框架与适生模块概念，两者二位一体，巧妙结合。

在这个概念下，我们得到的是可以在灾难中救人、可以新城建设（包括灾区重建）中低成本快速建造，可以为同一主人服务更长时间的居所。

在这次的研究中，我们尝试去除建筑的多余体块与面，将重点集中到建筑动态可塑性上。同时，我们将建筑的第三方——建筑师加于建筑的“个人形式表现”尽可能减少，让建筑根据居民的动态生活需要而自动生成。

缸5

Model_1007
丛林

艾嘉、林泽丰、傅诗然

缸6

Y框架与S模块 #2

艾嘉、郭炼宇、林泽丰、孙桃欢

作　　品：非反肚（适生建筑模型）
作　　者：卢海峰（指导老师）
邱丽芳　苏文静　陈云才　艾　嘉　郭炼宇　林泽丰　傅诗然　孙桃欢
付沙鸥　李翠连　李芳婷　杨利华　关亢亢　林　畅　葉美智
指导教师：卢海峰
单　　位：广州美术学院

建筑与衣服一样，都是人与自然之间的分隔。但是按照常规，建筑的分隔是“硬”的（比如楼板、隔墙、窗户等），而衣服的分隔是“软”的。在保护生命的同时，建筑的“硬”规范和限制了人的行为，衣服的“软”却能顺应人的姿态。在“软建筑”当中，我们试图打破“硬”常规，让建筑象衣服一样“软起来”，增加建筑的适应能力，包括对人的行为适应、对自然力量的适应。

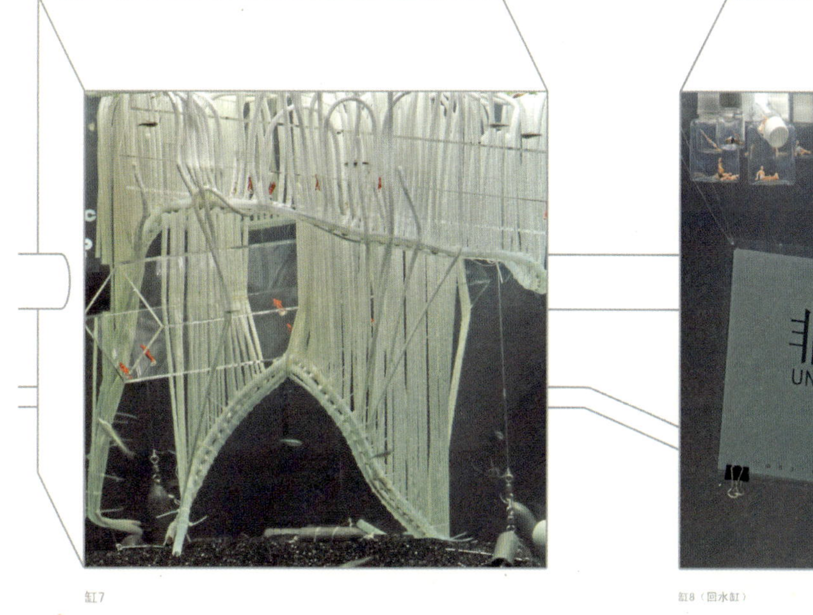
缸7

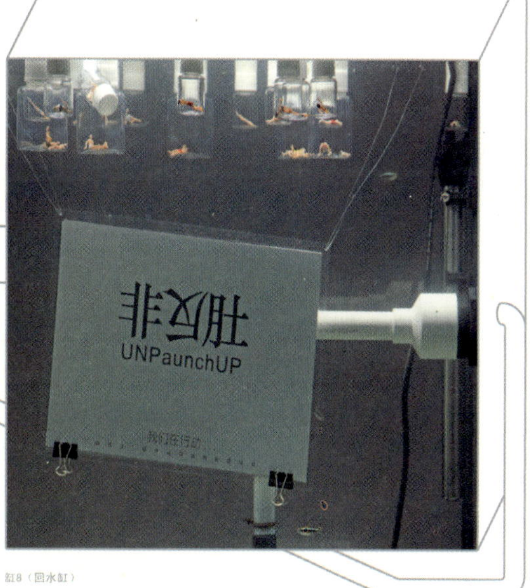

缸8（回水缸）

model_1010
软建筑

付沙鸥、李翠连、李芳婷、杨利华

作　品：新七十二家房客——里弄生活的压缩与解压缩

作　者：苏圣亮　黄　喆

指导教师：王海松　李　钢

单　位：上海大学美术学院

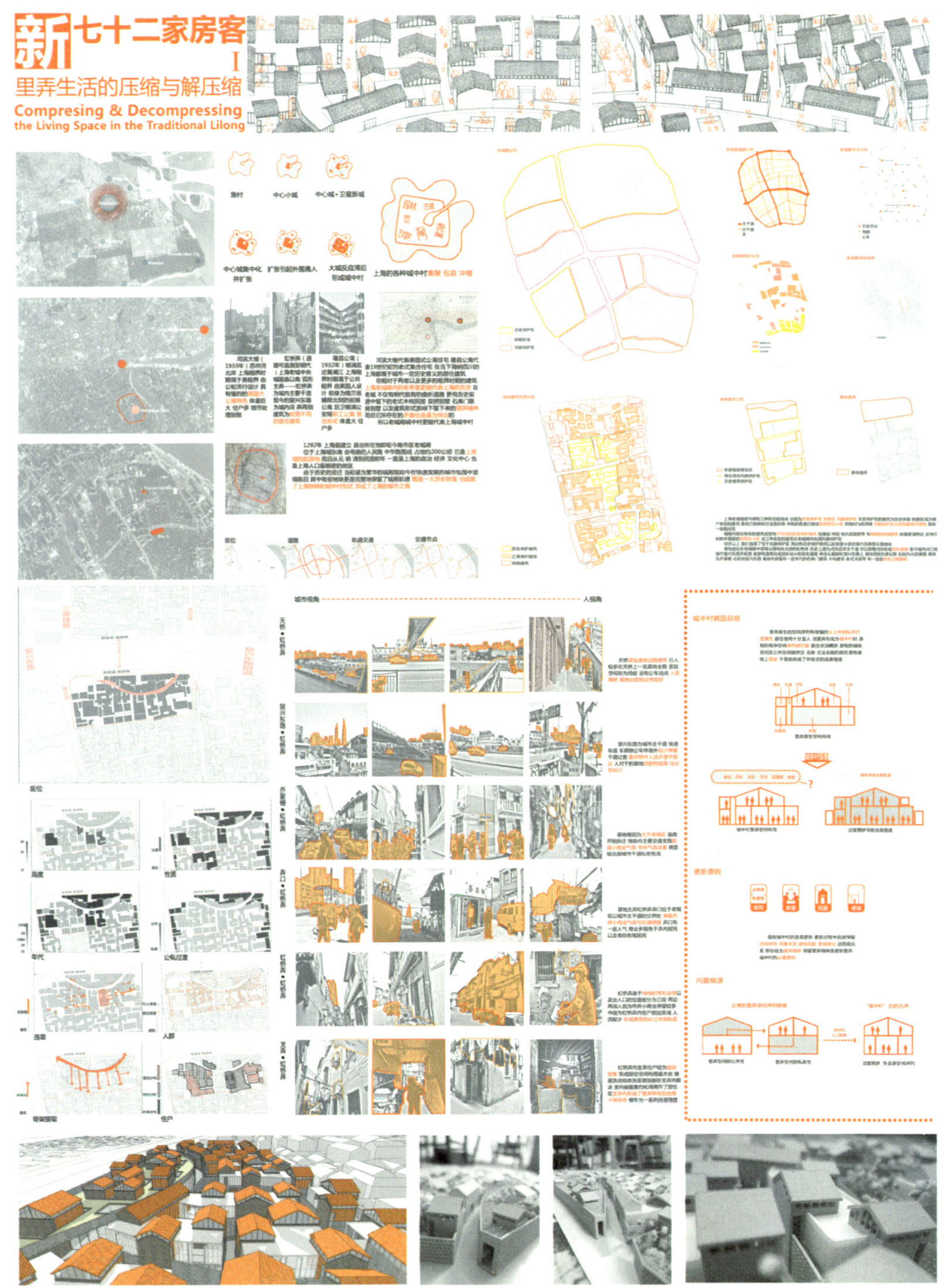

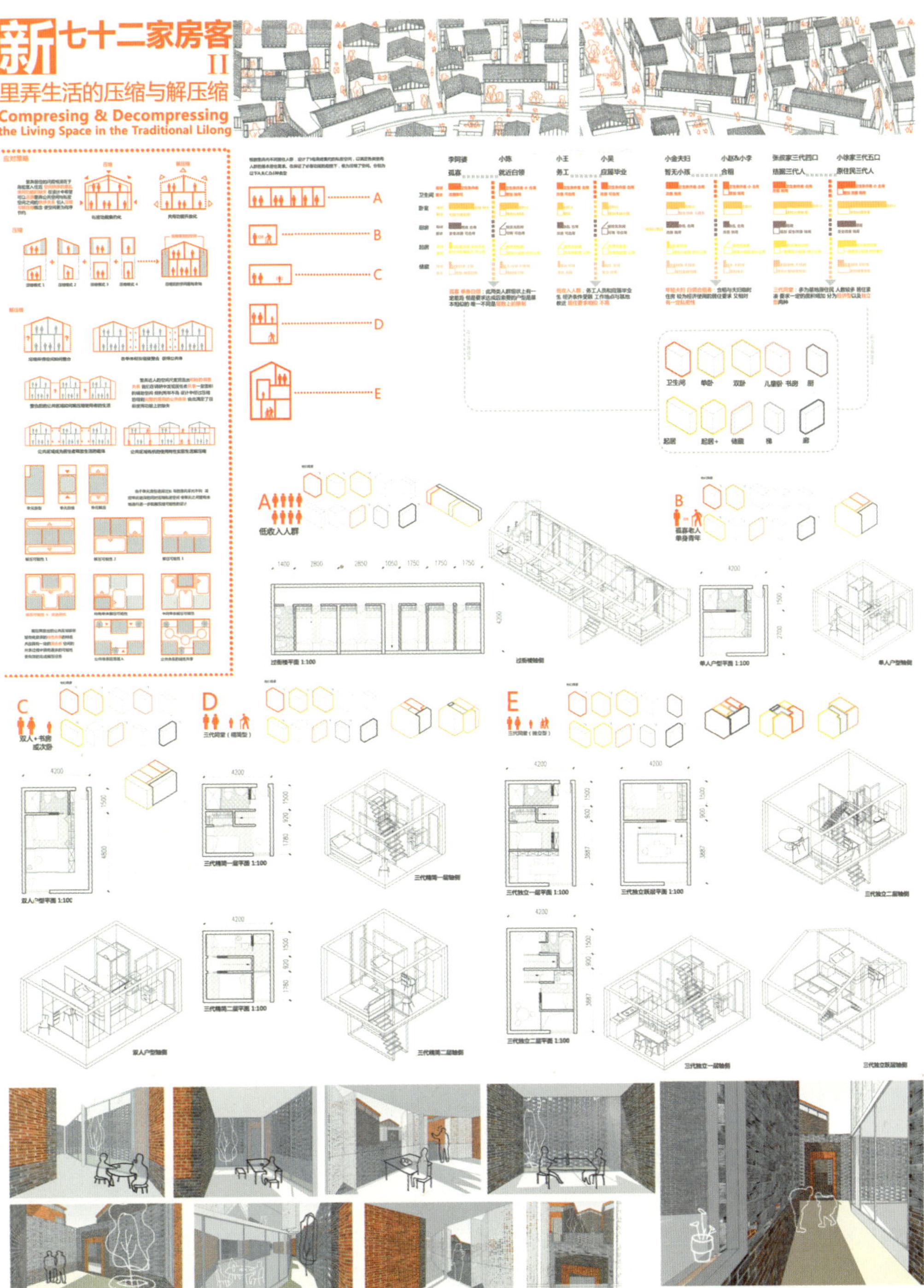

作品：新七十二家房客——里弄生活的压缩与解压缩

作者：苏圣亮　黄喆

指导教师：王海松　李钢

单位：上海大学美术学院

作　品：新七十二家房客——里弄生活的压缩与解压缩
作　者：苏圣亮　黄　喆
指导教师：王海松　李　钢
单　位：上海大学美术学院

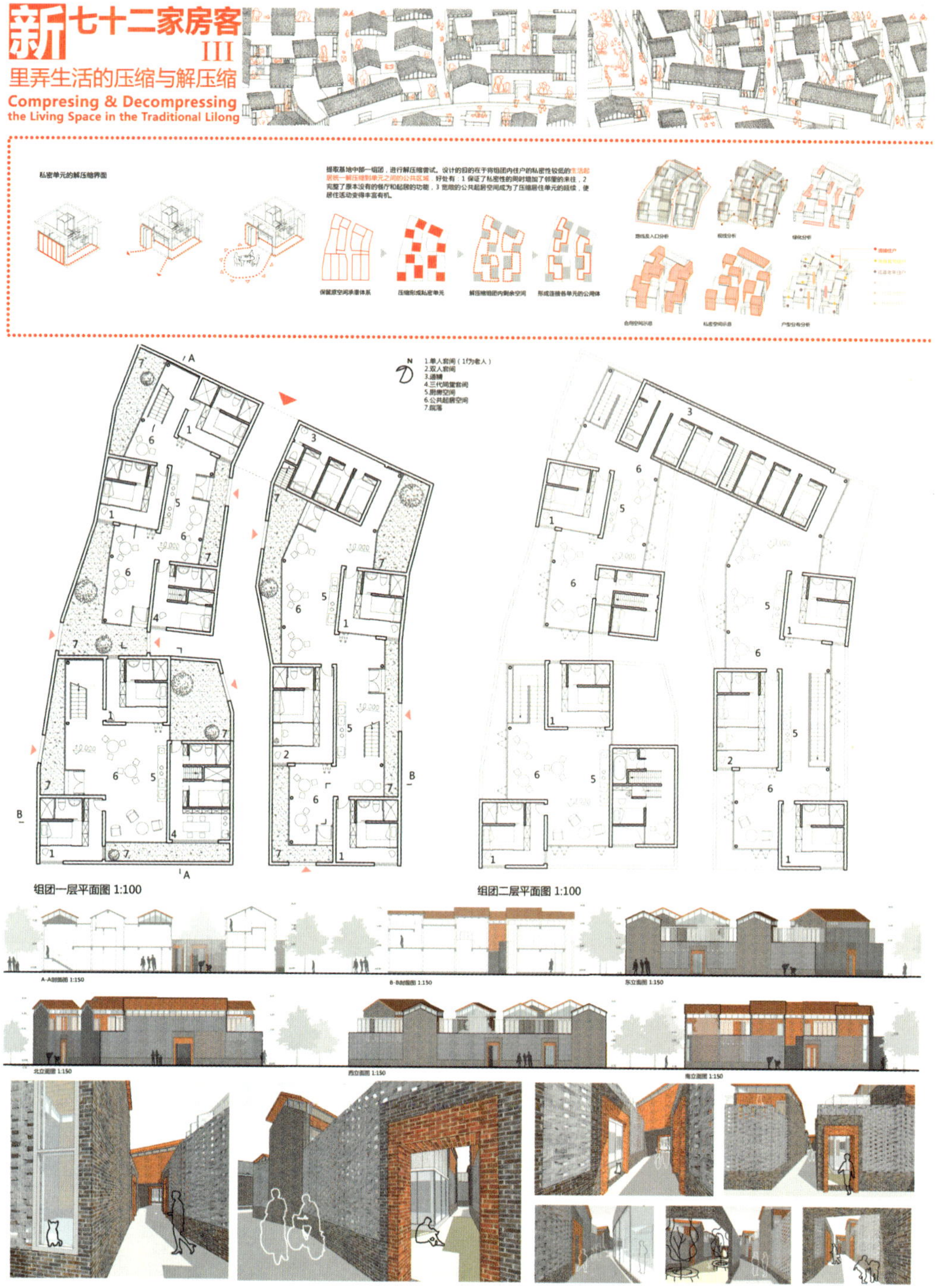

新七十二家房客 III
里弄生活的压缩与解压缩
Compresing & Decompressing the Living Space in the Traditional Lilong

私密单元的解压缩界面

提取基地中部一组团，进行解压缩尝试。设计的目的在于将组团内住户的私密性较低的生活起居统一解压缩到单元之间的公共区域，好处有：1 保证了私密性的同时增加了邻里的来往，2 完整了原本没有的餐厅和起居的功能，3 宽敞的公共起居空间成为了压缩居住单元的延续，使居住活动变得丰富有机。

保留原空间承重体系　压缩形成私密单元　解压缩组团内剩余空间　形成连接各单元的公用体

流线及入口分析　视线分析　绿化分析

公用空间示意　私密空间示意　户型分布分析

1.单人套间（1f为老人）
2.双人套间
3.通铺
4.三代同堂套间
5.厨房空间
6.公共起居空间
7.院落

组团一层平面图 1:100　组团二层平面图 1:100

A-A剖面图 1:150　B-B剖面图 1:150　东立面图 1:150

北立面图 1:150　西立面图 1:150　南立面图 1:150

作　品：新七十二家房客——里弄生活的压缩与解压缩
作　者：苏圣亮　黄　喆
指导教师：王海松　李　钢
单　位：上海大学美术学院

作品：『米兰制造』设计历史展馆
作者：赵倩倩 胡游柳 荆潇潇
指导教师：苏丹 于历战 管沄嘉
单位：清华大学美术学院

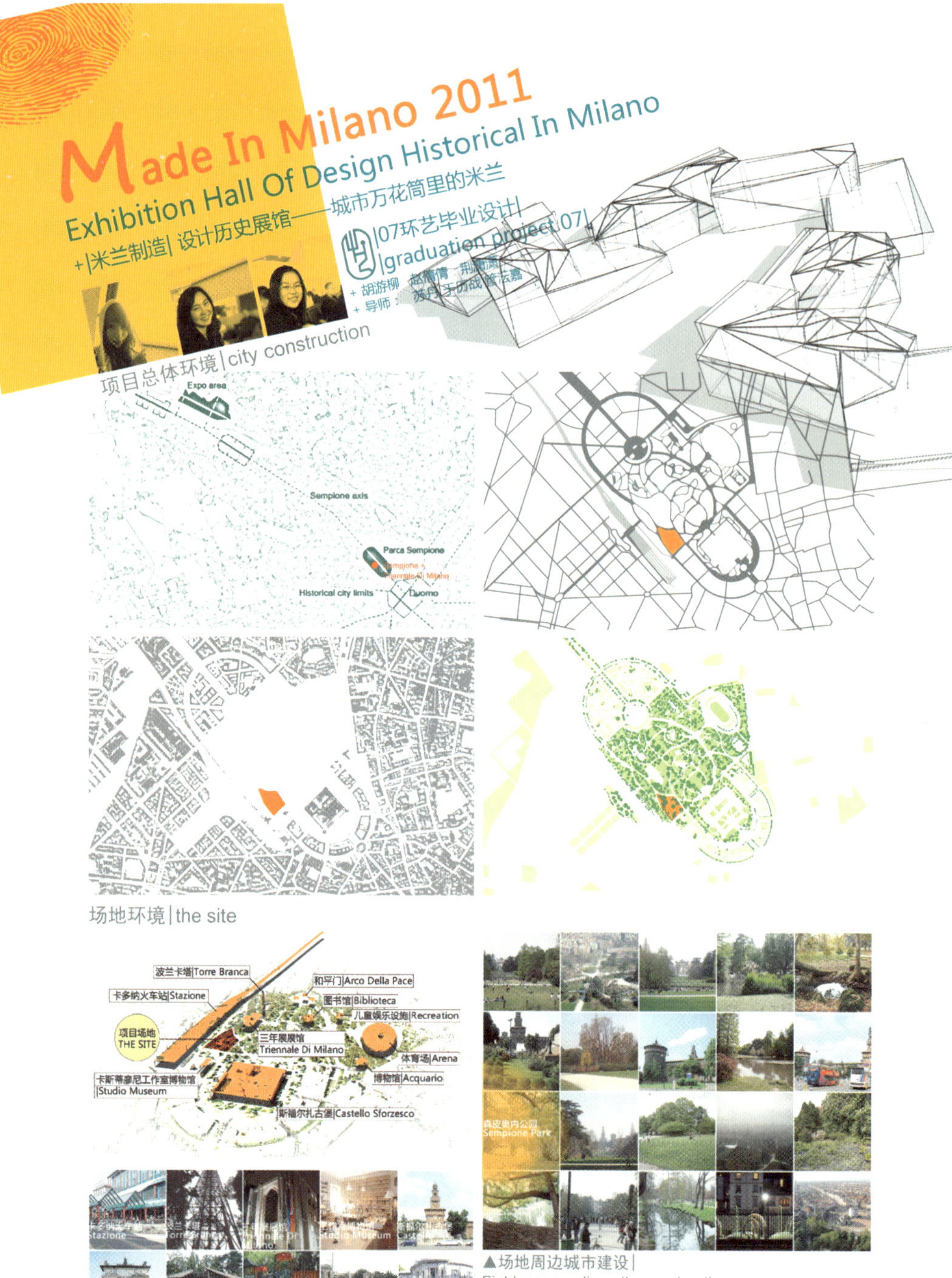

▲场地周边城市建设|
Field surrounding city construction

◀场地周边环境| Environment

作　品：『米兰制造』设计历史展馆
作　者：赵倩倩　胡游柳　荆潇潇
指导教师：苏　丹　于历战　管沄嘉
单　位：清华大学美术学院

场地交通流线|Traffic Streamline

卡杜纳火车站和三年展展馆之间的连线道路，成为场地周边主要的人流汇集路段

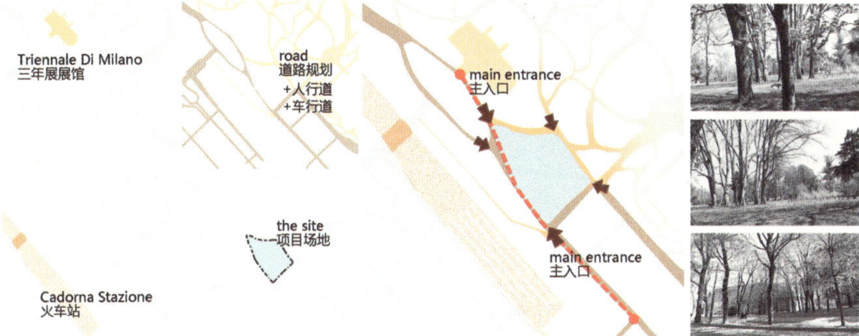

场地植被与空间关系|Vegetation and Space

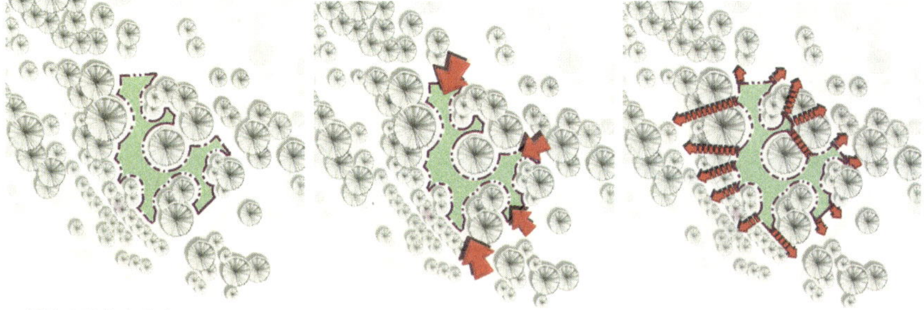

1 场地空间自由度高
2 场地现状树的疏密将影响展馆主要出入口的位置
3 场地植被具有良好的视线穿透性，为展馆提供了良好的视觉景观

森皮奥内公园背景调研|Background Investigation

项目所在的森皮奥内公园是为纪念森皮奥内隧道而命名的。1906年与2015意大利米兰世博会都在森皮奥内公园及森皮奥内轴线举办。森皮奥内公园自完成后，就成为了米兰人的休闲中心，同时与艺术的关系也非常紧密，举办过许多展览，米兰三年展展馆也在场地之内。 可见，Sempione公园对于米兰而言是设计的重要中心之一。

设计概念|Design Concept

从本项目设计者的角度来看，米兰是意大利最为发达的工业城市和欧洲四大经济中心之一，也是世界时尚与设计之都最有影响力的城市之一，米兰造就了无数品牌和众多设计师。简言之，“米兰”自身就是一个品牌，于是设计者打造了一个“Made In Milano”展馆，并尝试总结“Made In Milano”的特性，用建筑空间的语言和展览内容表述1906-2015年两届世博之间米兰创立的自主设计“品牌”(包括设计周等大型设计活动），从而宣传“米兰”这个时尚烙印，感受米兰设计史，感受设计精神。

作　品：《米兰制造》设计历史展馆
作　者：赵倩倩　胡游柳　荆潇潇
指导教师：苏　丹　于历战　管沄嘉
单　位：清华大学美术学院

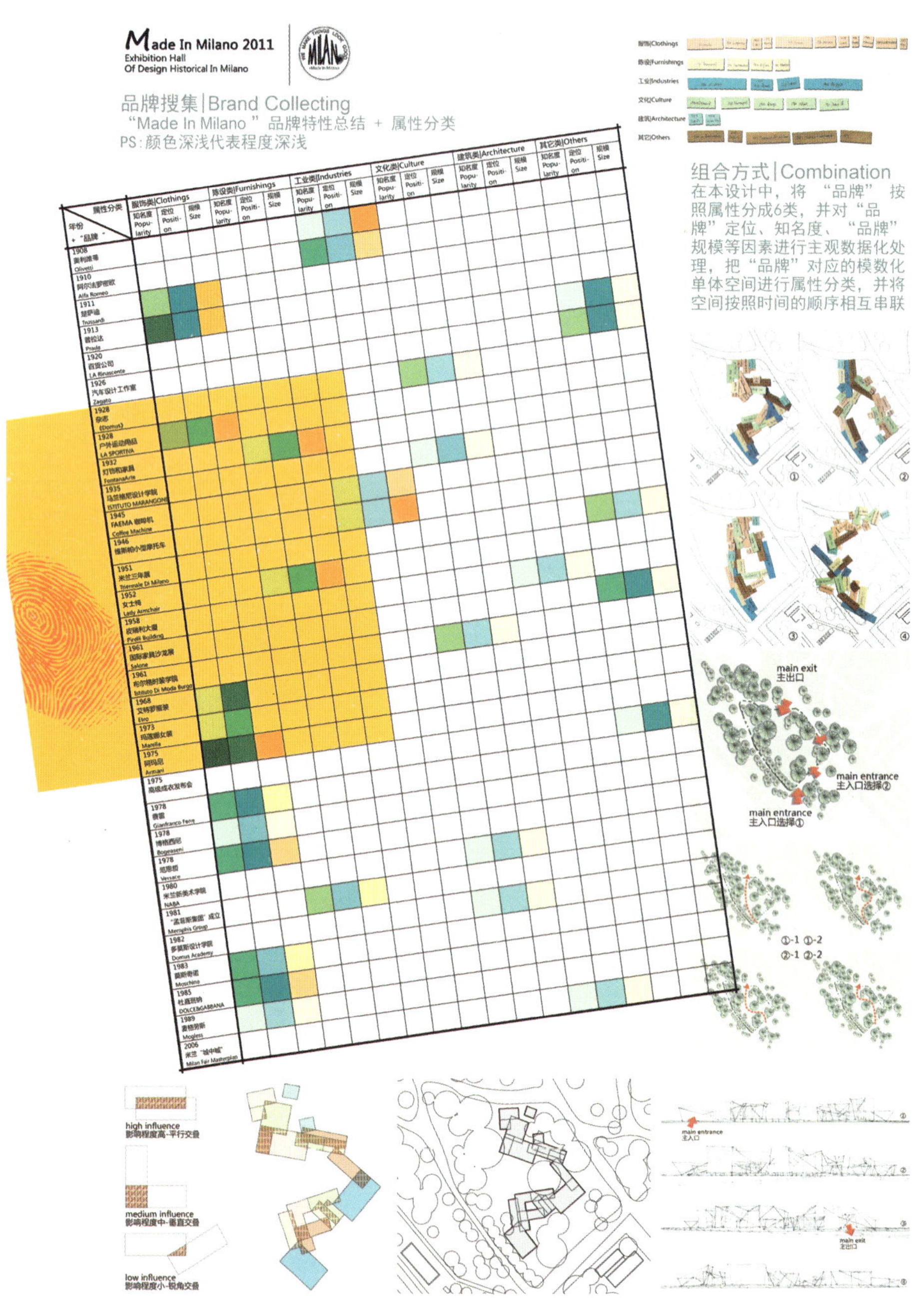

作　　品：『米兰制造』设计历史展馆
作　　者：赵倩倩　胡游柳　荆潇潇
指导教师：苏　丹　于历战　管沄嘉
单　　位：清华大学美术学院

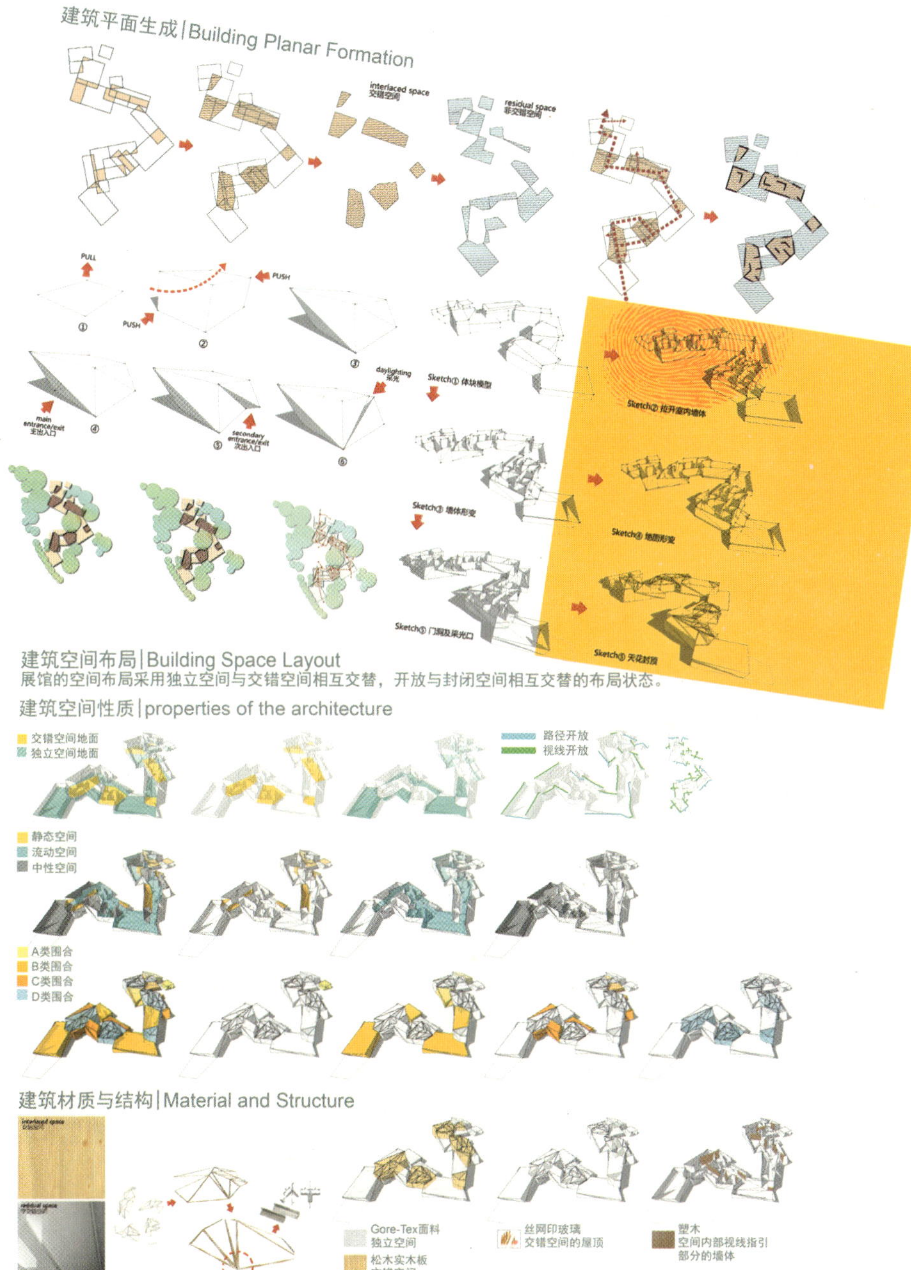

作品：《米兰制造》设计历史展馆
作者：赵倩倩 胡游柳 荆潇潇
指导教师：苏丹 于历战 管沄嘉
单位：清华大学美术学院

作　　品：汉口往事——《咸安坊》
作　　者：熊阳漾　王立捷　周　婕　周　靖　段云娇　储龙林　尹庆军
指导教师：黄学军
单　　位：湖北美术学院

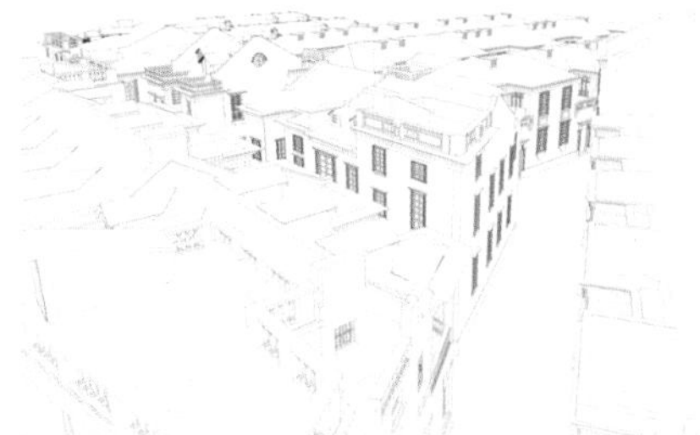

0/1

咸安坊

建于民國初年
（1915年），由漢興昌、袁端春、阮順興、
永茂隆等營造廠承建，若幹華商業主集
租户主要爲洋行中上層職員及小資本家，
資采用『挂旗經租』的方式進行經營
（如棉花商黃少山就在咸安坊擁有12棟住宅的座
權，進行出租經營）。作爲當時高尚的住宅區，
據説還不乏社會名人：如輪船巨頭盧作孚、
藥業大王陳太乙、漢劇大師陳伯華等。

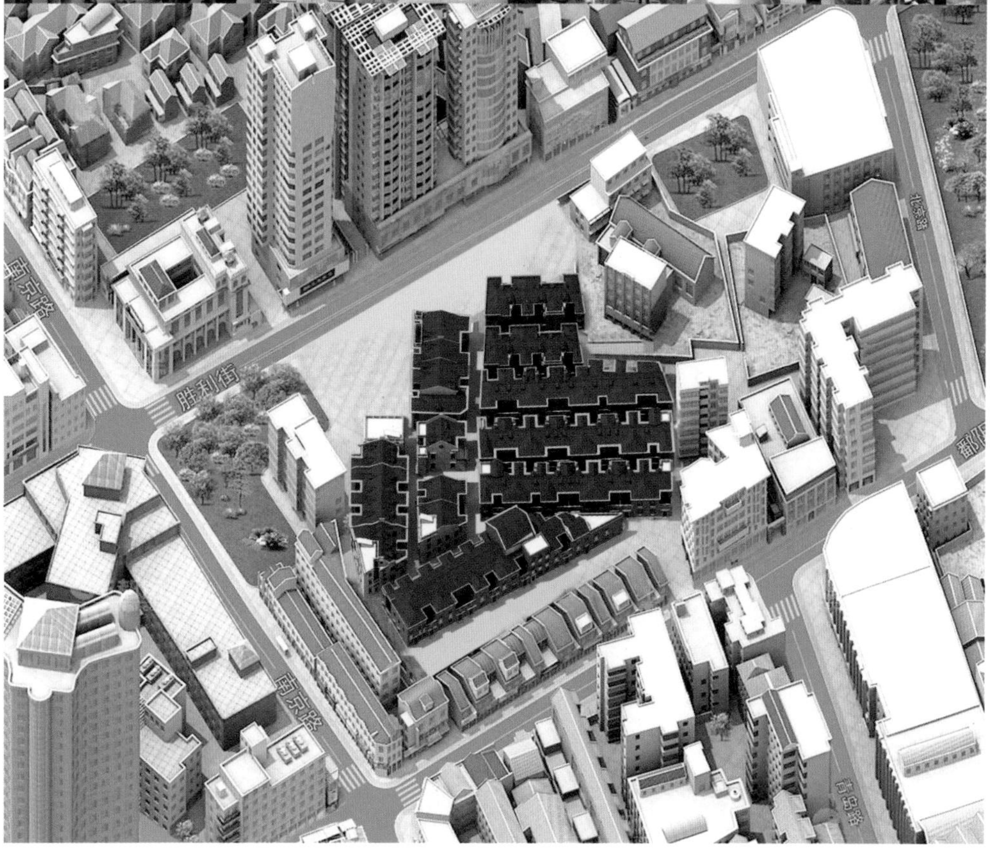

作　品：汉口往事——《咸安坊》

作　者：熊阳漾　王立捷　周　婕　周　靖　段云娇　储龙林　尹庆军

指导教师：黄学军

单　位：湖北美术学院

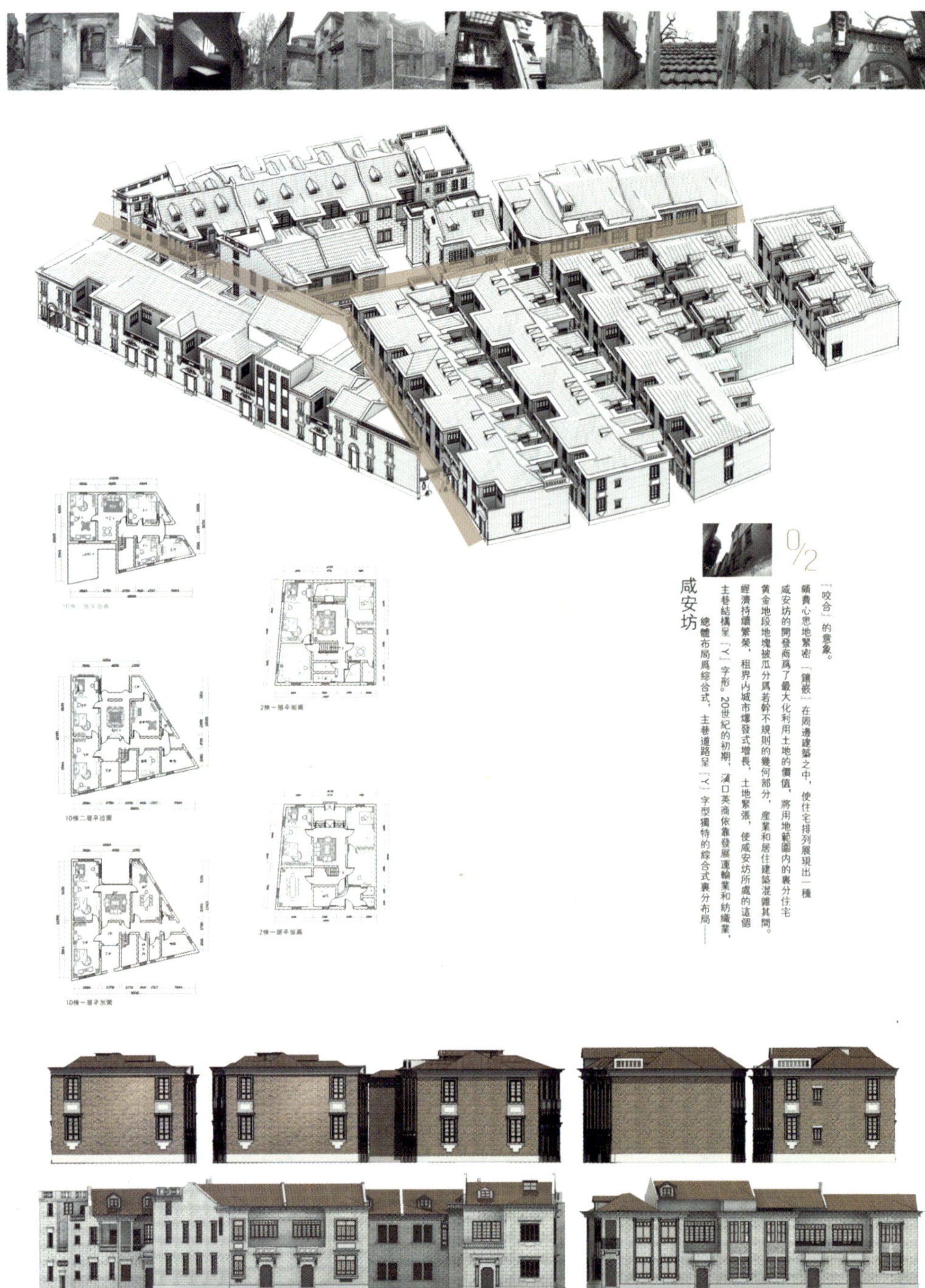

作品：汉口往事——《咸安坊》
作者：熊阳漾 王立捷 周婕 周靖 段云娇 储龙林 尹庆军
指导教师：黄学军
单位：湖北美术学院

住人的是它那内容豐富，風味獨特，品位高雅，格調時尚的茶坊、咖啡屋、畫廊。
了其品位，老建築被賦予了符合現代人的生活功能吸引人的是那獨特的漢口裹分的海派文化韵味，留
出了時尚與藝術結合的氛圍，爲游人提供休閑消費的場所，舊建築歷史的積澱大大提升

0/3 根據

咸安坊的建築分布以及特點將其分爲三大區域，商業區、旅游區以及商業區。營造

新建築北立面圖

新建築東立面圖

作　品：汉口往事——《咸安坊》
作　者：熊阳漾　王立捷　周　婕　周　靖　段云娇　储龙林　尹庆军
指导教师：黄学军
单　位：湖北美术学院

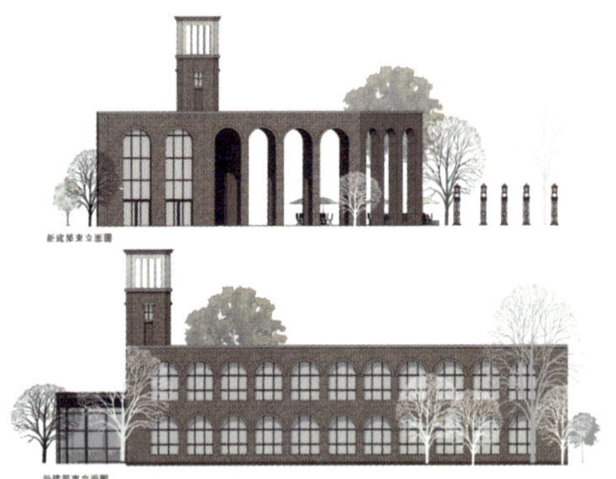

新建築東立面圖

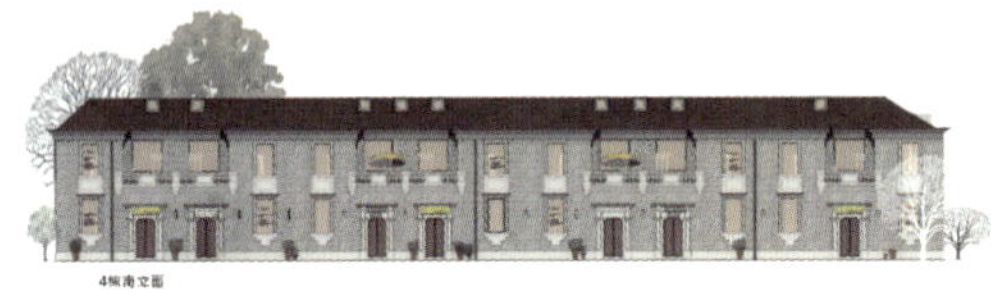

舊建築東立面圖

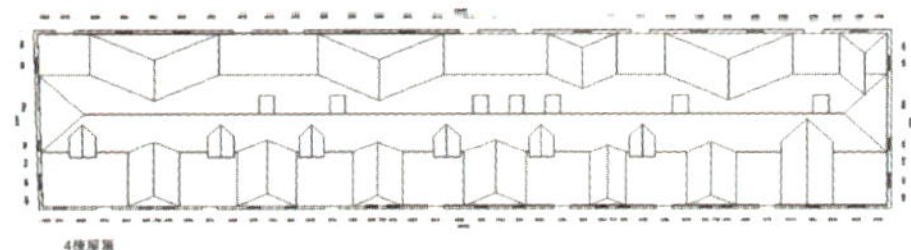

4幢南立面

4幢屋頂

咸安坊

0/4

成爲一個健康的生命有機體。這樣的城市才能體現出生命的繁衍特徵，「年輪」一樣，展現出鮮明的時間層次與時代特徵，新舊直接按應有一種内在的協調，好比樹木之注入新的活力、功能、文化……的策略進行的城市街區更新。以「保護爲基礎，以新治舊、以新補舊。」理念、意境等方面的内在的精神實質，而是從深層文化内涵上去挖掘，找出傳統街區中的文化、對于一磚一瓦的描摹，對古典形式的模仿，對于傳統的維持和保護不是停留在表面層次上

作　品：汉口往事——《咸安坊》

作　者：熊阳漾　王立捷　周　婕　周　靖　段云娇　储龙林　尹庆军

指导教师：黄学军

单　位：湖北美术学院

0/5

1949年後，咸安坊收爲國有，作爲公房，安置了包括南下幹部、國家企事業單位職工在內的衆多居民。事過境遷，當年的高尚住區内居住的多爲今日的普通市民、也包括了衆多的低收入人群及外來租户。

2棟北立面

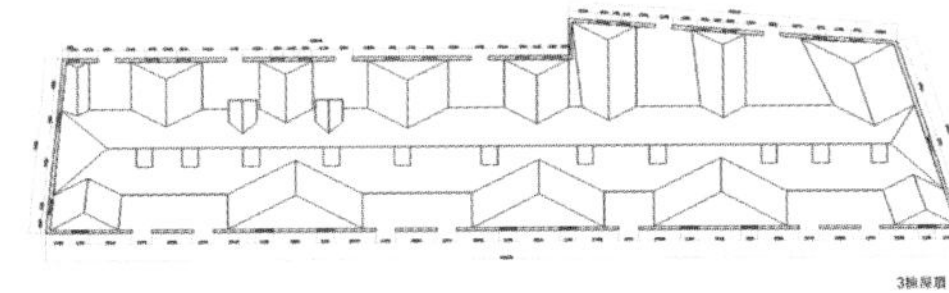

3棟屋頂

3棟北立面

3棟南立面

作品：汉口往事——《咸安坊》

作者：熊阳漾 王立捷 周婕 周靖 段云娇 储龙林 尹庆军
指导教师：黄学军
单位：湖北美术学院

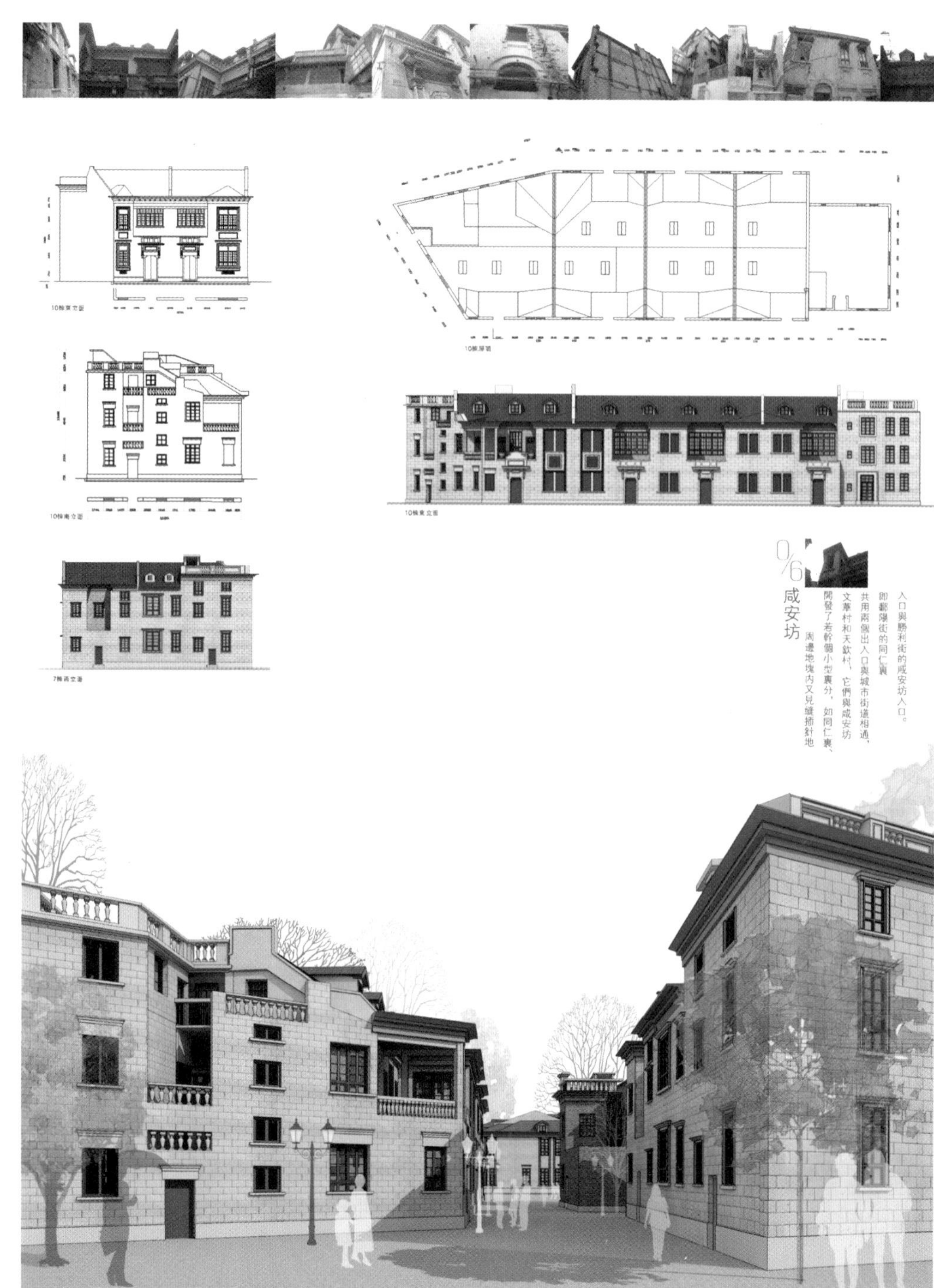

作　品：汉口往事——《咸安坊》
作　者：熊阳漾　王立捷　周　婕　周　靖　段云娇　储龙林　尹庆军
指导教师：黄学军
单　位：湖北美术学院

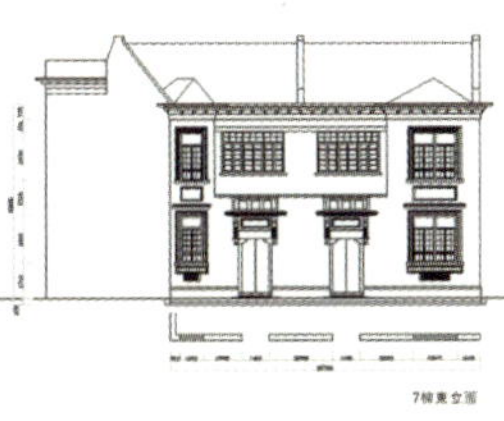

0/7

由于地塊條件形成的天然緊密聯系，這幾個裏分之間沒有用圍墻進行硬性的分隔，從一開始就施行一種開放式的居住社區管理模式，裏分的居民同出同進，聯防協作、互幫互助，在漢口中心區繁華而復雜的鬧市中，形成一片寧靜又怡然自得的小天地、幾個單獨開發的裏分實際形成了一個較大的社區，并一直延續至今。

作　　品：汉口往事——《咸安坊》
作　　者：熊阳漾　王立捷　周婕　周靖　段云娇　储龙林　尹庆军
指导教师：黄学军
单　　位：湖北美术学院

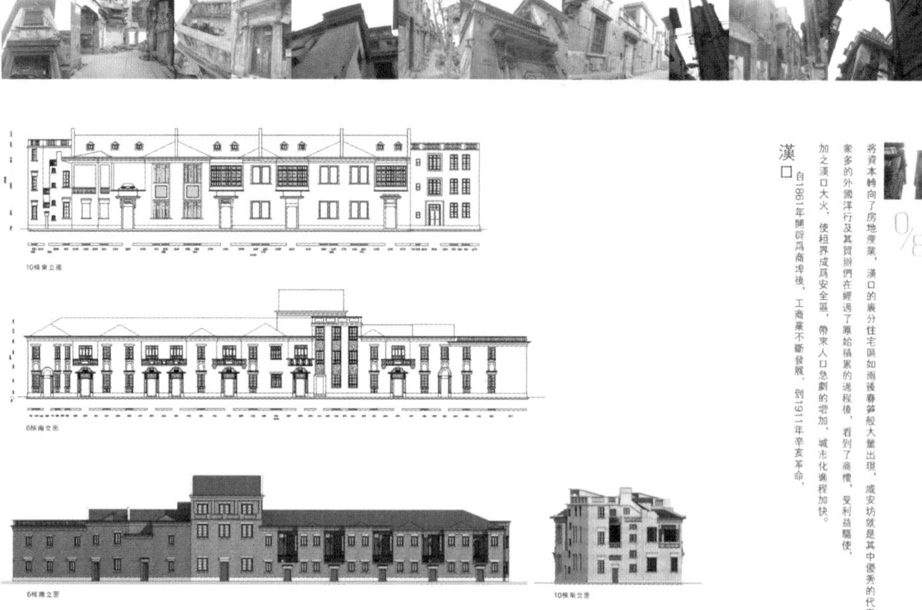

0/8

漢口

自1861年開辟爲商埠後，工商業不斷發展，到1911年辛亥革命，加之漢口大火，使租界成爲安全區，帶來人口急劇的增加，城市化進程加快。衆多的外國洋行及其買辦們在經過了原始積累的過程後，看到了商機，受利益驅使，將資本轉向了房地產業，漢口的裏分住宅區如雨後春筍般大量出現，咸安坊就是其中優秀的代表。

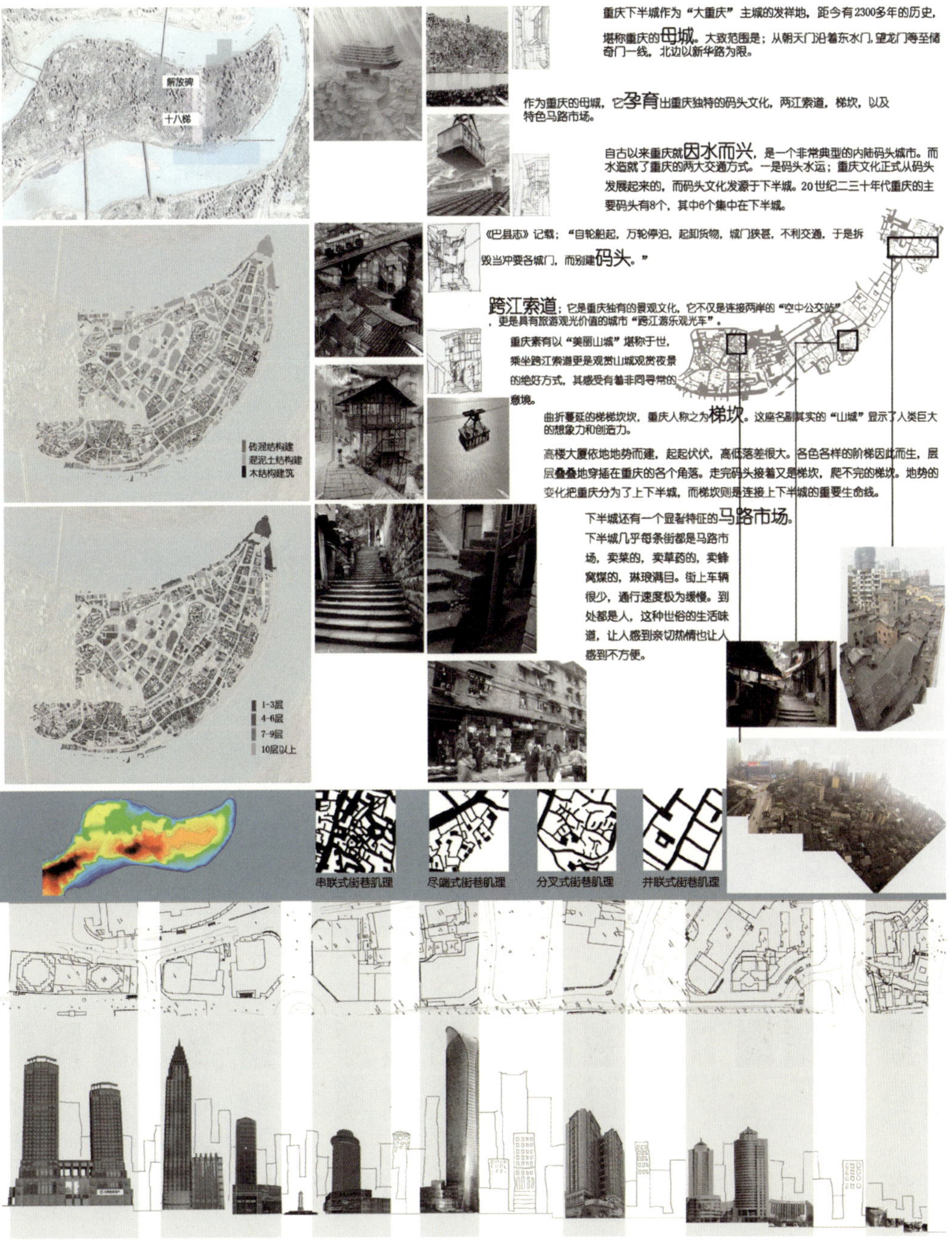

作　品：重庆十八梯城市设计
作　者：安世琦　赵　刚　黄龄萱　李兴涛　王　筱
指导教师：黄　耘　肖　潇
单　位：四川美术学院

作　品：重庆十八梯城市设计
作　者：安世琦　赵刚　黄龄萱　李兴涛　王筱
指导教师：黄耘　肖潇
单　位：四川美术学院

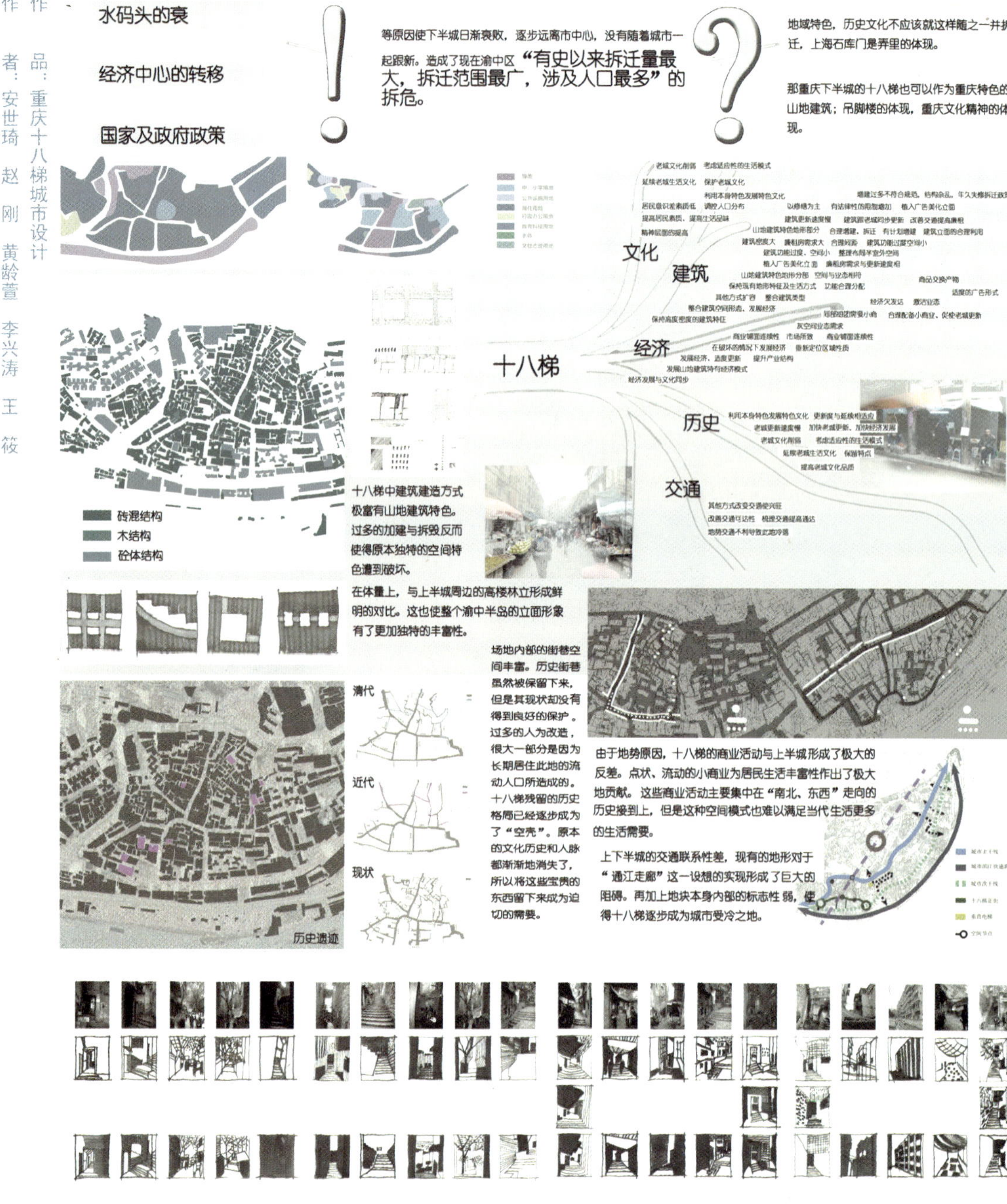

作品：重庆十八梯城市设计

作者：安世琦　赵刚　黄龄萱　李兴涛　王筱

指导教师：黄耘　肖潇

单位：四川美术学院

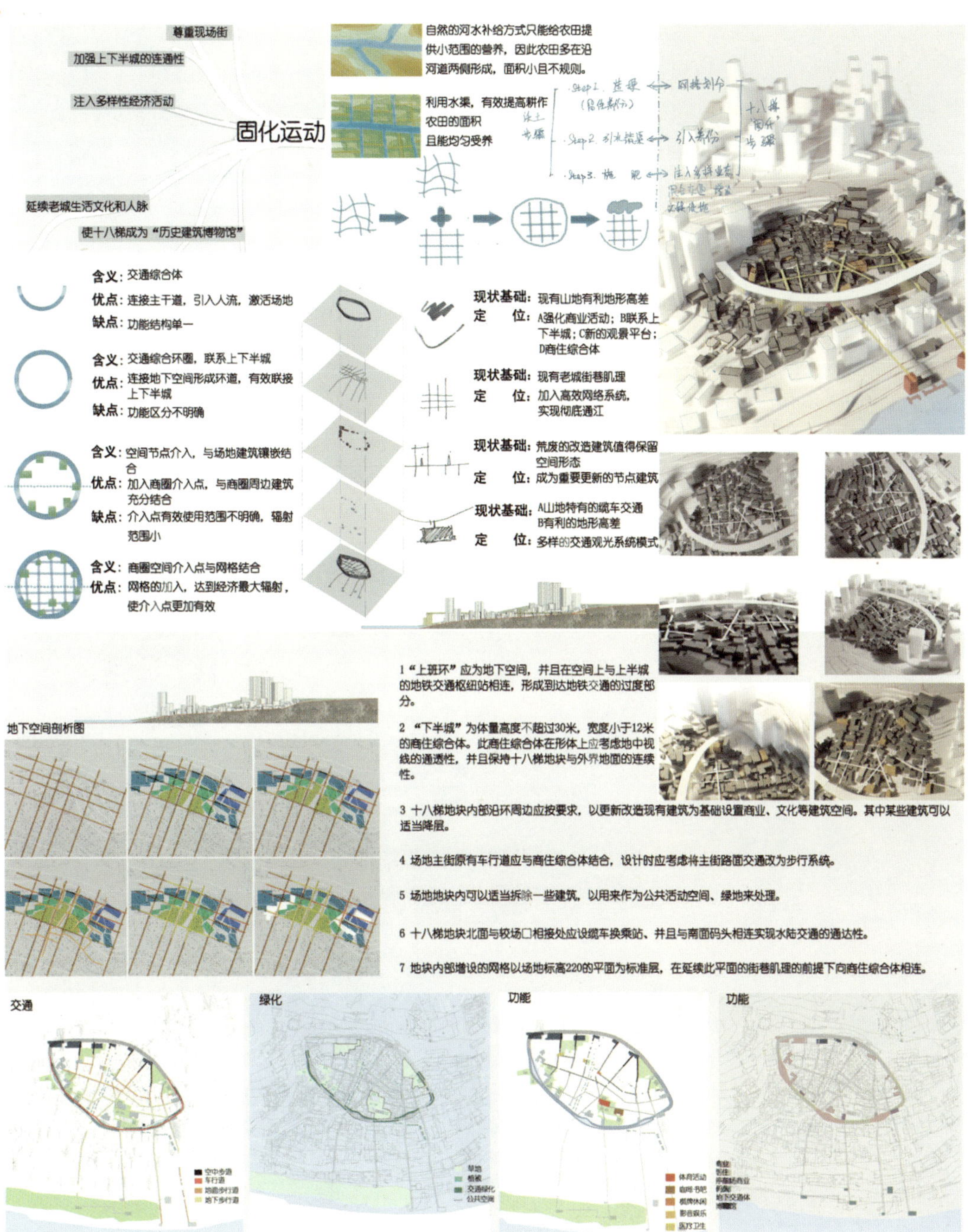

1 “上班环”应为地下空间，并且在空间上与上半城的地铁交通枢纽站相连，形成到达地铁交通的过度部分。

2 “下半城”为体量高度不超过30米，宽度小于12米的商住综合体。此商住综合体在形体上应考虑地中视线的通透性，并且保持十八梯地块与外界地面的连续性。

3 十八梯地块内部沿环周边应按要求，以更新改造现有建筑为基础设置商业、文化等建筑空间。其中某些建筑可以适当降层。

4 场地主街原有车行道应与商住综合体结合，设计时应考虑将主街路面交通改为步行系统。

5 场地地块内可以适当拆除一些建筑，以用来作为公共活动空间、绿地来处理。

6 十八梯地块北面与较场口相接处应设缆车换乘站、并且与南面码头相连实现水陆交通的通达性。

7 地块内部增设的网格以场地标高220的平面为标准层，在延续此平面的街巷肌理的前提下向商住综合体相连。

作　品：重庆十八梯城市设计
作　者：安世琦　赵　刚　黄龄萱　李兴涛　王　筱
指导教师：黄　耘　肖　潇
单　位：四川美术学院

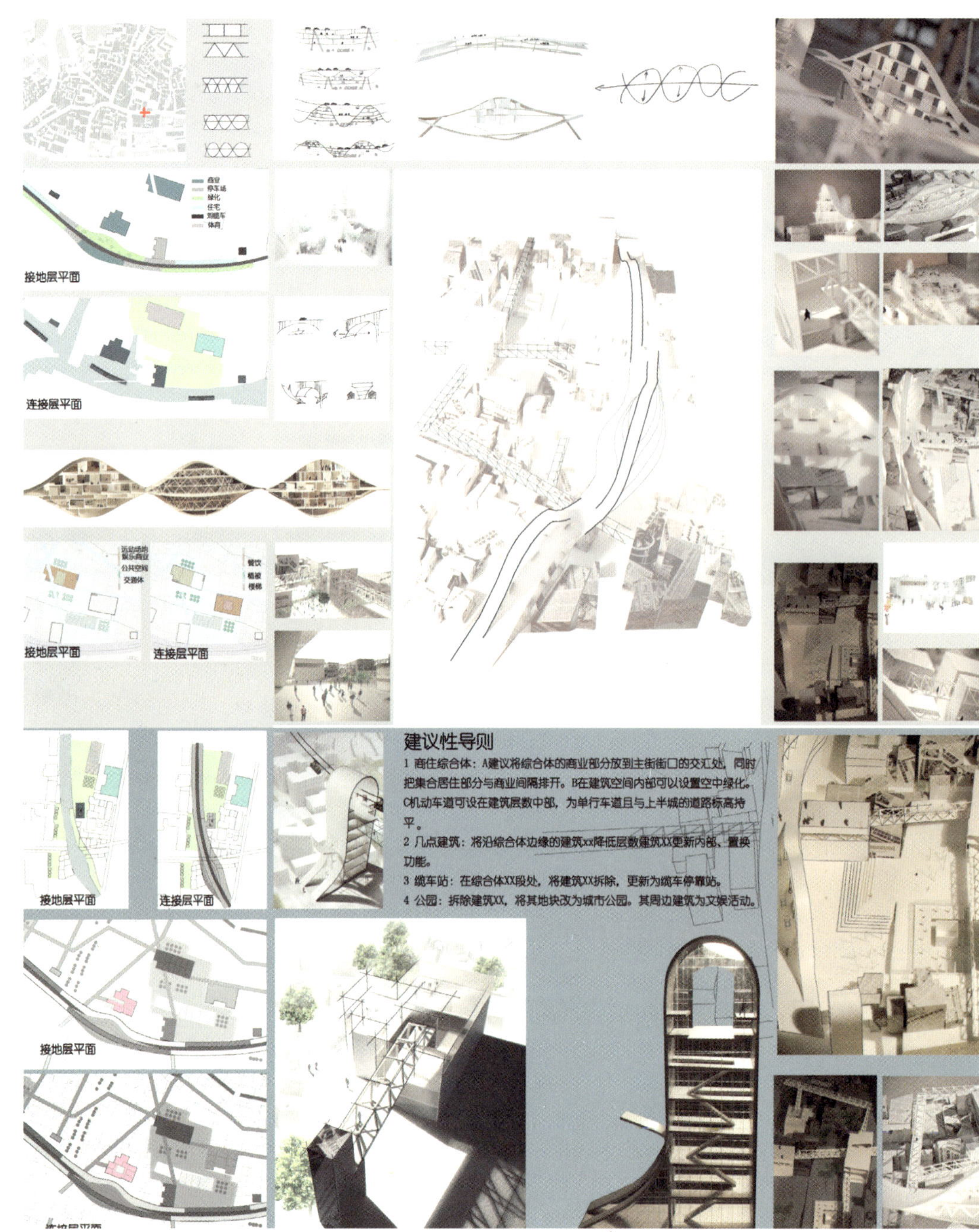

作品：米兰托尔托纳公园景观设计
作者：石钰 宋婷 仲歆
指导教师：苏丹 于历战 管沄嘉
单位：清华大学美术学院

米兰托尔托纳公园景观设计
ACADEMY OF ARTS&DESIGN, TSINGHUA UNIVERSITY
DESIGNERS: SHIYU SONGTING ZHONGXIN

背景简介/BACKGROUND

米兰是意大利重要的工业中心、会展中心和设计之都。该项目位于意大利米兰市的西南部分，是一条由废弃铁路改建而成的带状公园。全长1400米，宽度30-80米。这里有着发达的交通网络，是米兰重要的交通枢纽。

在历史上，这里曾是米兰重要的农业用地。1865年，由于新火车站的建设，一些大的工厂在这里落户，工业生产在这一时期成了该地区最大的特色。随即住宅等生活空间慢慢出现。18世纪60年代末期，由于能源危机，工业生产渐渐在此区域衰落下去，很多的工厂空闲下来的厂房慢慢被创意产业占据。越来越多的艺术家，设计机构来到这里，创立工作室。这一区域，成为了活跃的艺术家的聚居地。到今天，托尔托纳成为了米兰设计与时尚的中心。

公园的西面是一个很有特色的区域——废弃工厂改造而成的艺术区，遍布着大大小小的画廊，设计工作室，品牌展示店、设计餐厅、酒吧等各式各样的时尚空间。在每年4月的米兰设计周期间，这里是最大的场外展览活动举办地。此外，每年的时尚周等活动都使托尔托纳区成为活跃、多样、国际化的地带。不同于托尔托纳艺术区，这里濒临居住空间，生活气息浓厚，有街边地摊，集市以及沿河的酒吧、画廊和咖啡厅等众多商业空间，也被称为"米兰新兴的文艺地区"。但是，贯穿在中间铁路形成了自然地限定区域的边界和阻隔，使两地缺乏自由的沟通，人的活动也由于地理的分割产生独立的区域特征，彼此之间的交流甚少。

MILANO
ZONA TORTONA
RAILWAY TRACK
MILANO CANNEL

AGRICULTURE
INDUSTRY
CITY
ART&DESIGN AREA

CITY PLANNING OF MILANO
2011
2015

引入艺术展览的主题

由于场地位于米兰设计氛围浓郁的托尔托纳艺术区，而目前的展览多是有一定地位和影响力的艺术家和设计品牌的私有领地，他们在这里获得土地和话语权影响和指导其他人。在托尔托纳开放的城市公园引入艺术展览这一主题，旨在为平民艺术家、学生甚至普通市民提供一个平台来展示自己的艺术和设计作品，使艺术展览更具开放性和公共性。是一种精神上的缝合。

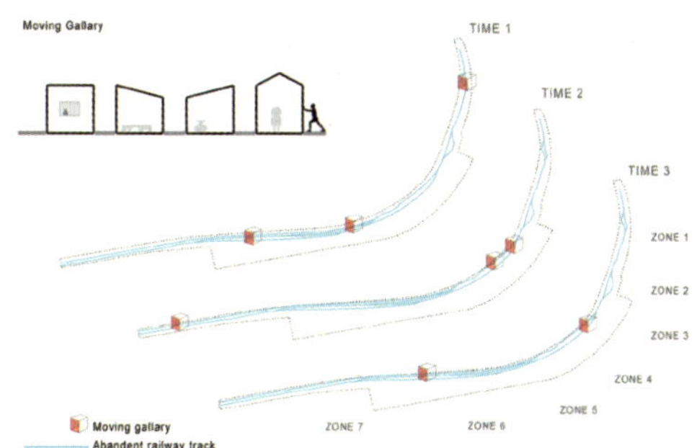

Shape of moving gallery

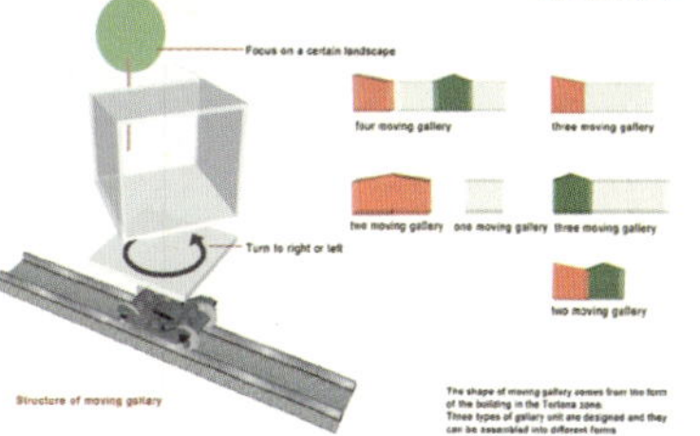

Structure of moving gallery

作品：米兰托尔托纳公园景观设计
作者：石钰 宋婷 仲歆
指导教师：苏丹 于历战 管沄嘉
单位：清华大学美术学院

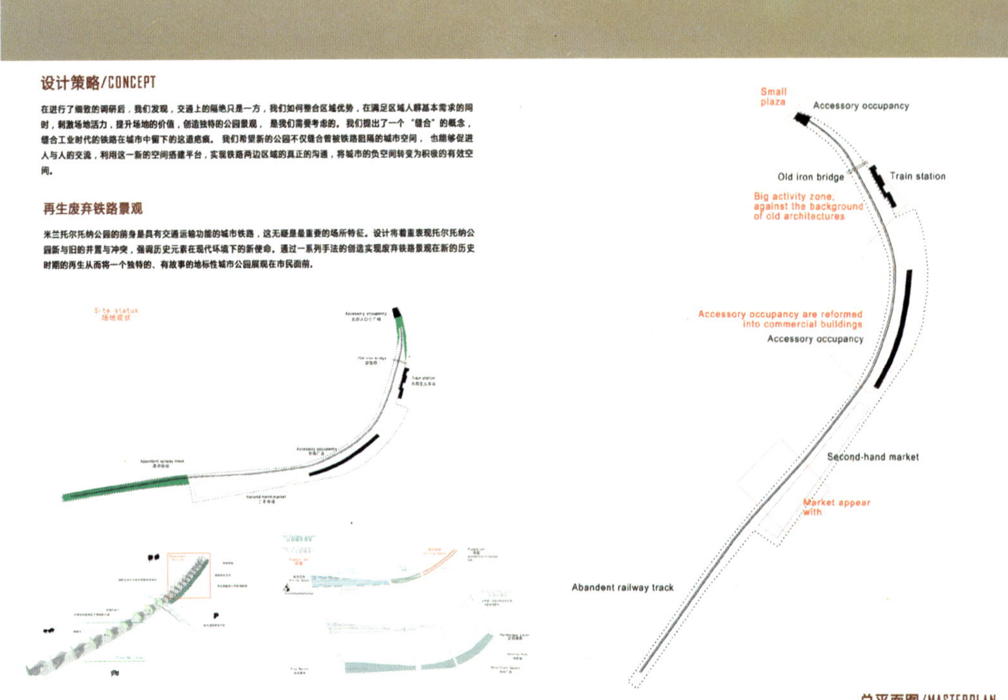

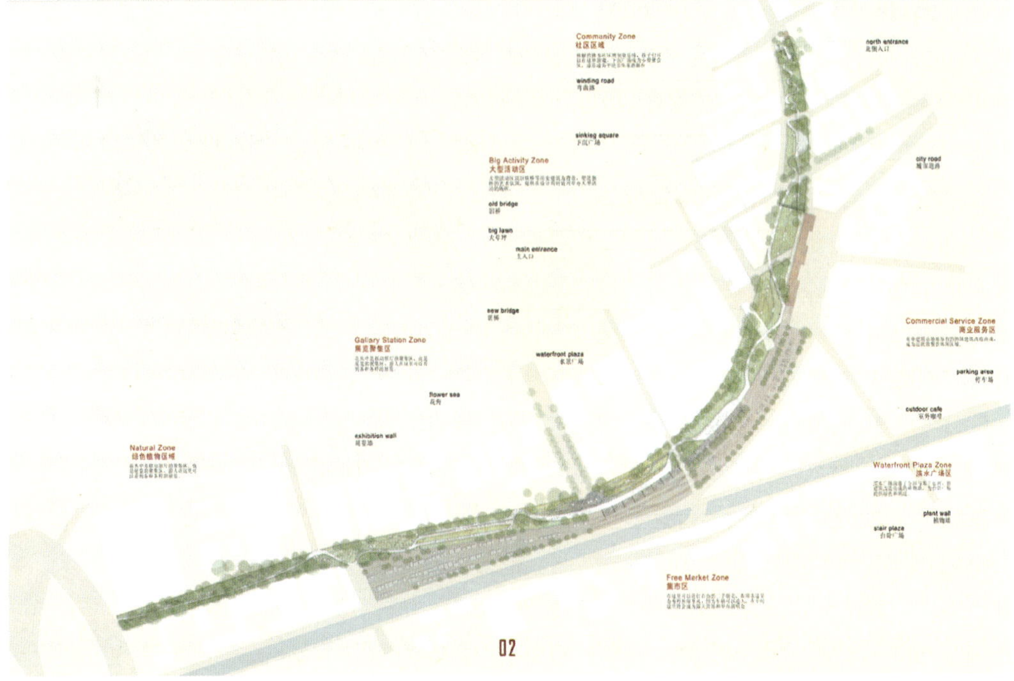

作　品：米兰托尔托纳公园景观设计
作　者：石钰 宋婷 仲歆
指导教师：苏丹 于历战 管沄嘉
单　位：清华大学美术学院

缝合城市肌理与交通

新的公园绿地将延伸周边区域的城市肌理和现有的路网结构，更好地促进铁路两边区域的交通联系。将托尔托纳公园内部的行走网络纳入托尔托纳艺术区的交通体系中，使绿色、自然渗透于城市也使都市的人流和艺术氛围纳入公园。

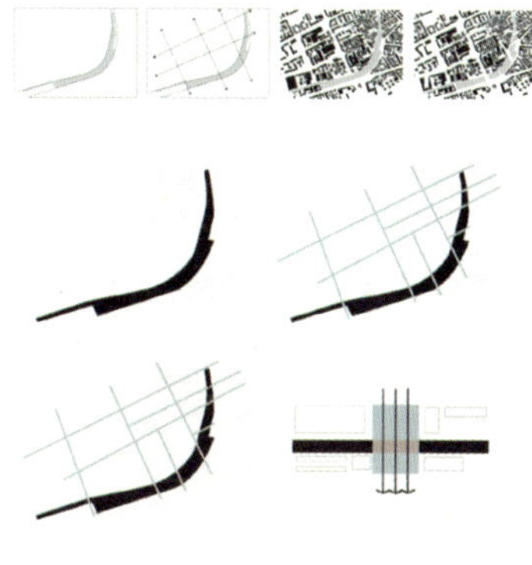

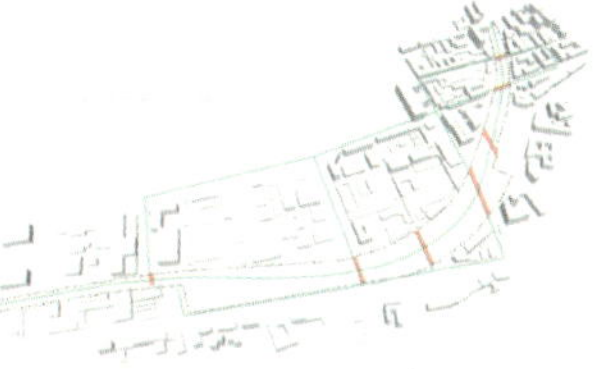

效果图/RENDERINGS

03

作　品：米兰托尔托纳公园景观设计
作　者：石钰　宋婷　仲歆
指导教师：苏丹　于历战　管沄嘉
单　位：清华大学美术学院

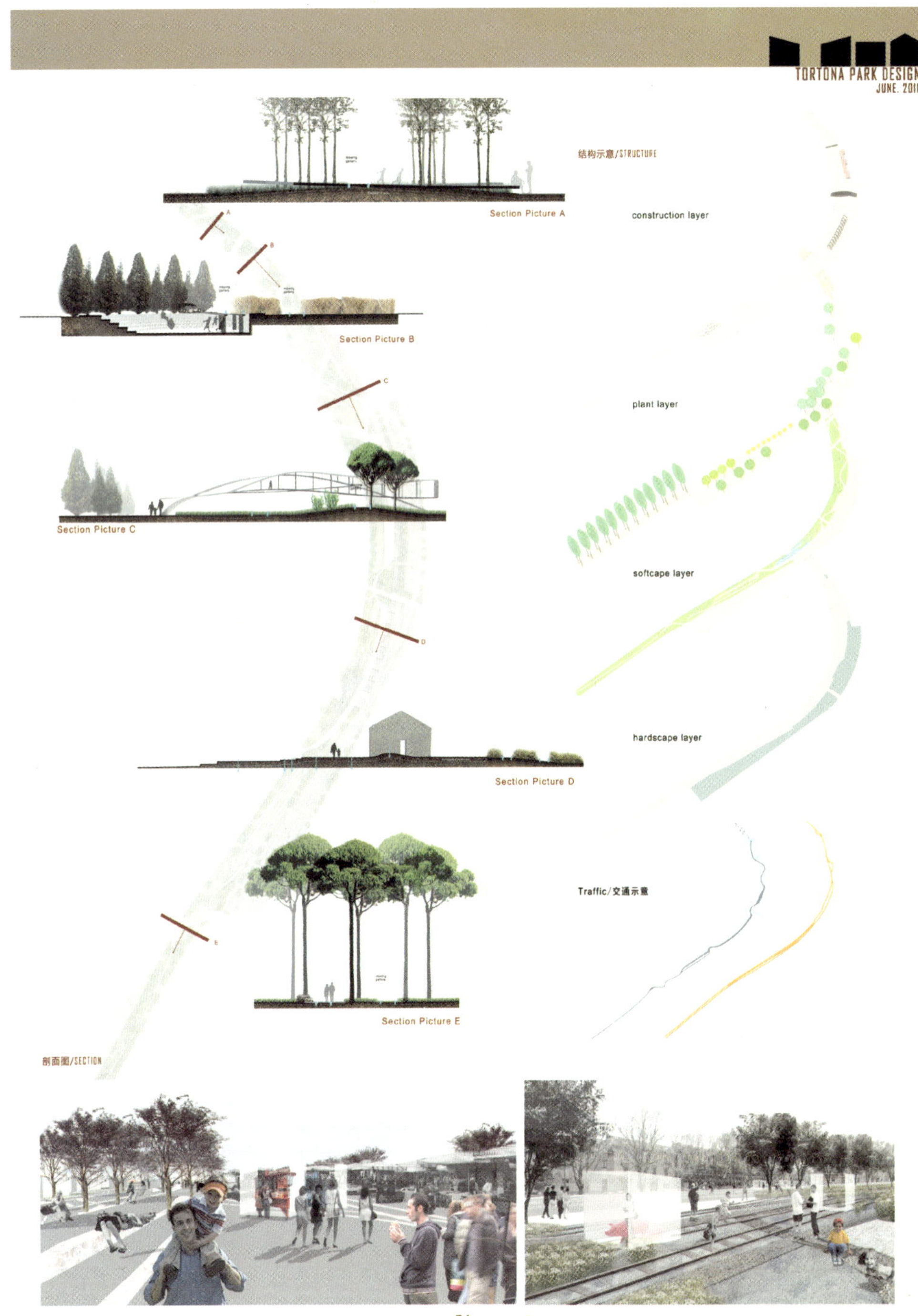

作　品：殇城
作　者：曹　量
指导教师：傅　祎
单　位：中央美术学院

作品：殇城
作者：曹量
指导教师：傅祎
单位：中央美术学院

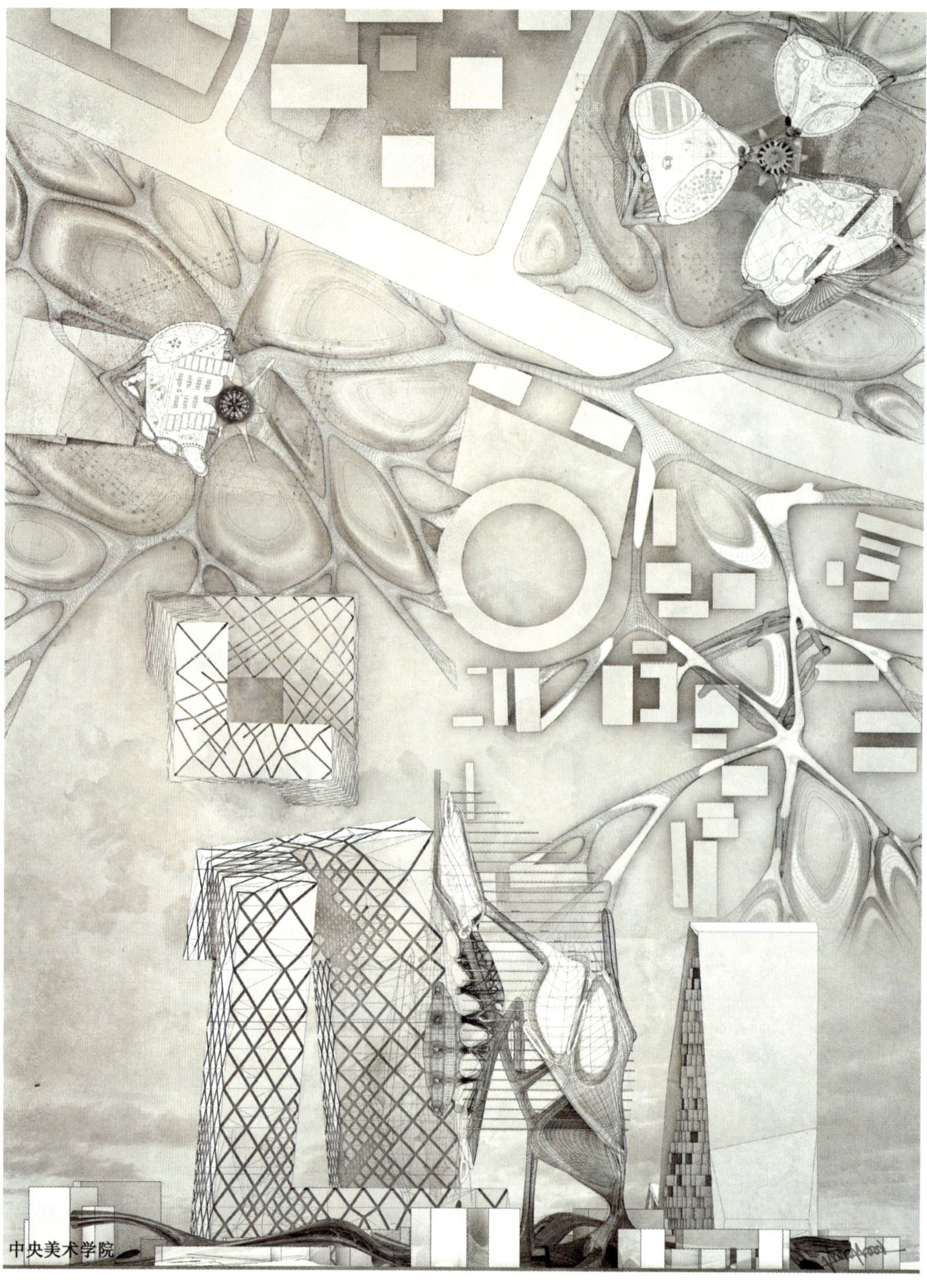

作品：慈溪酒厂旧建筑改造

作者：刘钊 王梦梅 王波 徐国东 张陶然 吕霞菲 刘金晶 于忠孝 洪美思 张燕雯

指导教师：吴晓淇

单位：中国美术学院

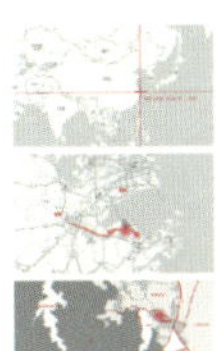

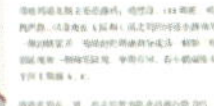

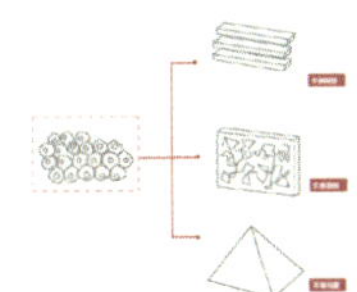

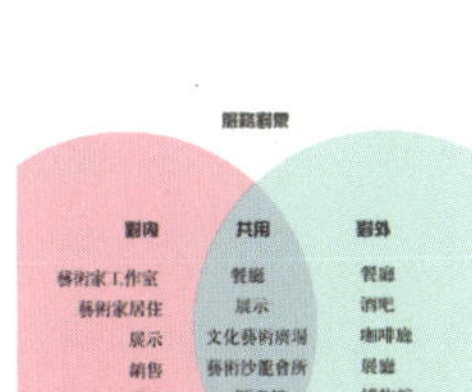

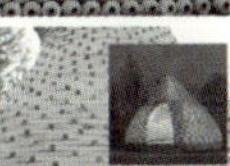

技术经济指标

设计说明

1

作品：慈溪酒厂旧建筑改造

作者：刘钊 王梦梅 王波 徐国东 张陶然 吕霞菲 刘金晶 于忠孝 洪美思 张燕雯

指导教师：吴晓淇

单位：中国美术学院

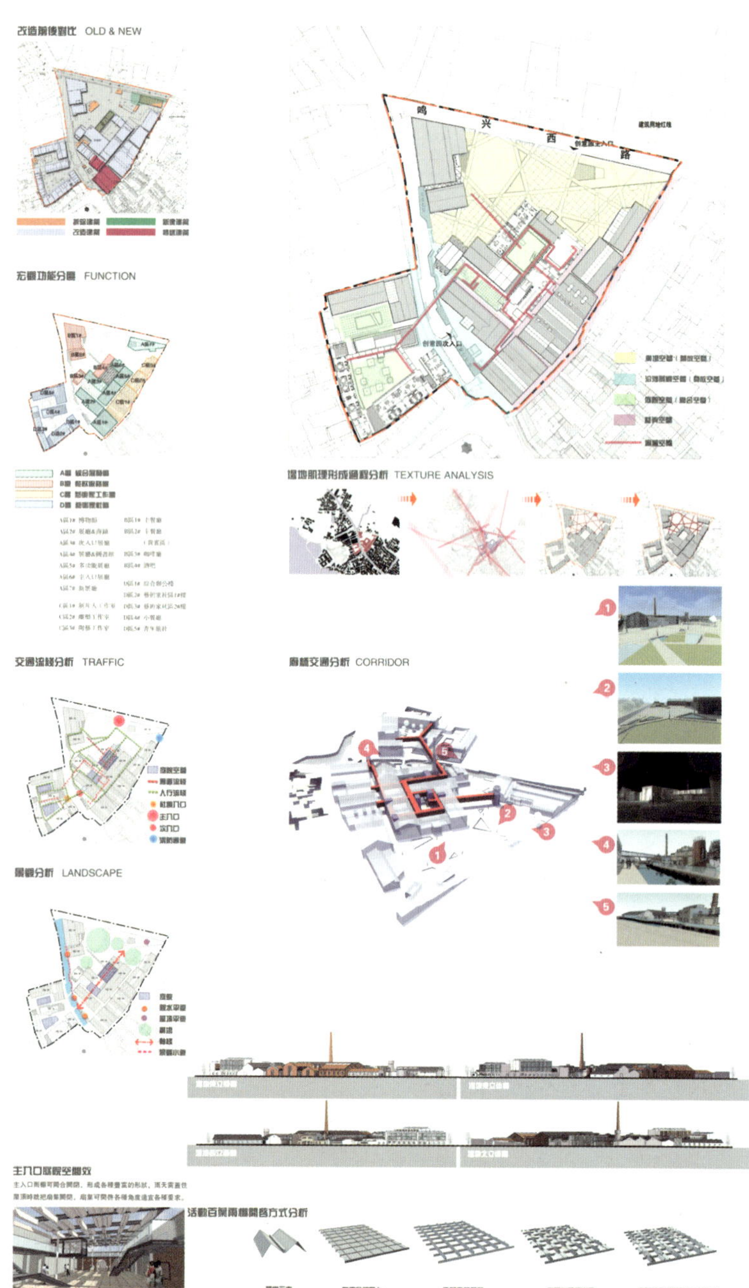

作　品：慈溪酒厂旧建筑改造
作　者：刘　钊　王梦梅　王　波　徐国东　张陶然　吕霞菲　刘金晶　于忠孝　洪美思　张燕雯
指导教师：吴晓淇
单　位：中国美术学院

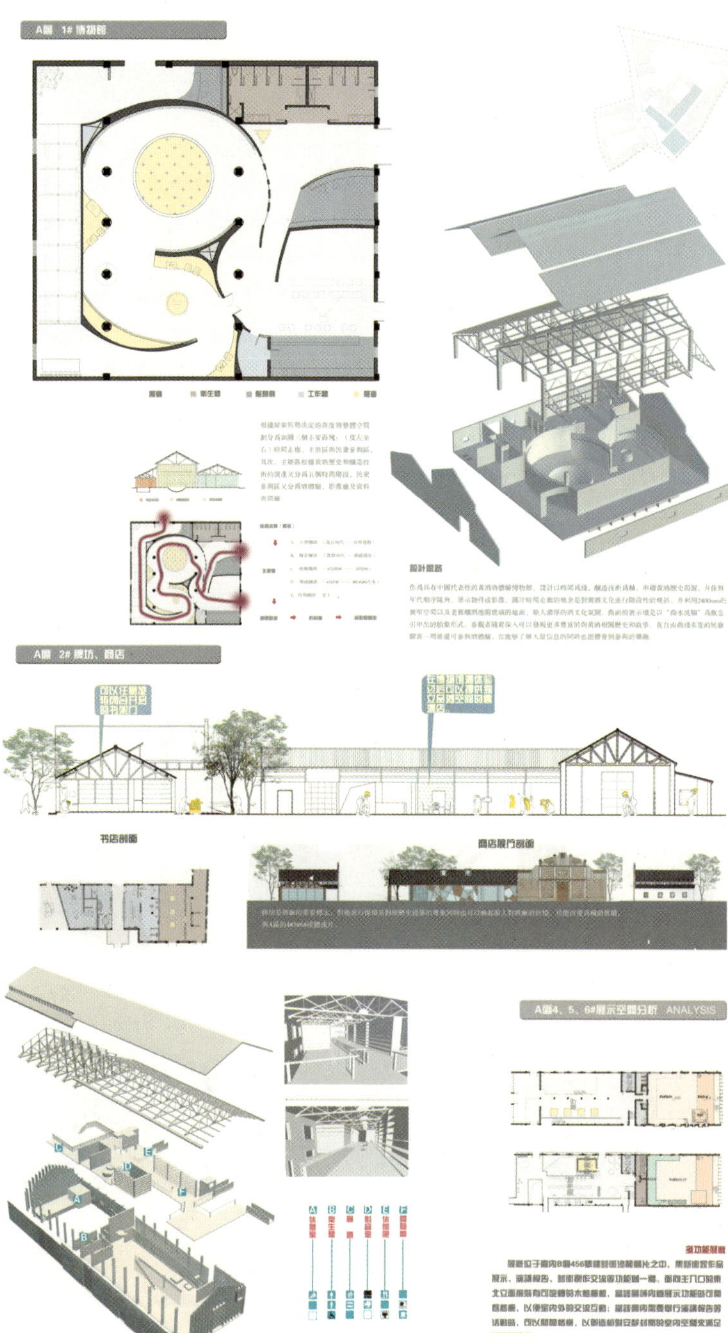

3

作品：慈溪酒厂旧建筑改造

作者：刘钊 王梦梅 王波 徐国东 张陶然 吕霞菲 刘金晶 于忠孝 洪美思 张燕雯

指导教师：吴晓淇

单位：中国美术学院

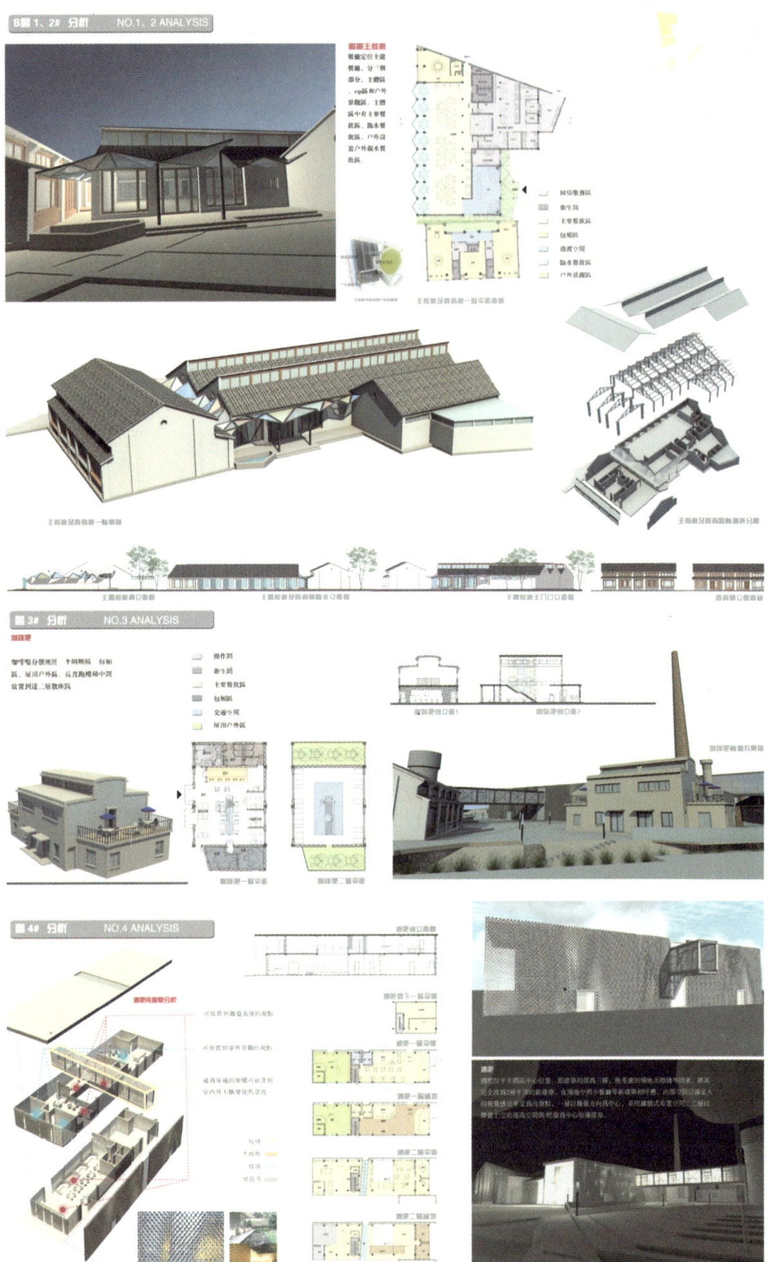

4

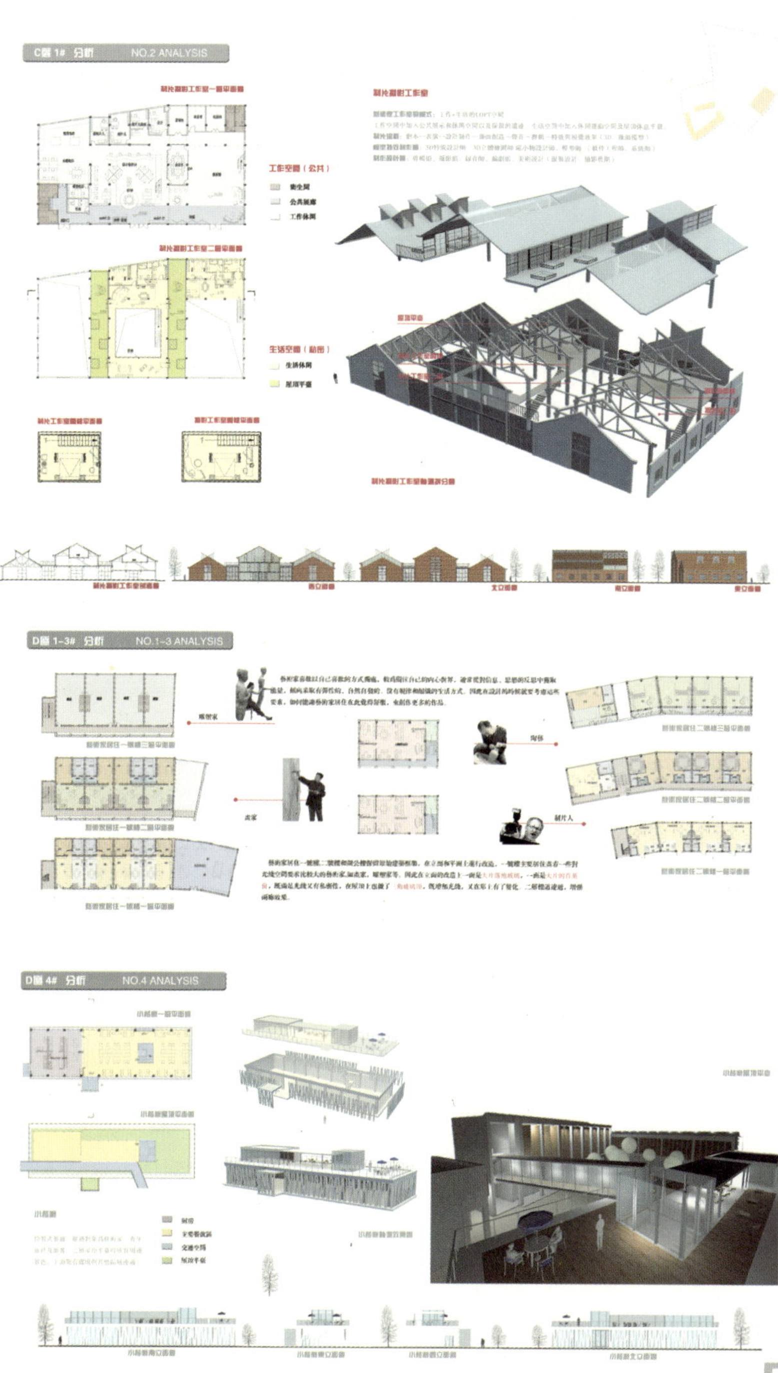

作品：慈溪酒厂旧建筑改造
作者：刘钊 王梦梅 王波 徐国东 张陶然 吕霞菲 刘金晶 于忠孝 洪美思 张燕雯
指导教师：吴晓淇
单位：中国美术学院

作品：折——杭州饮马井巷街区更新设计

作者：胡莹 陈俊妥 刘雨田

指导教师：康胤

单位：中国美术学院

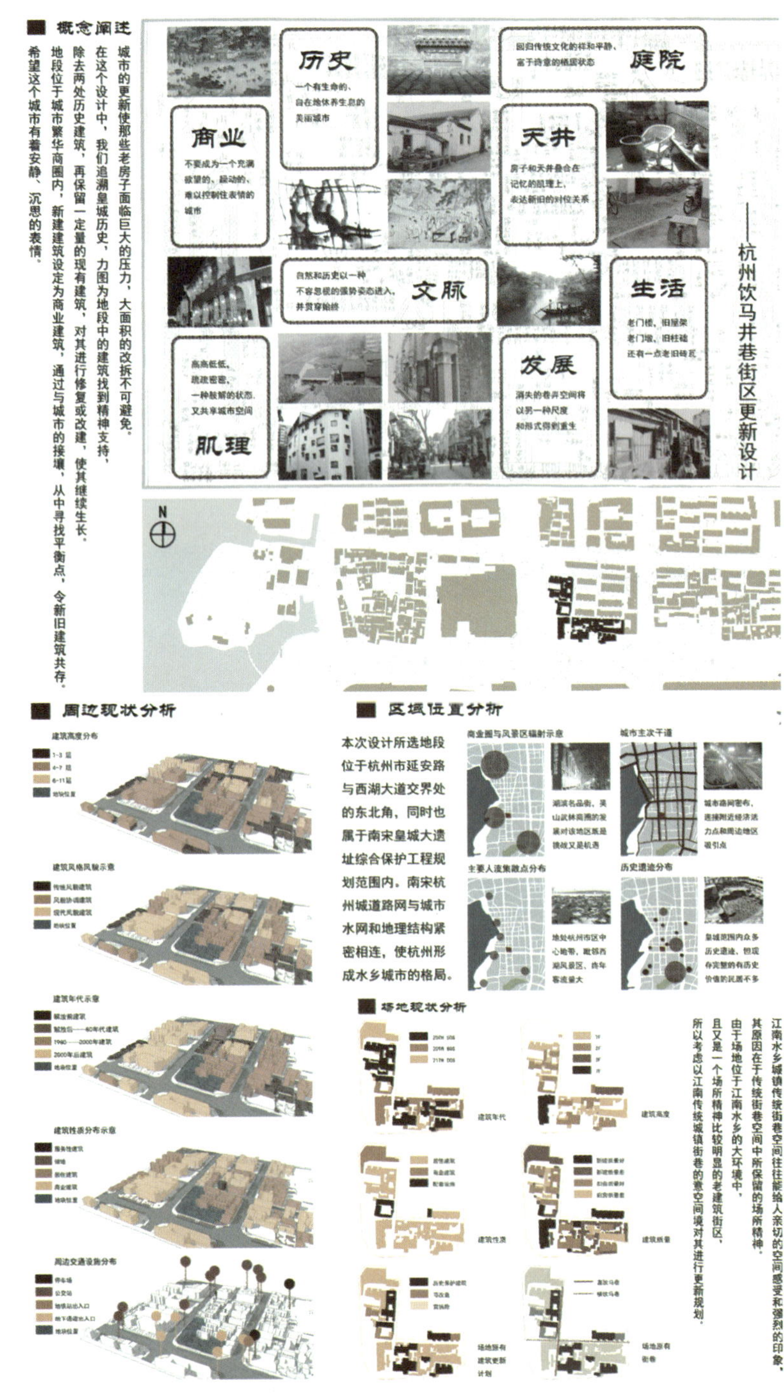

作品：折——杭州饮马井巷街区更新设计
作者：胡莹 陈俊妥 刘雨田
指导教师：康胤
单位：中国美术学院

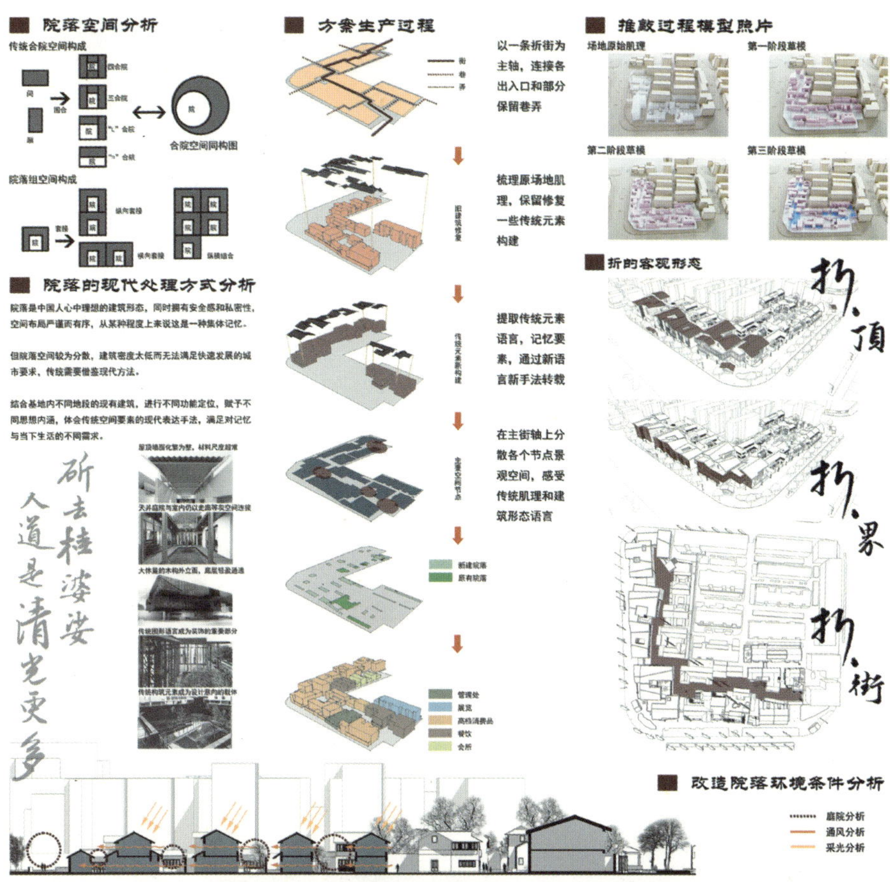

整个规划中，主街道顺应场地曲折生长，新建筑的立面与屋顶三维起折，以中国传统的建筑的坡屋顶为原型，带入现代的功能尺度与材料，使整个场地以全新的界面应对外部快速发展的现代化都市。

主要经济技术指标：

规划总面积	11192.8平方米
总建筑占地面积	5858.8平方米
总建筑面积	10454.3平方米
其中：	
新建建筑面积	4926.7平方米
改造建筑面积	4749.2平方米
保留建筑面积	678.4平方米
建筑密度	52%
容积率	0.93
绿化率	38.7%

作　品：折——杭州饮马井巷街区更新设计
作　者：胡莹　陈俊妥　刘雨田
指导教师：康胤
单　位：中国美术学院

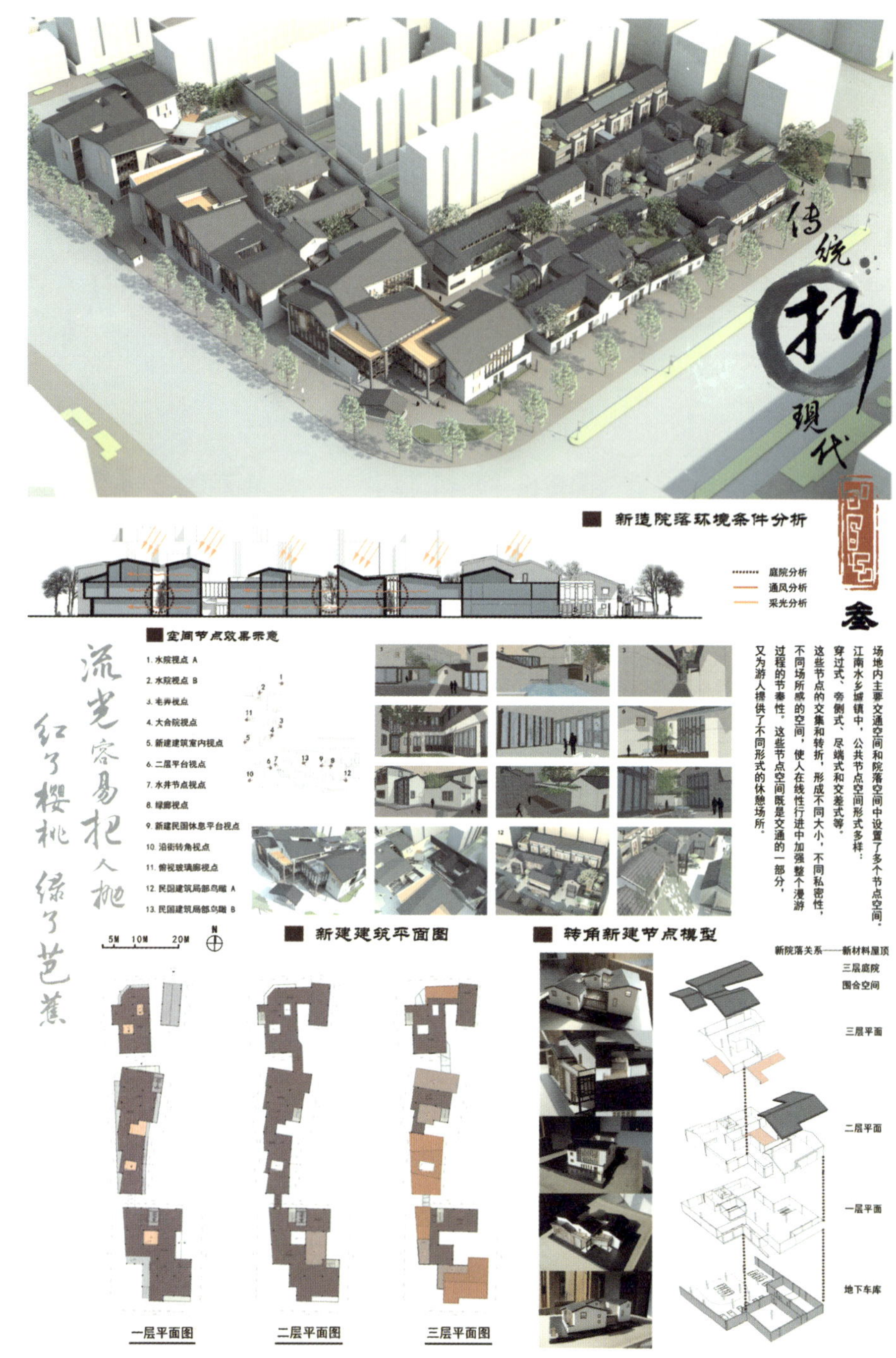

作　品：折——杭州饮马井巷街区更新设计
作　者：胡　莹　陈俊妥　刘雨田
指导教师：康　胤
单　位：中国美术学院

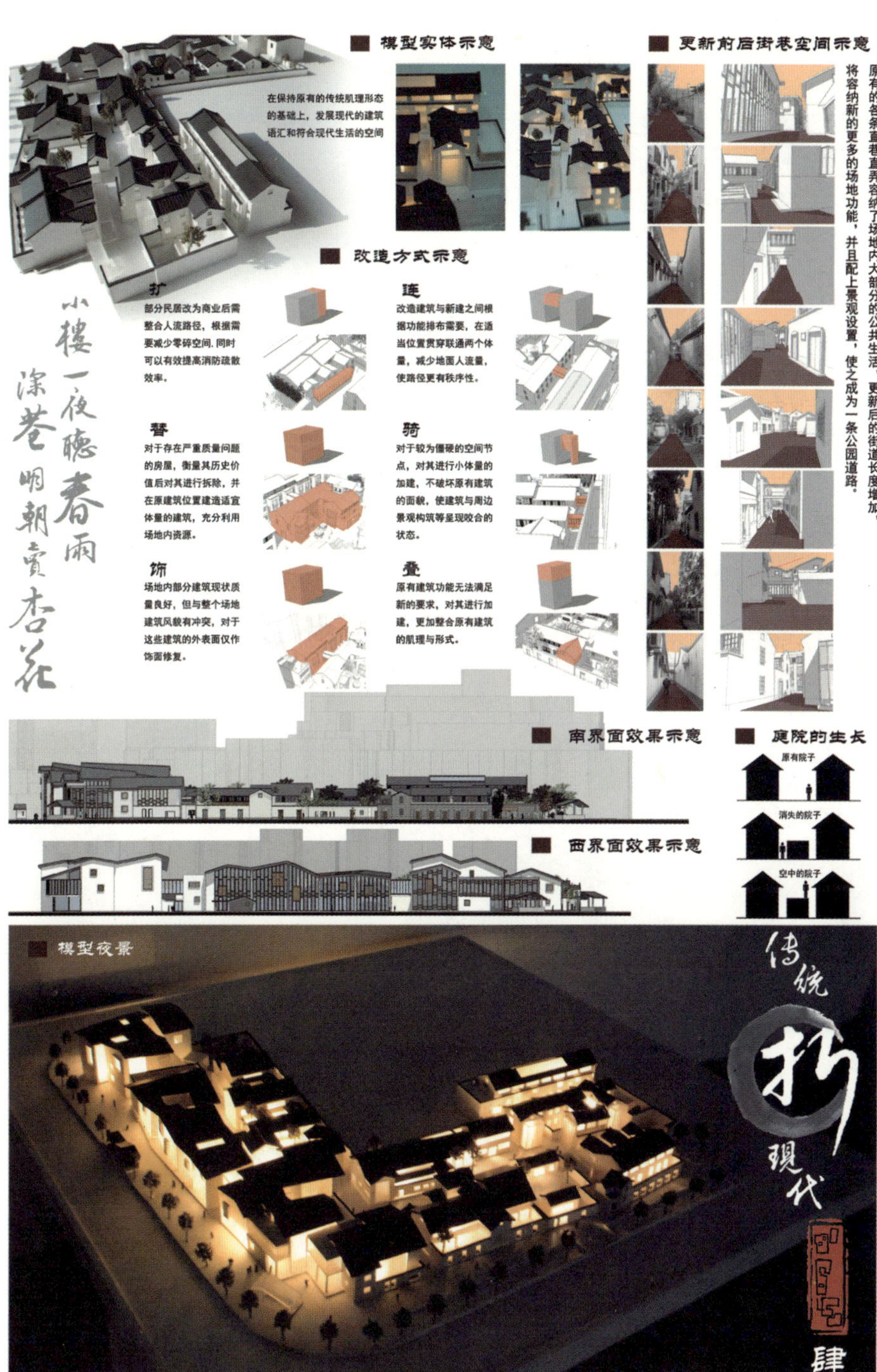

作　　品：海湾概念生物馆
作　　者：吕佳文
指导教师：马克辛
单　　位：鲁迅美术学院

作　品：世界·视界——西安纺织城艺术创意园
作　者：刘　威　李　炎　续　峰　贺　森
指导教师：吴　昊　张　豪　李　媛
单　位：西安美术学院

壹

世界·視界

西安紡織城藝術創意園

Artistic creativity and textile city

西安纺织城曾经有过光辉岁月。早在20世纪80年代，纺织城就被称作西安的“小香港”，时过境迁，如今的纺织城似乎从主城区的主流生活中被剥离开，计划经济时代的工厂大门在路边不时闪过，大多和棉纺有关，气氛安静而又怀旧。经过这些年的演变，纺织城的面貌有了很大的改变，在厂房规模上越来越小，被划分出去的土地越来越多，周围居民的人群组织结构越来越复杂，由于经济的欠发达，地区社会问题越来越突出。纺织城需要一个类似创意产业的契机来调整自己，为自己找到新的生命力来源

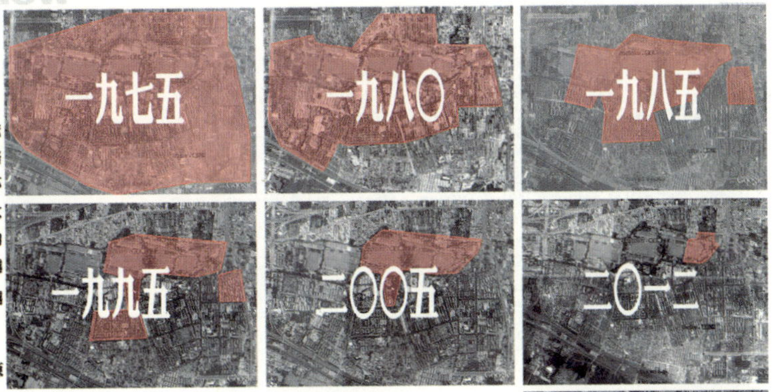

一九七五
一九八〇
一九八五
一九九五
二〇〇五
二〇一三
二〇一七？

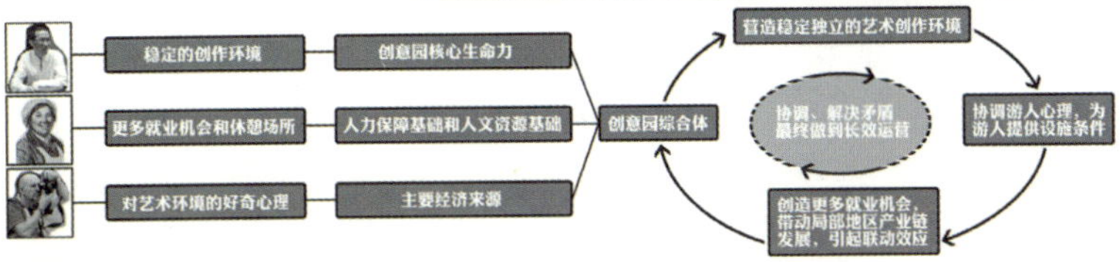

稳定的创作环境 — 创意园核心生命力
更多就业机会和休憩场所 — 人力保障基础和人文资源基础
对艺术环境的好奇心理 — 主要经济来源
创意园综合体
营造稳定独立的艺术创作环境
协调游人心理，为游人提供设施条件
创造更多就业机会，带动局部地区产业链发展，引起联动效应
协调、解决矛盾最终做到长效运营

“房租上涨、拆迁等事情弄得大家士气低落，不像前两年那样斗志昂扬了，这本来就是一个自发形成的艺术群落，人心不齐了，就没法继续维持下去。政府虽然很关注，但艺术节什么的已经不能挽回现在人心涣散的局面了。”

“我们需要艺术生活，现在生活水平提高了，人民对精神层面的需要越来越高。我们需要艺术来提高我们的生活质量。”

“现在艺术市场很疲软，北京等地的艺术区为了留住艺术家都大幅降低了房租，有些甚至是免费让艺术家进驻。”

“周围全都是下岗职工，周围就业机会少，住的也偏，别处找到工作也不容易去，太远了。”

“艺术家很神秘，我很好奇他们究竟是怎么创作和生活的，我有强烈的愿望想要了解。”

“九八年下岗咧，工资发不下来，这个年纪工作也寻不下，家离城远地很，买东西逛街也不太方便，太愁咧，要是能就近找到工作就嘹咋咧。”

作品：世界·视界——西安纺织城艺术创意园
作者：刘威 李炎 续峰 贺森
指导教师：吴昊 张豪 李媛
单位：西安美术学院

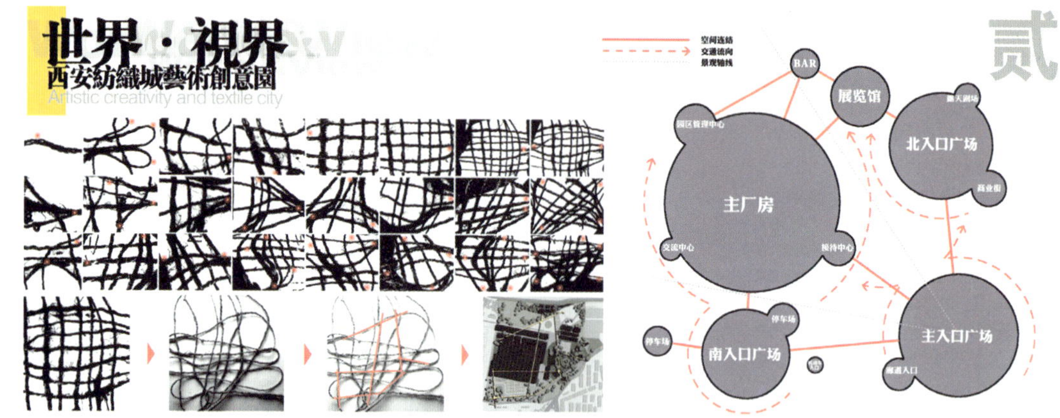

由编织原理转译到空间组合

在一小块编织布中，很多根线相互交错，这些线是通过纤维的旋转、纽织成形的，这样的形态不但有助于线的形成，还使成型后的线更加强韧。当编织布的形态完整、边沿整齐时，四根线围合而成的空间是正四边形，但正四边形稳定性不强，编织布在某些方向受力时，围合空间会被拉伸成为三角形、异形四边形空间，从而达到空间稳定状态；在一些主要功能空间由于自身属性需要扩大范围时，由于疆界的弹性有限，小空间或附属空间将贡献自己的资源保持整体网络的形态稳定和主次平衡。这两点空间组合的转译思想，贯穿了整个园区廊道网络的布置和适应性演变。

空间功能组合推理

当园区的各个功能套用到场地空间时，由于各功能的主次不同，序列不同，性质不同，其相对应的空间也应适用于该功能，使空间真正适合于该功能。通过对场地空间的切割、变形、打乱，重新建立联系，推出适合于该功能体系的群组空间。
这样的推理过程来源于对绳网空间的研究：将绳网各节点的受力不同产生的绳网空间变化转译到纺织城艺术区由于各功能主次不同而导致的空间大小不同。如同绳网空间一样，场地主功能空间面积的扩大带来的将是所有子空间的变动甚至牺牲。这样，由于空间的联动适用于功能的联动，才能保证整个功能空间体系的稳定。

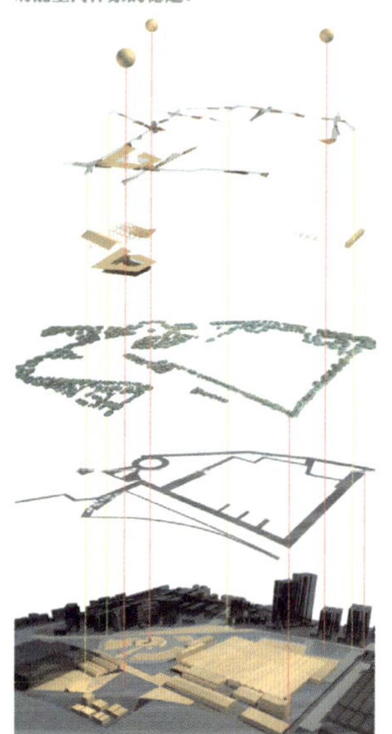

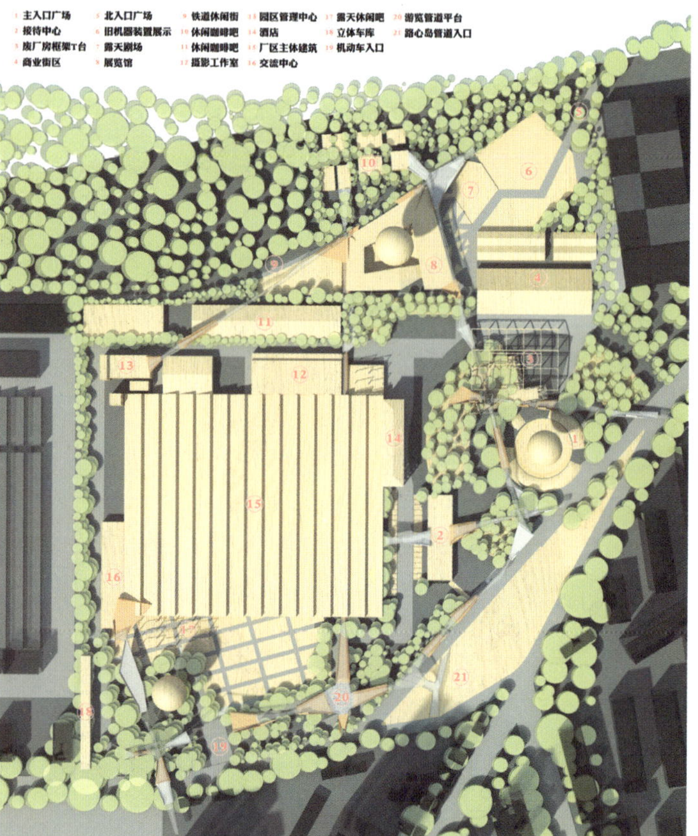

作品：世界·视界——西安纺织城艺术创意园
作者：刘威 李炎 续峰 贺森
指导教师：吴昊 张豪 李媛
单位：西安美术学院

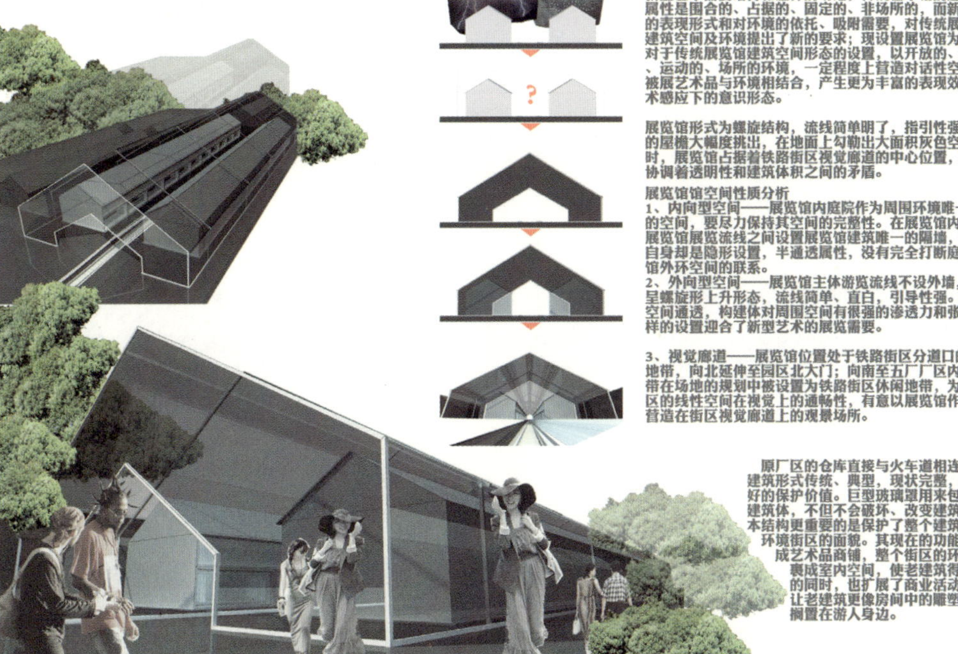

新型艺术需要培育和滋养的场地，传统艺术馆的建筑空间属性是围合的、占据的、固定的、非场所的，而新兴艺术的表现形式和对环境的依托、吸附需要，对传统展览馆的建筑空间及环境提出了新的要求；现设置展览馆为探索相对于传统展览馆建筑空间形态的设置，以开放的、延伸的、运动的、场所的环境，一定程度上营造对话性空间，是被展艺术品与环境相结合，产生更为丰富的表现效果和艺术感应下的意识形态。

展览馆形式为螺旋结构，流线简单明了，指引性强。巨大的屋檐大幅度挑出，在地面上勾勒出大面积灰色空间；同时，展览馆占据着铁路街区视觉廊道的中心位置，其特点协调着透明性和建筑体积之间的矛盾。

展览馆馆空间性质分析

1、内向型空间——展览馆内庭院作为周围环境唯一极静的空间，要尽力保持其空间的完整性。在展览馆内庭院和展览馆展览流线之间设置展览馆建筑唯一的隔墙，而隔墙自身却是隐形设置，半通透属性，没有完全打断庭院与展馆外环空间的联系。

2、外向型空间——展览馆主体游览流线不设外墙，整体呈螺旋形上升形态，流线简单、直白，引导性强。建筑体空间通透，构建体对周围空间有很强的渗透力和张力。这样的设置迎合了新型艺术的展览需要。

3、视觉廊道——展览馆位置处于铁路街区分道口的半岛地带，向北延伸至园区北大门；向南至五厂厂区内，该地带在场地的规划中被设置为铁路街区休闲地带，为保护街区的线性空间在视觉上的通畅性，有意以展览馆作依托，营造在街区视觉廊道上的观景场所。

原厂区的仓库直接与火车道相连，仓库建筑形式传统、典型，现状完整，具有很好的保护价值。巨型玻璃罩用来包裹这个建筑体，不但不会破坏、改变建筑体的基本结构更重要的是保护了整个建筑及周边环境街区的面貌。其现在的功能被定位成艺术品商铺，整个街区的环境被包裹成室内空间，使老建筑得到保护的同时，也扩展了商业活动空间，让老建筑更像房间中的雕塑作品，搁置在游人身边。

作品：世界·视界——西安纺织城艺术创意园
作者：刘威 李炎 续峰 贺森
指导教师：吴昊 张豪 李媛
单位：西安美术学院

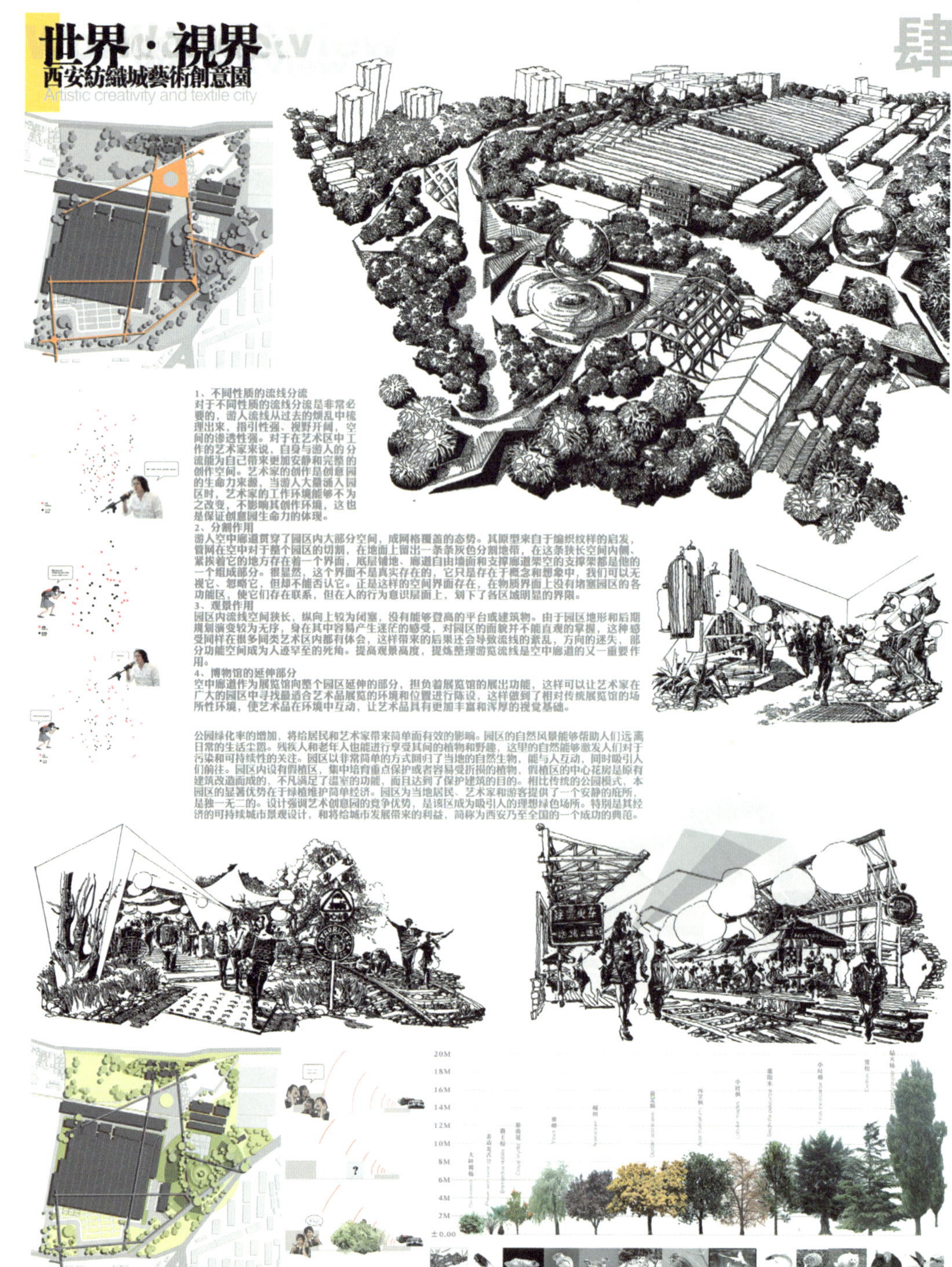

世界·視界
西安紡織城藝術創意園
Artistic creativity and textile city

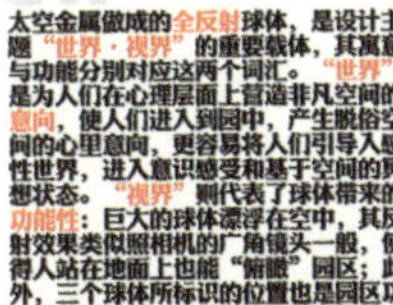

伍

作品：世界·视界——西安纺织城艺术创意园
作者：刘威 李炎 续峰 贺森
指导教师：吴昊 张豪 李媛
单位：西安美术学院

太空金属做成的全反射球体，是设计主题“世界·视界”的重要载体，其寓意与功能分别对应这两个词汇。“世界”是为人们在心理层面上营造非凡空间的意向，使人们进入到园中，产生脱俗空间的心里意向，更容易将人们引导入感性世界，进入意识感受和基于空间的冥想状态。“视界”则代表了球体带来的功能性：巨大的球体漂浮在空中，其反射效果类似照相机的广角镜头一般，使得人站在地面上也能“俯瞰”园区；此外，三个球体所标识的位置也是园区功能的重点位置，有着极强的导向作用。其在视觉上的无限延展性带来的奇特的视觉体验能够作为创意产业的爆发点深入人心；夜间巨大的球体在空中隐形，偶尔的自发光所带来的奇特体验也是无与伦比的。

主入口广场的形式来源主入口广场所处的位置处于园区的动静区相交地带，功能属性较为敏感既担任着迎宾和对外吸纳、集散、标志的任务，同时又包含着阻隔噪音、阻挡人流、分隔动静区域的功能。由于主入口广场所在地址的优势性有限（呈三角地带），所以，处理好这部分空间，是完成园区规划动静分离的重要任务。

协调主入口矛盾空间的解决方案：
双C相套的结构，大环开口向外将游人引入，紧接人流面临中心小环的草坡，将人流打散，这样两次迂回有效地将大股的人流缓冲进入各去向通道。

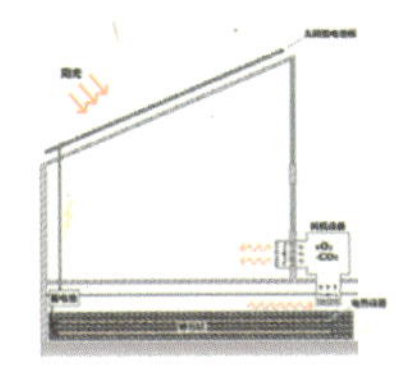

厂房建筑采暖
由于厂房原始功能的特殊性，建筑体开窗均向北，这样就留出了大面积向南倾斜的屋顶。设计中借此设置了大面积太阳能电池板。可以为厂区及周边居民提供电能，同时，地下人防工程中设置卵石夹层。在冬季白天，利用电热棒加热卵石夹层，利用石头做为介质储热，夜晚，将卵石层中的热空气抽出，输送到各个功能空间，达到利用白昼太阳能转化为夜间热能的目的。

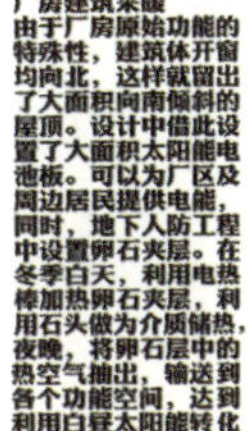

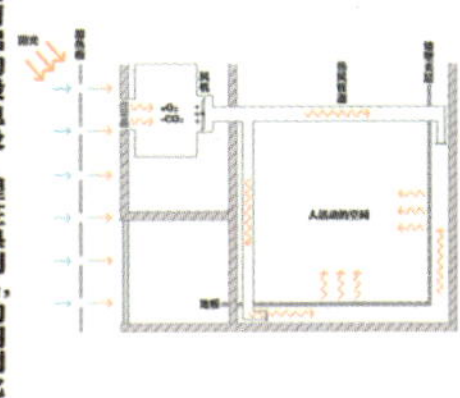

多层建筑采集暖风
园区内有多处高耸建筑，为了保持稳定的采光环境，原始构筑体向南开窗较少，利用这一点，在建筑物向南外立面罩一层金属外壳，这层外壳用废旧金属焊接而成，均匀打孔、锈化处理，使其整体面貌相一致。生锈的铁板暴露在阳光的照射下，加热升温，而铁皮的热传导性较好，能够轻松加热建筑外立面隔层内的空气。热空气上升，被设置在顶层的抽风机抽入，过滤、加氧，随后输送到各个活动空间。

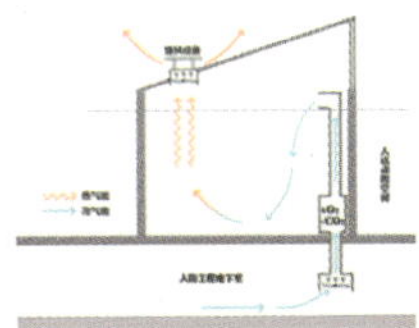

厂房夏季供冷
纺织城建筑是20世纪50年代的构筑物，有着鲜明的结构特点，整个厂区地下三分之一的面积都有人防工程。炎热的夏季可将这些地下防空洞中的冷空气抽出，过滤二氧化碳及其他有毒物质，并在冷风的传输过程中加氧，送入各个需要空间，达到天然节能的效果。

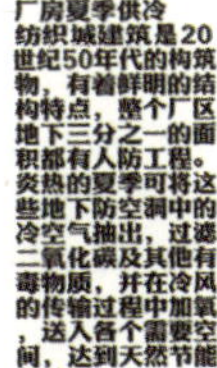

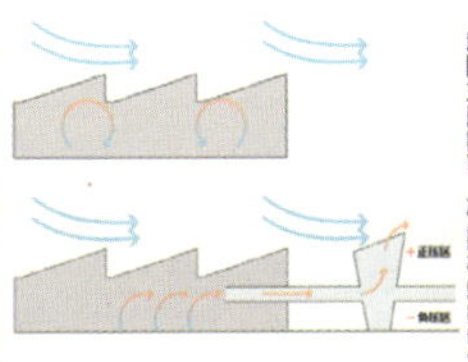

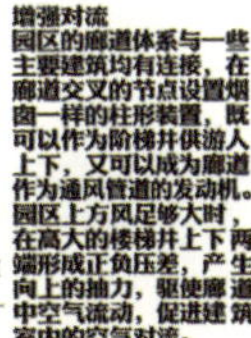

增强对流
园区的廊道体系与一些主要建筑均有连接，在廊道交叉的节点设置烟囱一样的柱形装置，既可以作为阶梯井供游人上下，又可以成为廊道作为通风管道的发动机。园区上方风足够大时，在高大的楼梯井上下两端形成正负压差，产生向上的抽力，驱使廊道中空气流动，促进建筑室内的空气对流。

作　品：CBD音乐厅
作　者：彭一名　唐　澎　阮晨曦　黄湘龙
指导教师：卢　珺
单　位：湖北美术学院

序：

大三结束后，我们利用假期时间对与方案相似地区进行了考察。体会很深，感触颇多。而其中立足点尤为重要，我们究竟是以哪种姿态来讨论这个建筑存在的意义，它的存在已经从狭隘的机器功能转变成了广义的建筑生命力。我们想从现代的作品中汲取灵感与答案，于是，在考察了扎哈的广州歌剧院与武汉民俗文化地—吉庆街后，我们发现了更多的真相，而这些真相则实实在在的表达了民众对周遭环境，建筑的认知；也实实在在的印证了这个高速发展下的社会留给我们的生存烙印。

中国近年来文化消费分析概况：

表1　21城市居民常做的休闲活动排名

城市	排名第一的活动	排名第二的活动	排名第三的活动	排名第四的活动	排名第五的活动
北京	去动物园/公园	看休闲/消遣类书籍	打羽毛球	登山	打麻将
上海	看休闲/消遣类书籍	去动物园/公园	打麻将	种花盆栽	打羽毛球
广州	去动物园/公园	打麻将	打羽毛球	看休闲/消遣类书籍	登山
深圳	去动物园/公园	打麻将	打羽毛球	看休闲/消遣类书籍	登山
成都	打麻将	去动物园/公园	看休闲/消遣类书籍	种花盆栽	打游戏机
重庆	打麻将	看休闲/消遣类书籍	去动物园/公园	登山	打游戏机
武汉	看休闲/消遣类书籍	去动物园/公园	打麻将	打羽毛球	打游戏机
西安	看休闲/消遣类书籍	打麻将	去动物园/公园	打羽毛球	种花盆栽
沈阳	打麻将	去动物园/公园	看休闲/消遣类书籍	种花盆栽	打羽毛球
南京	去动物园/公园	打麻将	看休闲/消遣类书籍	打羽毛球	登山
天津	看休闲/消遣类书籍	种花盆栽	打羽毛球	打游戏机	去动物园/公园
长春	去动物园/公园	打麻将	种花盆栽	看休闲/消遣类书籍	打游戏机
哈尔滨	看休闲/消遣类书籍	打麻将	种花盆栽	去动物园/公园	打羽毛球
大连	去动物园/公园	看休闲/消遣类书籍	打麻将	打羽毛球	种花盆栽
杭州	去动物园/公园	登山	看休闲/消遣类书籍	打羽毛球	打麻将
福州	登山	去动物园/公园	看休闲/消遣类书籍	打麻将	种花盆栽
南昌	去动物园/公园	看休闲/消遣类书籍	打麻将	打羽毛球	打游戏机
青岛	看休闲/消遣类书籍	去动物园/公园	种花盆栽	打羽毛球	打游戏机
郑州	去动物园/公园	看休闲/消遣类书籍	打羽毛球	打麻将	种花盆栽
长沙	去动物园/公园	打麻将	看休闲/消遣类书籍	打羽毛球	打游戏机
昆明	去动物园/公园	看休闲/消遣类书籍	登山	打羽毛球	游泳

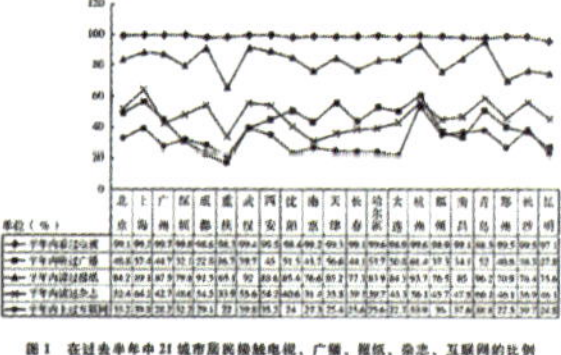

图1　在过去半年中21城市居民接触电视、广播、报纸、杂志、互联网的比例

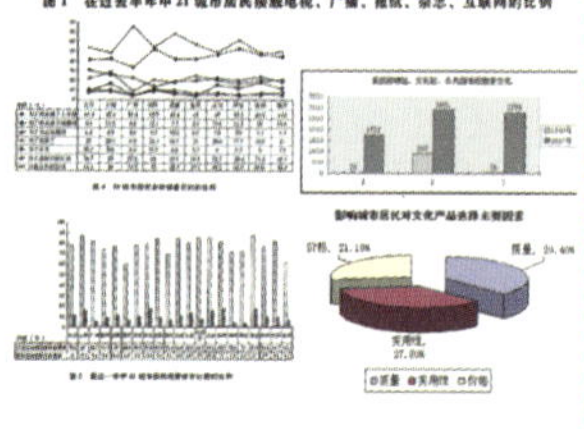

武汉市吉庆街概况：

武汉城市的变迁，与武汉码头的兴衰流变息息相关。而人们的生活就沿着汉口码头而展开，形成了独特的城市面貌。其吉庆街位于汉口中山大道以北，东西走向，东起大智路，西至江汉路。该街是汉味饮食文化与民俗文化的交汇点，吸引了大批国内外游客在此饱览地方特色文化。从整个中国的城市发展来看，各个城市的这种地方特色的文化更多的处在经济全球化与市场经济的双重挤兑中，而民俗文化的铸造者，更多是社会群体中的低收入人群。因此，如何解决贫富差距，如何保护民俗文化，如何保护民族文化，是我们传承给后代的重中之重。

广州歌剧院概况：

歌剧院位于珠江新城J4地块。其外形如"圆润双砾"，就像置于平缓山丘上的两块砾石，设计师扎哈·哈迪德的"圆润双砾"方案被称为"一个功能、形式与可行性三者俱佳的优秀方案"。我们于2001年10月对该剧院进行了实地考察，并收集到许多宝贵的资料，其中包括对广州市不同民众的采访。

类　　别	可以尝试	愿意	不愿意
知识份子（大学生）	●		
（大学教师）		●	
小资产阶级家庭			●
广州歌剧院维护人员（园丁）			●
广州歌剧院保全人员			●

不同人群对商务区（即CBD）的认同完全不一样，当然这也与整个经济的发展方针有关，当下，作为建筑商言，它承担的不应单单只是使用与观赏，更应承载着对城市的思考，与各类社会人群的融合。而并非将穷与富，近与远，划分清楚。

当一座建筑拔地而起时，我们看到的不单是雄伟，更多应该想到的，感受到的，是大众与平等。

"建筑师权利的诡辩术。"

——尼采

作品：CBD音乐厅

作者：彭一名　唐澎　阮晨曦　黄湘龙
指导教师：卢珺
单位：湖北美术学院

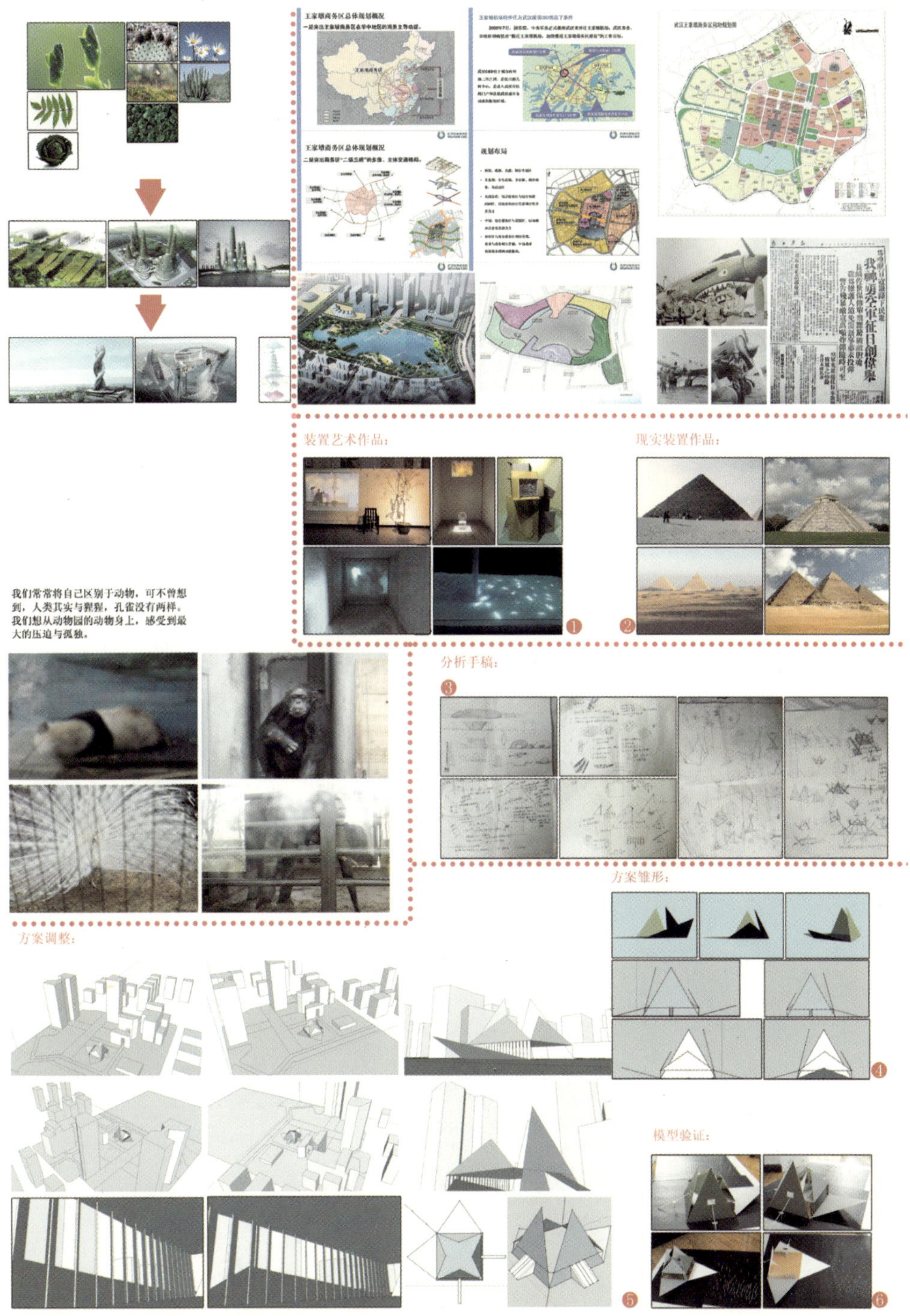

作　品：CBD音乐厅
作　者：彭一名　唐　澎　阮晨曦　黄湘龙
指导教师：卢　珺
单　位：湖北美术学院

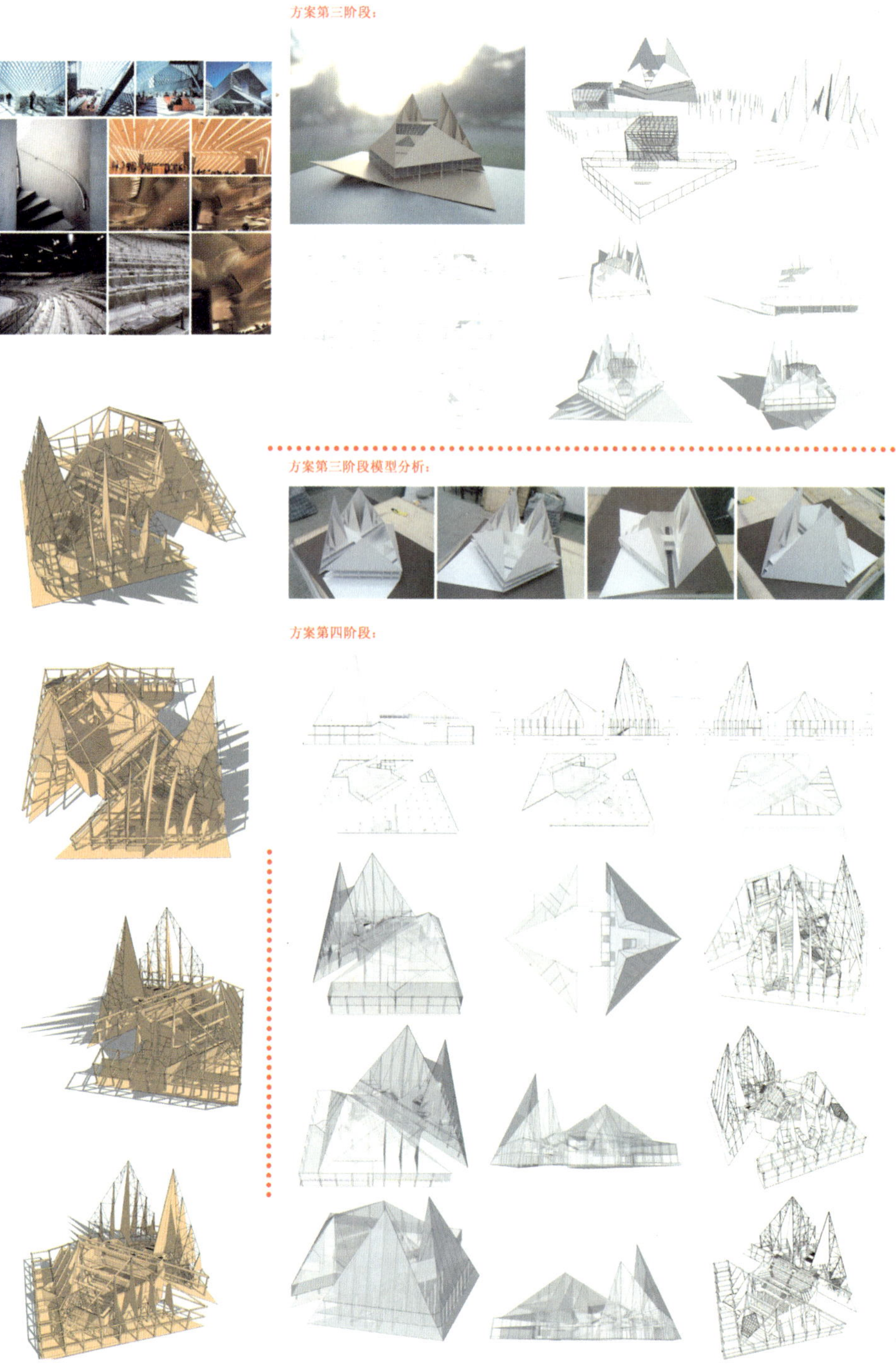

作　品：CBD音乐厅

作　者：彭一名　唐　澎　阮晨曦　黄湘龙

指导教师：卢　珺

单　位：湖北美术学院

结构组合与剖析

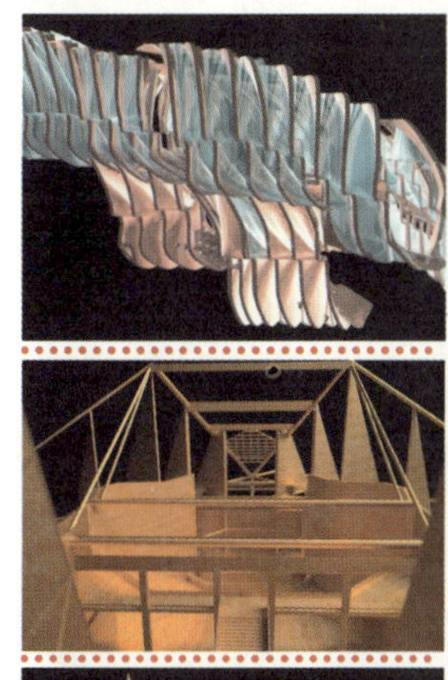

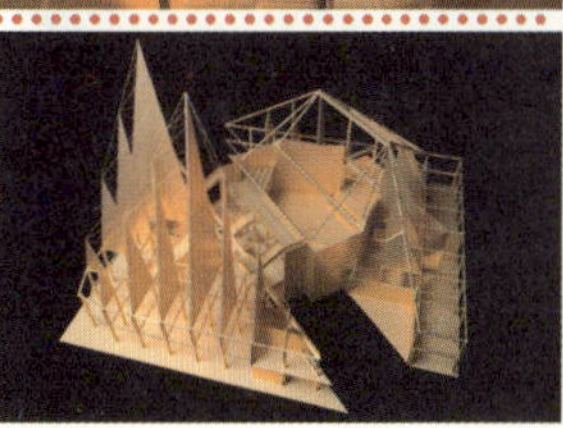

作　品：CBD音乐厅
作　者：彭一名　唐　澎　阮晨曦　黄湘龙
指导教师：卢　珺
单　位：湖北美术学院

室内渲染效果

作品：叠市井坊——杭州饮马井巷街区更新设计

作者：於劭扬　于汶钺　贾瑜鹏

指导教师：康胤

单位：中国美术学院

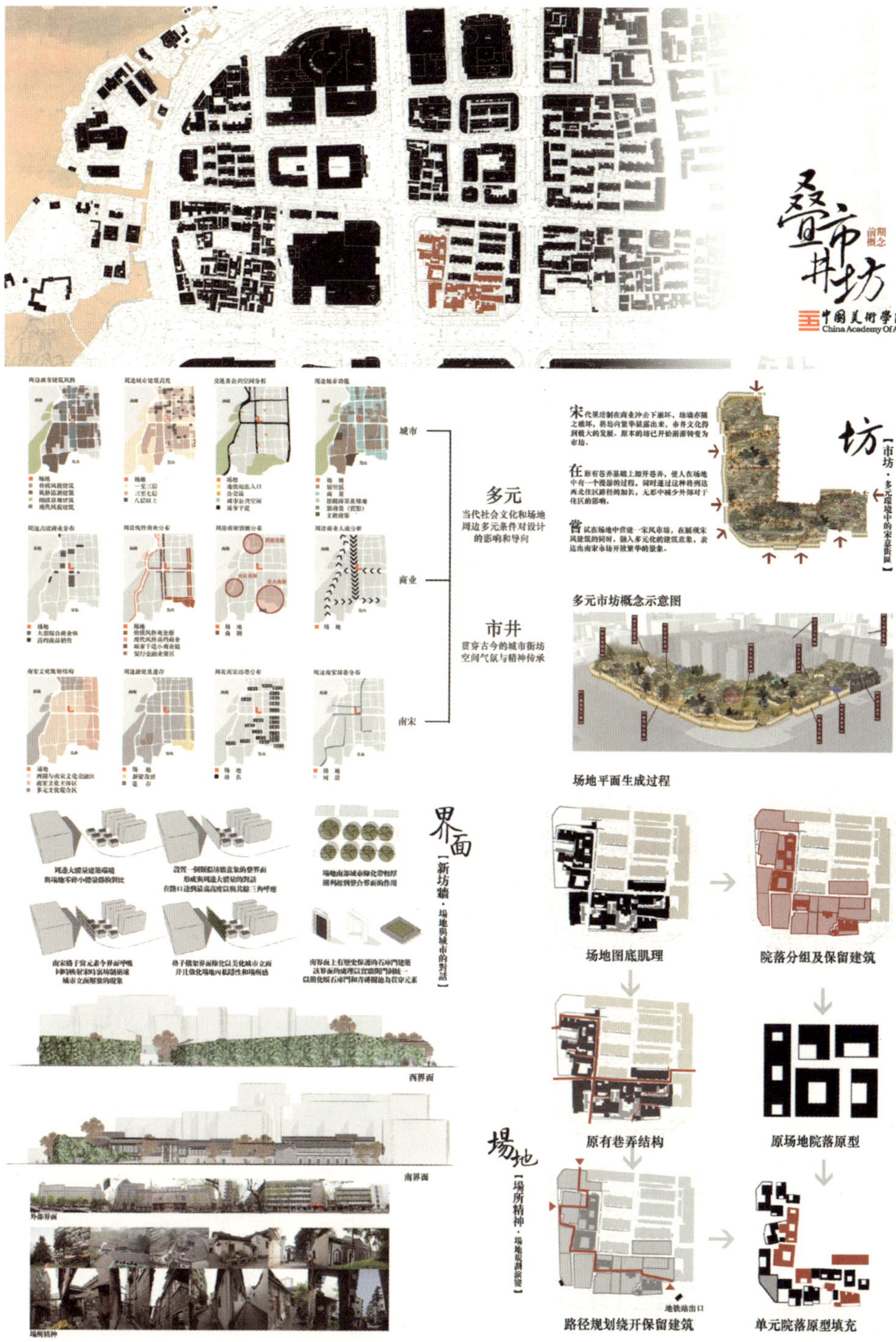

作品：叠市井坊——杭州饮马井巷街区更新设计

作者：於劲扬 于汶钺 贾瑜鹏

指导教师：康胤

单位：中国美术学院

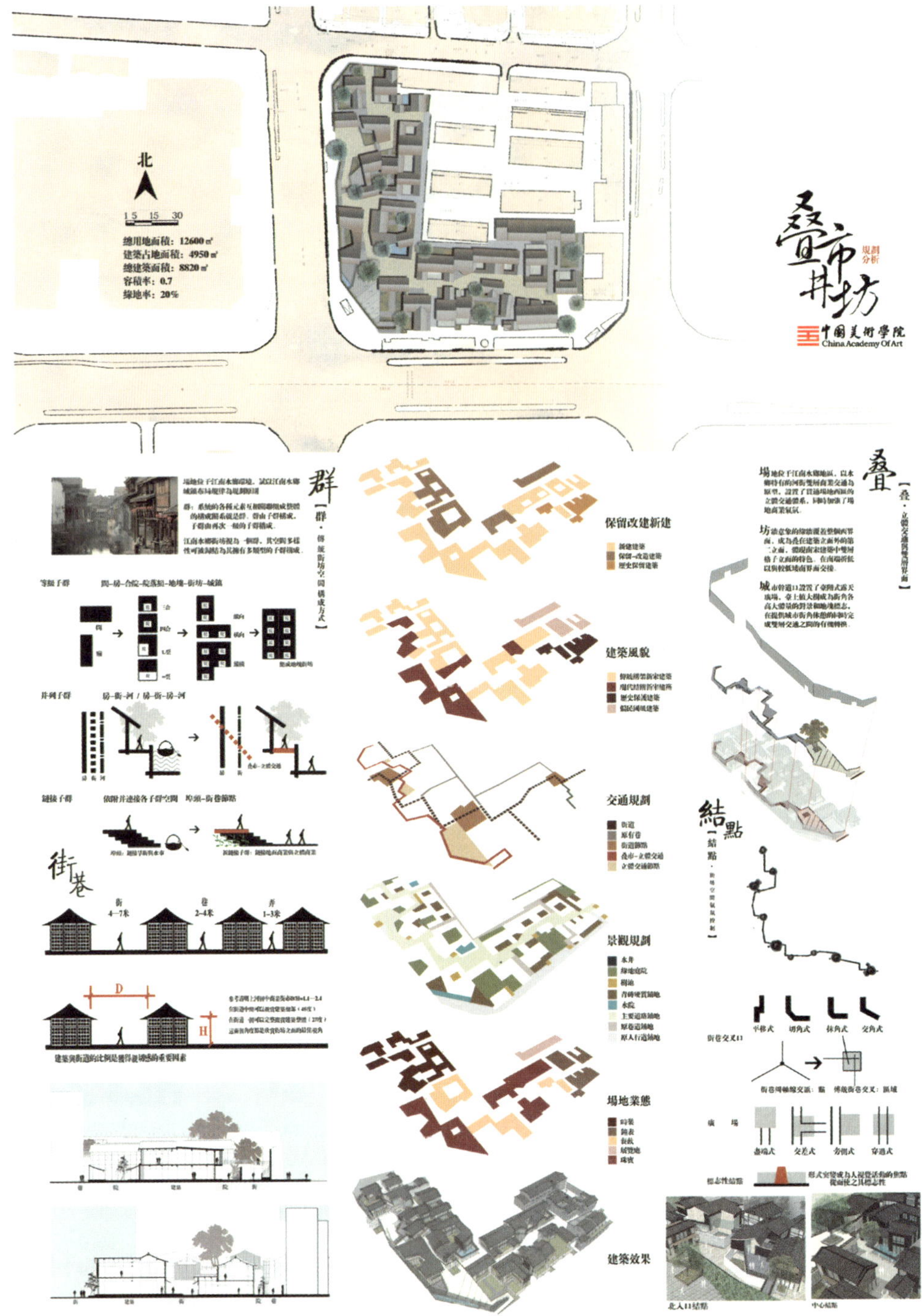

作品：叠市井坊——杭州饮马井巷街区更新设计

作者：於劭扬 于汶钺 贾瑜鹏

指导教师：康胤

单位：中国美术学院

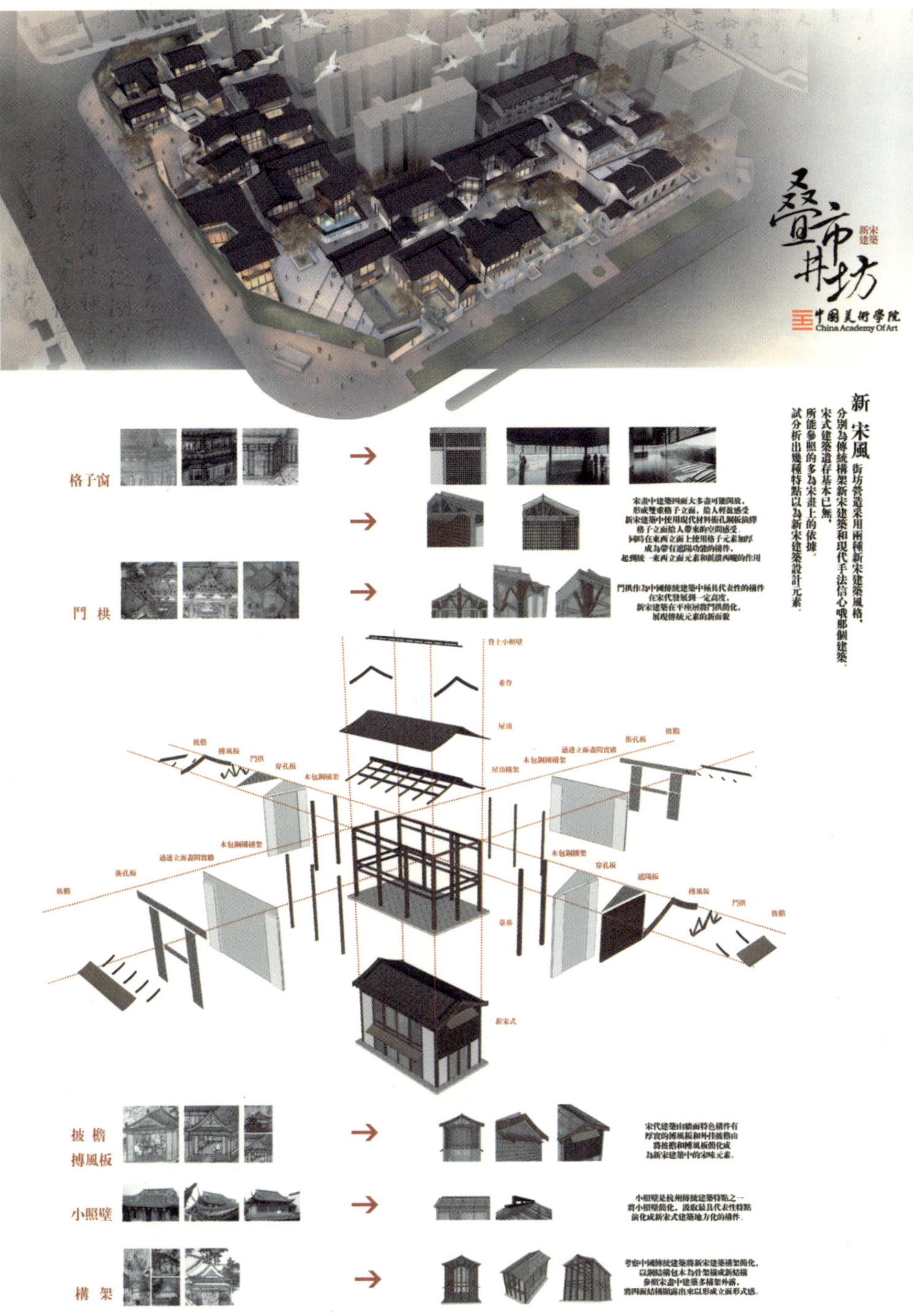

作　　品：叠市井坊——杭州饮马井巷街区更新设计
作　　者：於劭扬　于汶钺　贾瑜鹏
指导教师：康　胤
单　　位：中国美术学院

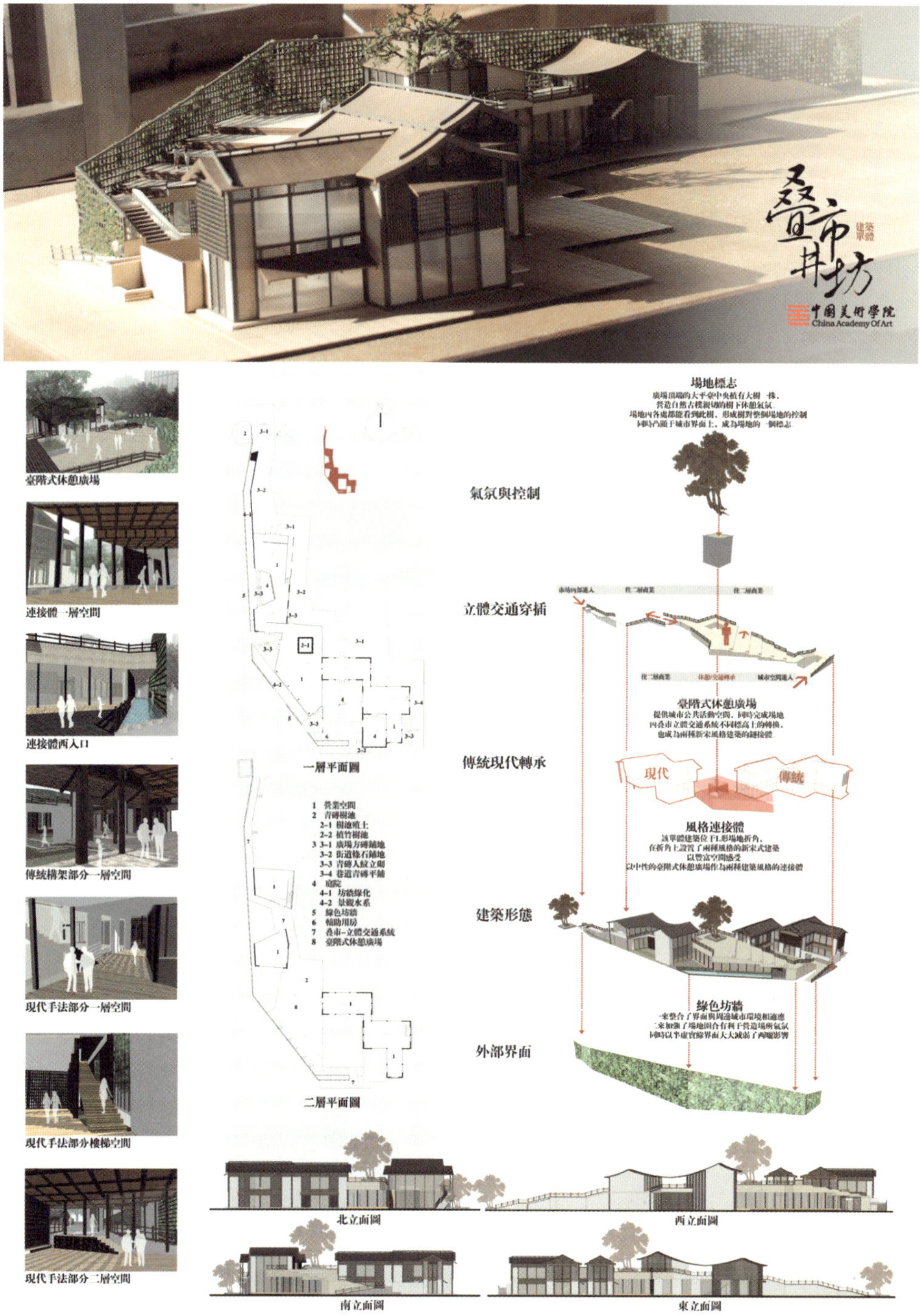

叠市井坊
建築單體
中國美術學院
China Academy Of Art

臺階式休憩廣場

連接體一層空間

連接體西入口

傳統構架部分一層空間

現代手法部分一層空間

現代手法部分樓梯空間

現代手法部分二層空間

一層平面圖

1　營業空間
2　青磚樹池
　2-1 樹池殖土
　2-2 植竹樹池
3 3-1 廣場方磚鋪地
　3-2 街道條石鋪地
　3-3 青磚人紋立砌
　3-4 巷道青磚平鋪
4　庭院
　4-1 坊牆綠化
　4-2 景觀水系
5　綠色坊牆
6　輔助用房
7　叠市-立體交通系統
8　臺階式休憩廣場

二層平面圖

氣氛與控制

場地標志
廣場頂端的大平臺中央植有大樹一株，
營造自然古樸親切的樹下休憩氣氛
場地內各處都能看到此樹，形成樹對整個場地的控制
同時凸顯于城市界面上，成為場地的一個標志

立體交通穿插

往二層商業　休憩/交通轉承　城市空間進入

臺階式休憩廣場
提供城市公共活動空間，同時完成場地
內叠市立體交通系統不同標高上的轉換，
也成為兩種新宋風格建築的鏈接體

傳統現代轉承

現代　傳統

風格連接體
該單體建築位于L形場地折角，
在折角上設置了兩種風格的新宋式建築
以豐富空間感受
以中性的臺階式休憩廣場作為兩種建築風格的連接體

建築形態

綠色坊牆
一來整合了界面與周邊城市環境相適應
二來加強了場地圍合有利于營造場所氣氛
同時以半虛實綠界面大大減弱了西曬影響

外部界面

北立面圖　西立面圖

南立面圖　東立面圖

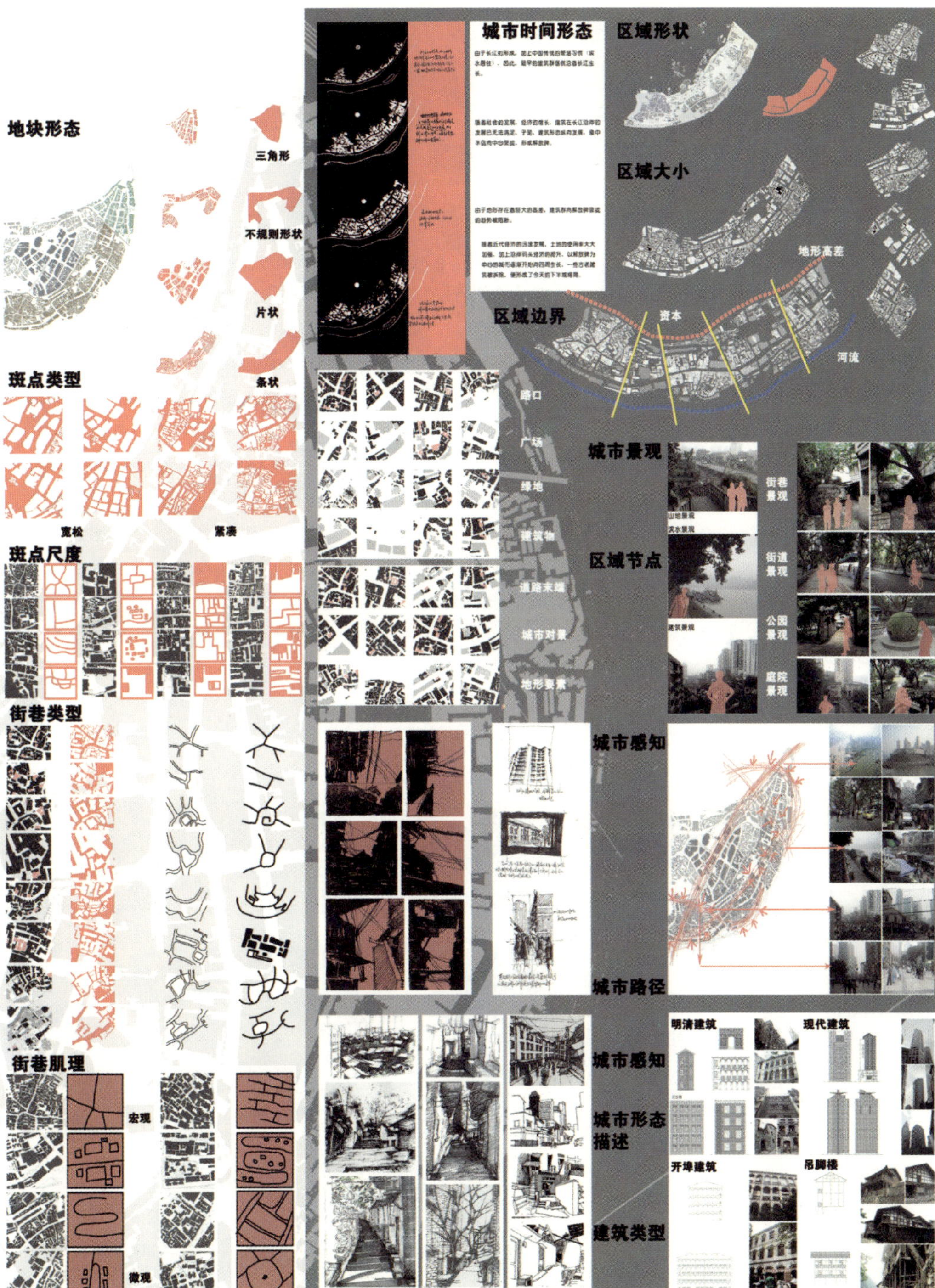

作品：共生
作者：王学林　宋先锋
指导教师：黄耘　肖潇
单位：四川美术学院

作品：共生
作者：王学林　宋先锋
指导教师：黄耘　肖潇
单位：四川美术学院

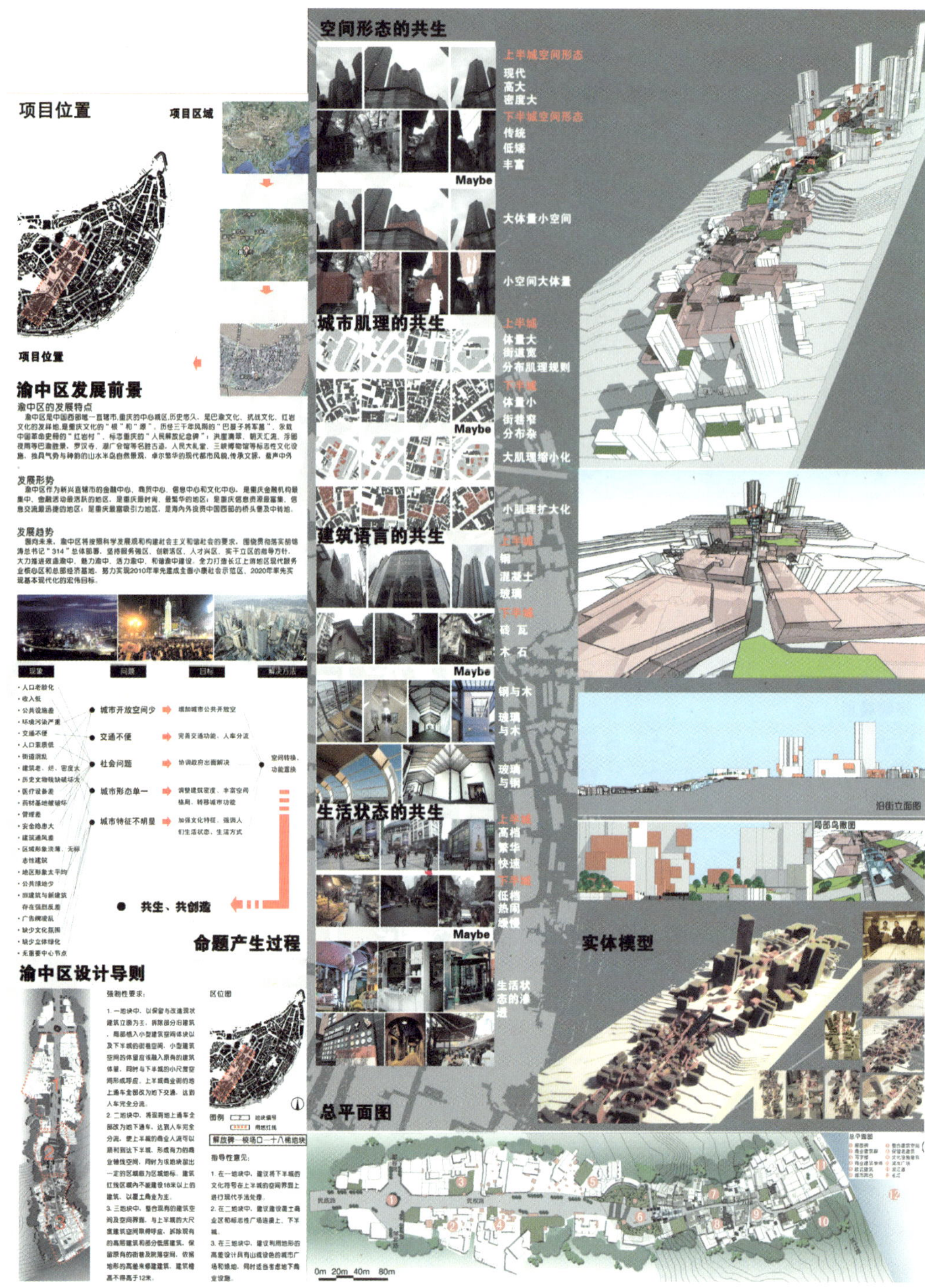

作品：共生
作者：王学林 宋先锋
指导教师：黄耘 肖潇
单位：四川美术学院

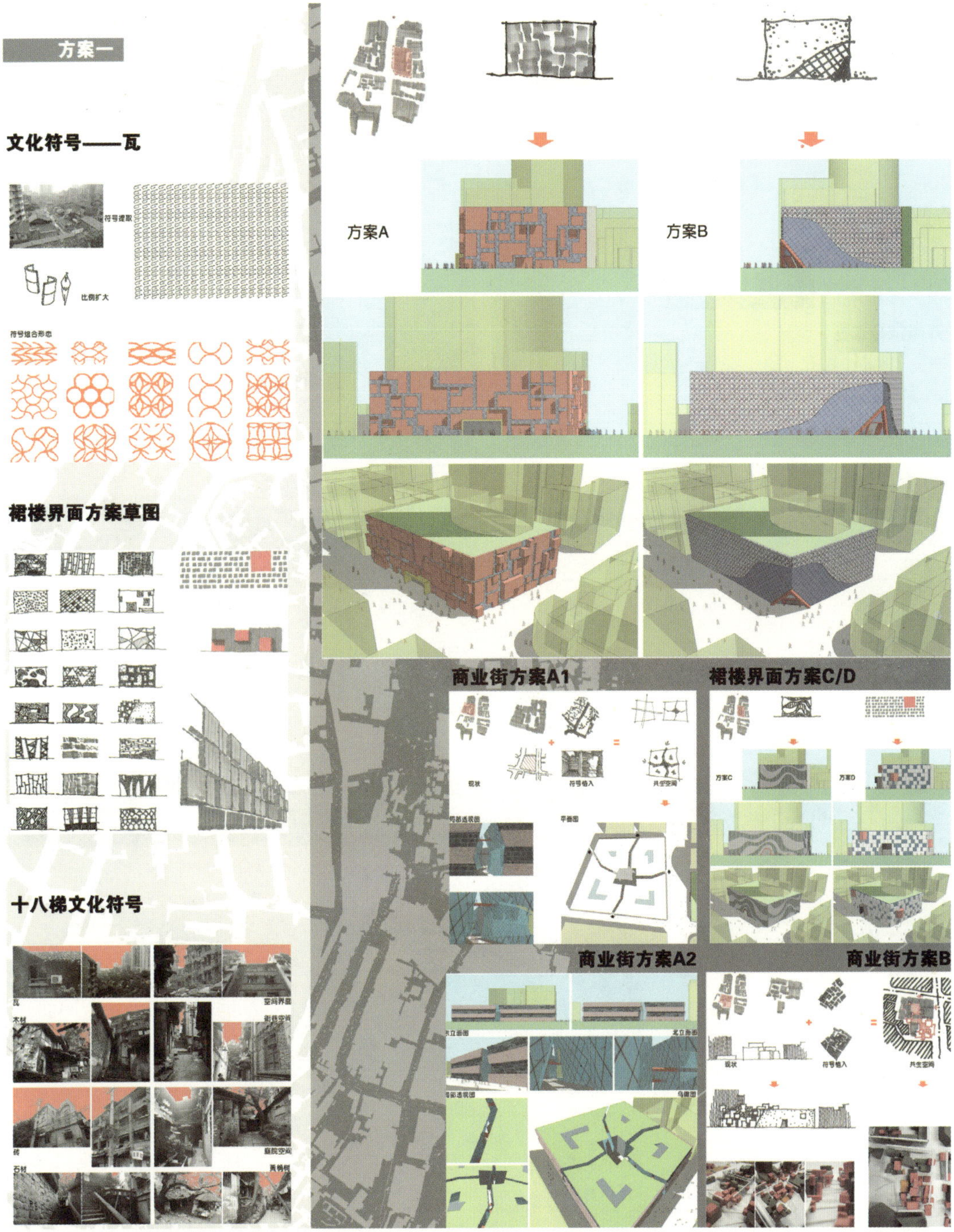

方案一
文化符号——瓦
符号提取
比例扩大
符号组合形态
裙楼界面方案草图
十八梯文化符号
瓦
空间界面
木材
街巷空间
砖
庭院空间
石材
黄桷树
方案A
方案B
商业街方案A1
现状
符号植入
共生空间
平面图
裙楼界面方案C/D
方案C
方案D
商业街方案A2
北立面图
鸟瞰图
商业街方案B
现状
符号植入
共生空间

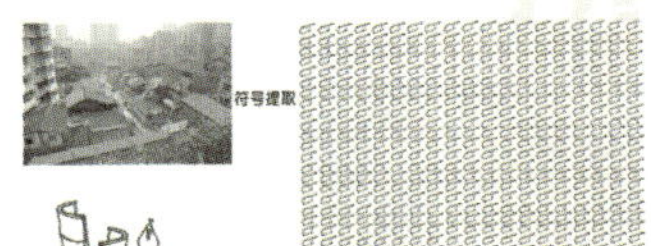

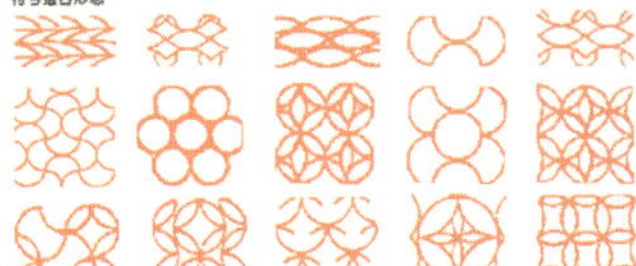

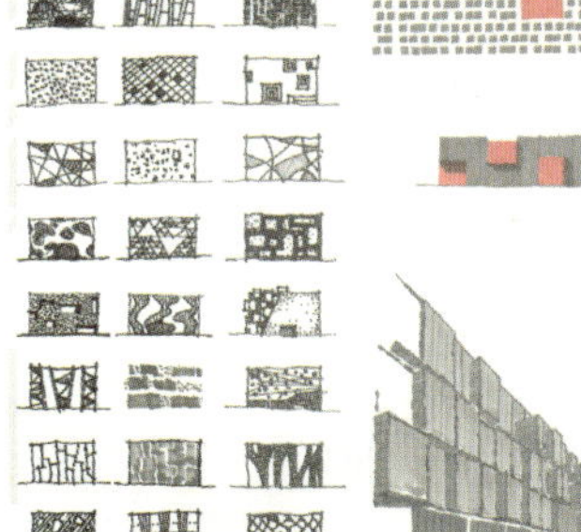

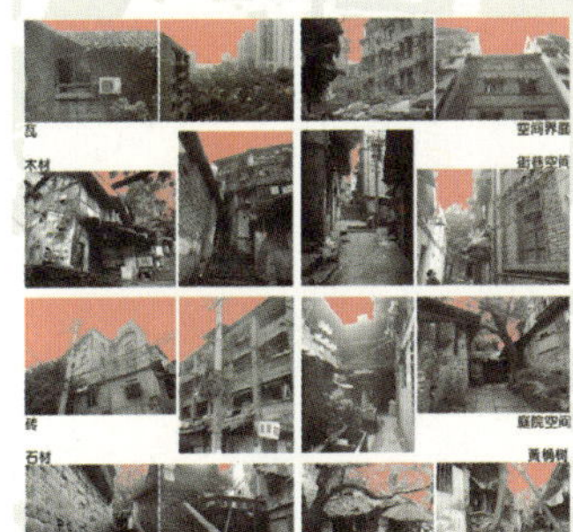

作　品：共生
作　者：王学林　宋先锋
指导教师：黄　耘　肖　潇
单　位：四川美术学院

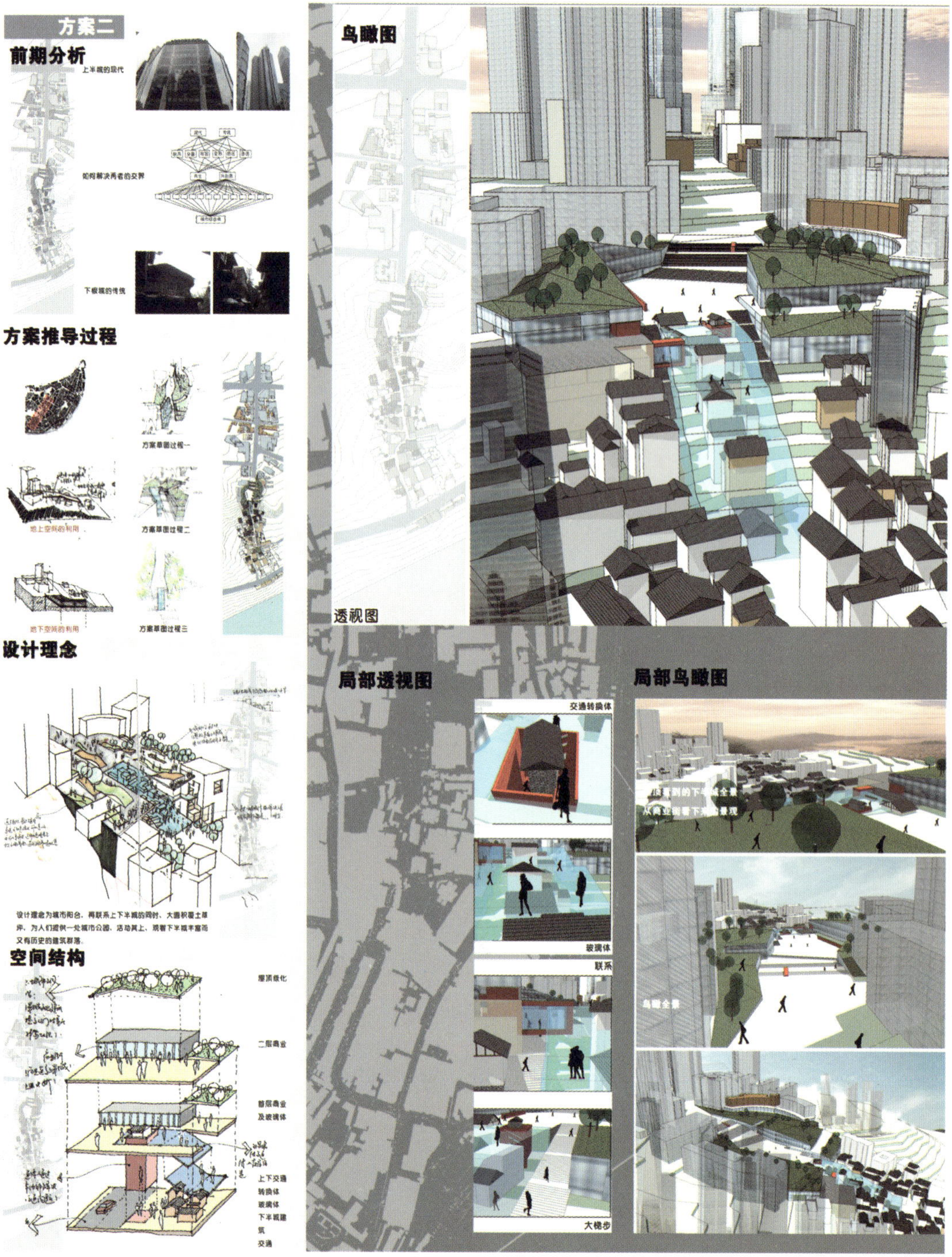

方案二

前期分析

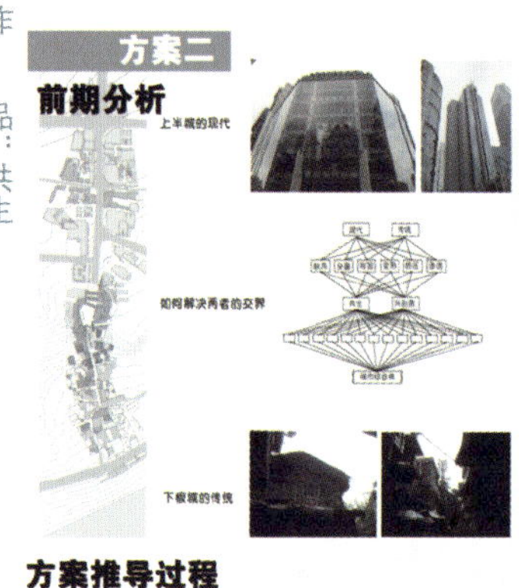

方案推导过程

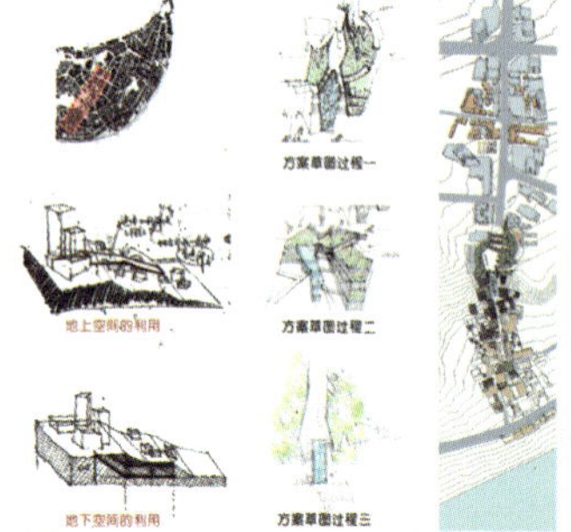

设计理念

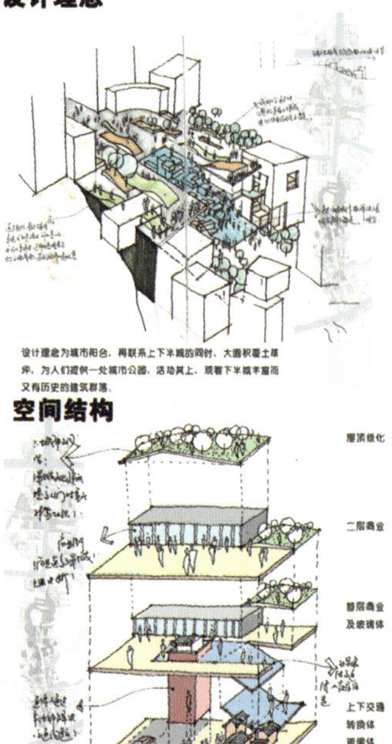

设计理念为城市阳台，再联系上下半城的同时，大面积覆土草坪，为人们提供一处城市公园，活动其上，观看下半城丰富而又有历史的建筑群落。

空间结构

鸟瞰图

透视图

局部透视图

交通转换体

玻璃体

联系

大梯步

局部鸟瞰图

鸟瞰全景

作品：目录1911
作者：李思龙
指导教师：陈莉
单位：江汉大学

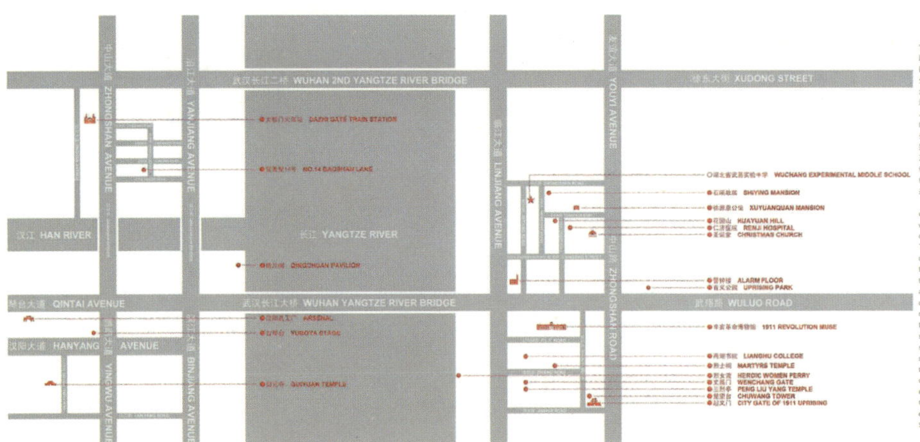

图中标有●的建筑都是有关辛亥革命的历史建筑，它们的分布让武昌实验中学有资本成为一个辛亥历史建筑的目录。不论是外地游客、学生还是武汉本地市民，可以通过目录去了解，武汉现存的辛亥建筑有多少，它们都在武汉的哪个街角。通过这样的了解，民众可以直接通过步行去寻找这些辛亥历史建筑。其实这些建筑就是文物展品，只不过我们没办法把它们装入博物馆，就这样也许是好的，当你亲身经历这些空间的时候，那感受和透过厚厚玻璃的感觉是不同的。去领会这些分散却略有规律的辛亥历史建筑，我们需要的就是类似于目录一样的空间，让民众能够知道，这些建筑，在历史书将哪一页。武昌实验中学的地理位置是适合做这样一个目录的，加上它本身就是名校，对学生，对民众都有着教育性的影响力，所以我选择它作为改造对象。

The buildings that marked with ● are connected with the *Revolution* of 1911. They contribute to the wuchang experimental middle school being a content of the old structures in xinhai revolution. Tourists students, in addition to the local residents, can learn how many old building still exist and where they are in wuhan through the content. People can take a walk to look for these buildings with such acquisition. To some extent, these buildings are cultural exhibits too that we can not put them into museum. But it is much better for you to realize these buildings by going through the rooms than seeing them in front of the thick glasses. To put scattered buildings into order, we need a space served as a content through which people can find them in a certain page in the history books. On the one hand the geographic location of the wuchang experimental middle school is suit for the content. On the other hand the school is famous and has educational impact to students, as well as the public. So I choose it as the object of modification.

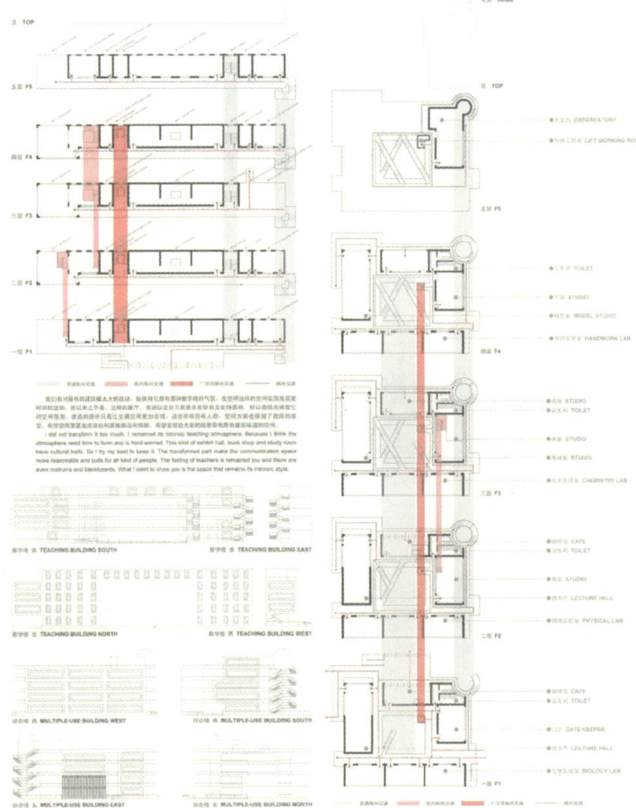

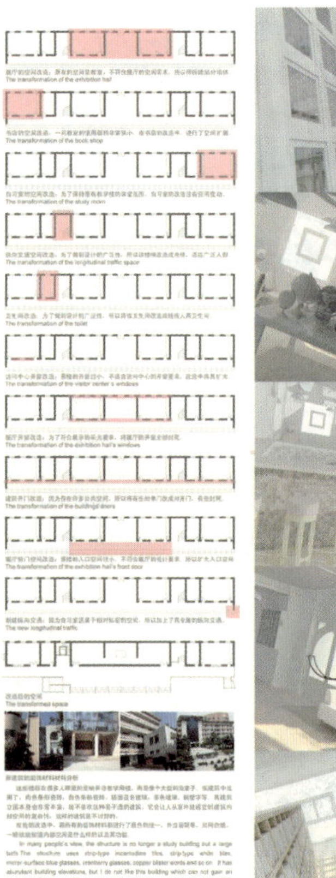

作品：目录1911
作者：李思龙
指导教师：陈莉
单位：江汉大学

作品：汉口珞珈山历史街区改造设计

作者：王云龙

单位：江汉大学

調研 Research

汉口俄租界黎黄陂路珞珈山街房子，原系英商怡和洋行修建的高级住宅，建于1910～1927年间，略带西班牙风格的近代西式建筑，清水红砖外墙，红瓦坡顶，平面及立面墙身不規則，窗户大小不一上下错落，室内卫生设备齐全，有烤火壁炉。位于黎黄陂路与珞珈牌路之间的这片公寓楼群，专供当时在汉的各大洋行 高级职员携家眷租赁居住，一共二十七栋，楼与楼比邻，首与尾相连，呈一不等边空心三角形框架。

街道現狀

漢口珞珈山街歷史街區改造設計

Hankou Luojia Hill Street Historic District Reconstruction Design

以歷史建築為基礎改造成的集餐飲、商業、娛樂、文化的休閑步行街，以中西融合、新舊結合為基調，將歷史建築裏弄與充滿現代感的新建築融為一體。這片歷史建築群的外表保留了當年的磚牆、屋瓦，彷彿時光倒流，置身于20世紀20年代。但是，每座建築內部，則按照21世紀現代都市人的生活方式、生活節奏、情感世界度身定做，成為畫廊、餐館、咖啡、酒吧等。

空間表現 Space performance

建築的本質是空間，空間是人類進行物質與精神活動的重要場所。空間的基本屬性決定了它對所處時代的映射。"以人類文化學的觀點來看，建築也是人類習俗的一種具象形式，建築的進化昭示着習俗的演變。"不同的時代會產生不同類型的建築空間，而不同類型的空間形態所蘊含的要素又反映了建築的屬性、社會、經濟、歷史、地理、人文等等。對于一個時代建築的認識應當是一個全面的認識，從建築的空間形態所包含的要素去分析，目的也就是通過其外在的表現發掘其內在的含義，有助于歷史建築的保護與再利用。將歷史建築的空間結構與一些空間的功能需求進行匹配，不對原建築進行整體結構方面的增減，祇須進行必要的加固，修繕破損部位，改造主要集中于內部交通組織，內外的簡單裝修與設施的變更。

Space is the essence of building, space is the human material and spiritual activities to conduct an important place. The basic properties of space determine its mapping of the times. "To the point of view of human culture, architecture is a human custom concrete forms, building custom symbolize the evolution of evolution." Different times produce different types of building space, and different types of spatial form are contained elements also reflect the building's property, social, economic, historical, geographical, cultural and so on. Building awareness for a time should be a comprehensive understanding of the spatial patterns from the architectural elements included to analyze, the purpose is the performance by the external explore its inner meaning. You Zhuyu historic building conservation and reuse . Spatial structure of historical buildings and some space to match the functional requirements, not the original building to increase or decrease in the overall structure, only the necessary reinforcement, repair damaged parts, mainly in the transformation of internal transport organization, both inside and outside the simple decoration and facilities changes.

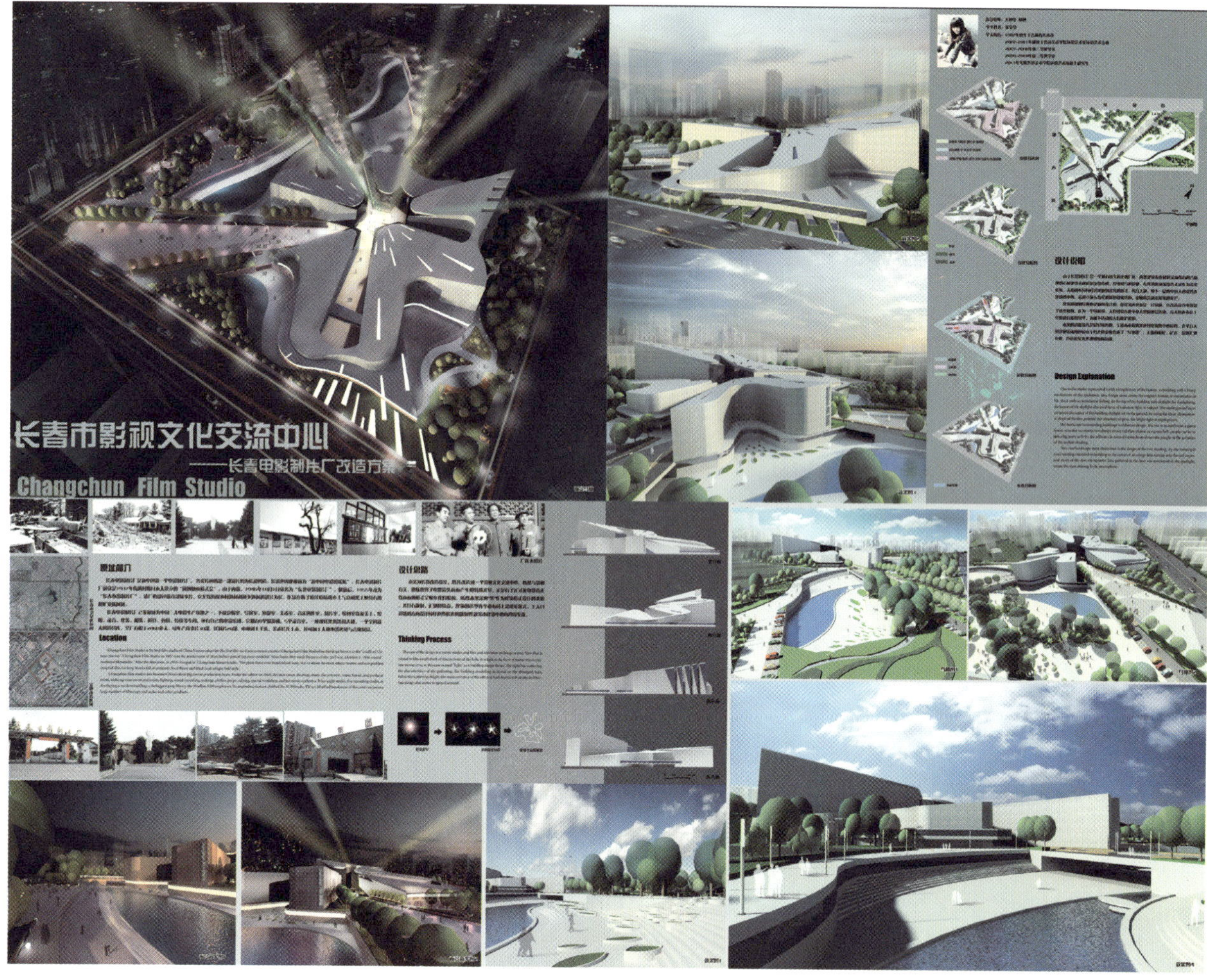

作　　品：长春影视文化交流中心——长春电影制片厂改造方案

作　　者：张莹莹

指导教师：王树琴　杨　枫

单　　位：鲁迅美术学院

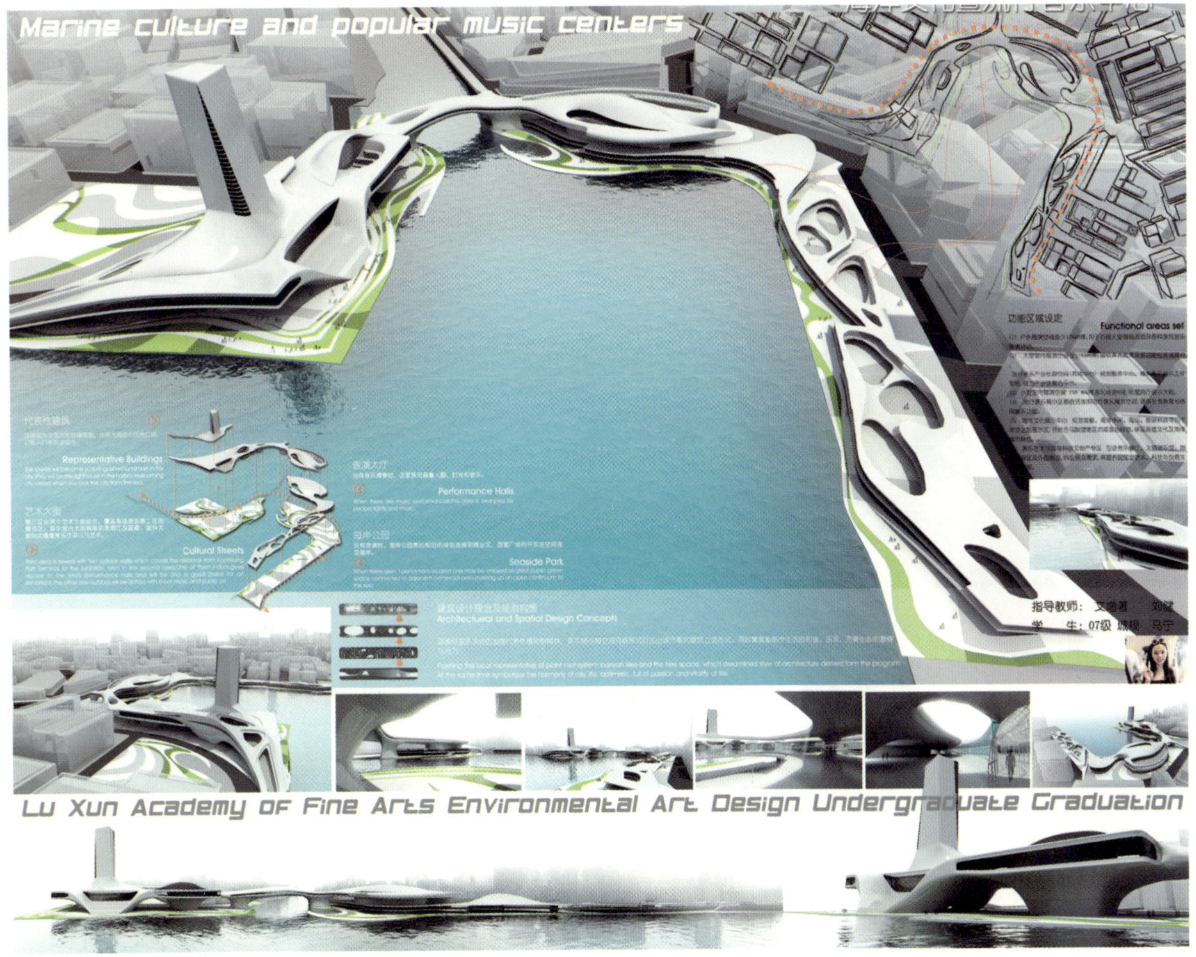

作　　品：海洋文化暨流行音乐中心

作　　者：马　宁

指导教师：田增著　刘　健

单　　位：鲁迅美术学院

基地分析：Base analysis

建筑设计概况：

设计说明：

Architectural design general situation

Design descriptions

青提会所　学生：孙霄　指导教师：马克辛　卞宏旭

设计思路：

Design ideas

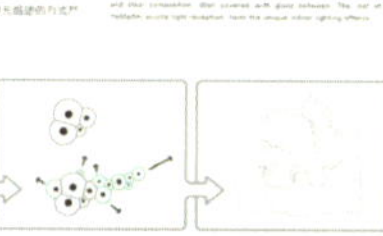

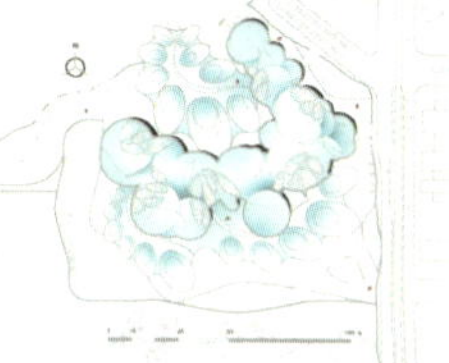

总平面图

南立面图

北立面图

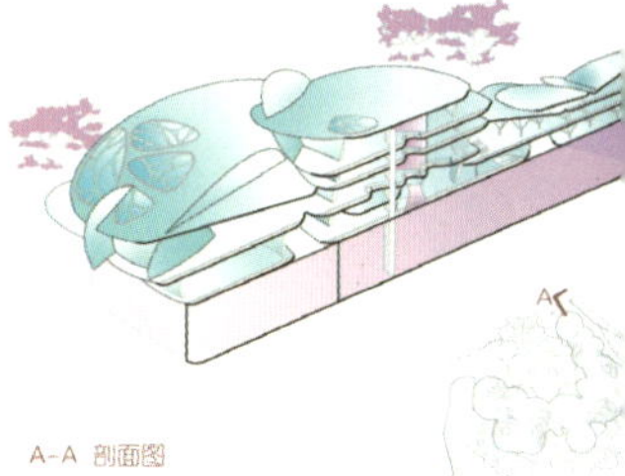

A-A 剖面图

作　　品：青堤会所
作　　者：孙　霄
指导教师：马克辛　卞宏旭
单　　位：鲁迅美术学院

光照分析图
阴雨分析图

画城

PAINTING A CITY

建筑与环境艺术专业设计实践与探索

02 生态景观篇

ECOLOGICAL LANDSCAPE CHAPTER

作　品：八仙观景观及茶室设计
作　者：徐美玲　黄　徐　蒋俊杰
指导教师：何东明
单　位：湖北美术学院

WUDANG MOUNTAIN TEMPLE OF THE EIGHT IMMORTALS TEAROOM DESIGN

武当山八仙观茶室设计

作　品：八仙观景观及茶室设计
作　者：徐美玲　黄　徐　蒋俊杰
指导教师：何东明
单　位：湖北美术学院

WUDANG MOUNTAIN TEMPLE OF THE EIGHT IMMORTALS TEAROOM DESIGN

武当山八仙观茶室设计

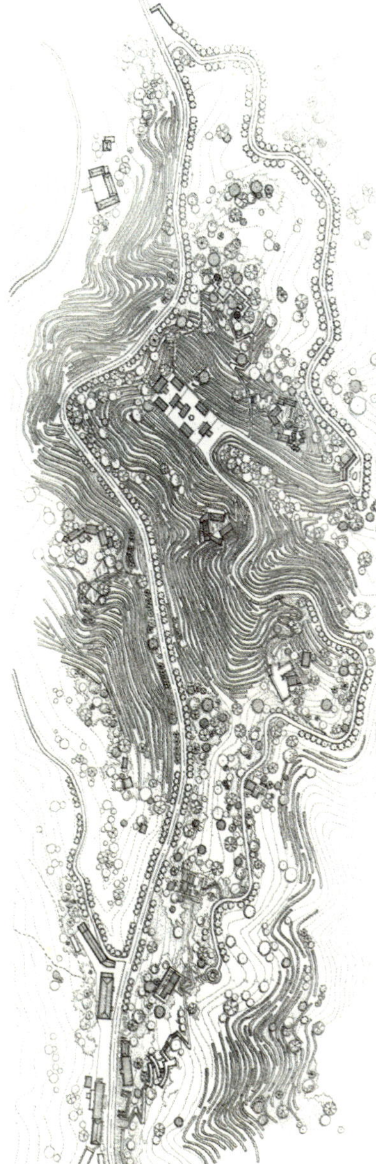

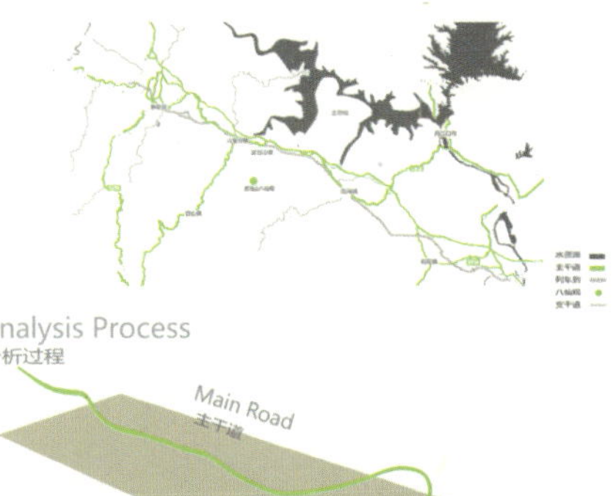

Analysis Process
分析过程

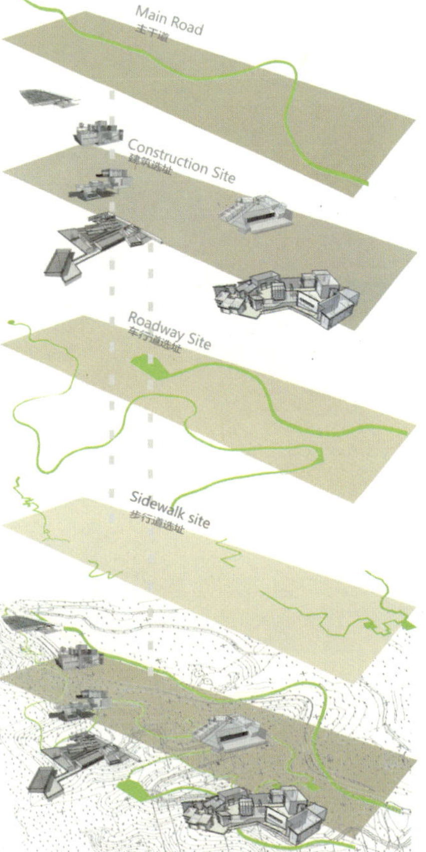

如果要同时考虑建筑与景观的建设，却脱离其中一方去构想另一方是不可取的，因为正是建筑与场地之间的这种联系才赋予了双方共同的意义。本次项目为武当山八仙观茶室设计，项目内容涉及到道路选址、建筑设计及景观的整体规划等。

整个项目的构思是希望通过保留与就地取材这样一种反规划的途径，将传统的造园手法与当代景观元素相融合，形成包纳草地、森林和山川的景观体系，这样一来，我们所占据的景观就富含原土地之美妙，恰好这些人为的景观也是最动人、最可爱的。

If we take botn the building and landscape design into consideration at the same time ,but break away from one side to meditate , the other side is unadvisable . because just the connection between the building and the area make both sides meaningful . This project is designed for eight immortals teahouse on wudang mountain , the content of the project varied from site selection , building design and the whole planning of landscape and so on .

the whole conception of this project expects to use the local resources this methord is called the contrary planning ,italso mixed the traditional ways of landscape design with the modern ways forming a landscape system contains g rass ,forest and mountain . in this way ,the landscape which we occupy is rich in the primary land . it is just right that these man-made landscapes are the most moving and cutest

作品：八仙观景观及茶室设计

作者：徐美玲 黄徐 蒋俊杰

指导教师：何东明

单位：湖北美术学院

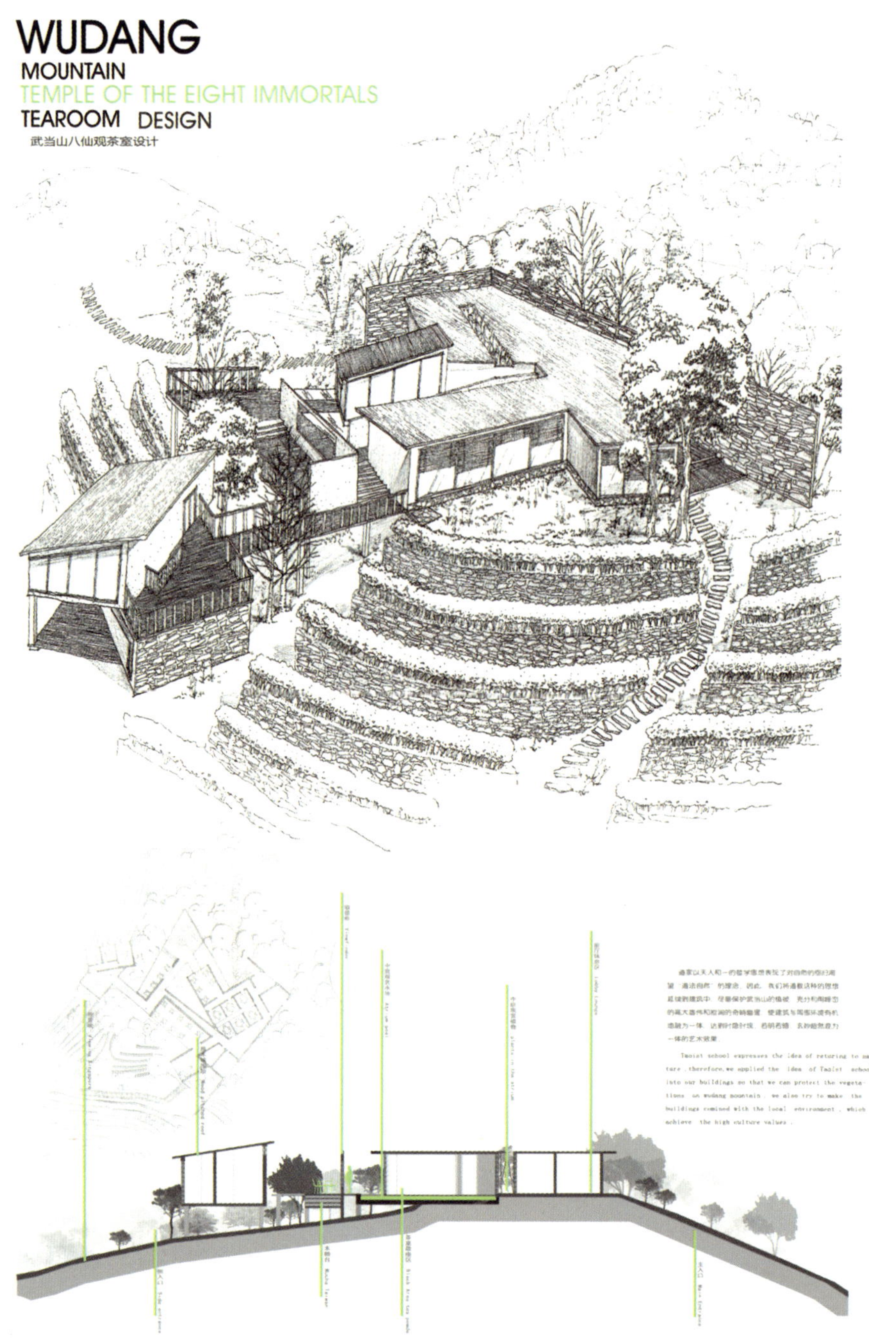

作　品：八仙观景观及茶室设计
作　者：徐美玲　黄　徐　蒋俊杰
指导教师：何东明
单　位：湖北美术学院

WUDANG MOUNTAIN TEMPLE OF THE EIGHT IMMORTALS TEAROOM DESIGN

武当山八仙观茶室设计

在建筑设计的过程中，我们从首先三个方向去考虑，怎样使茶室的建筑风格在与当地地方特色相融合的前提下避免照搬传统建筑；怎样在建筑设计中适当的穿插茶文化与道文化元素使其具有旅游宣传点；尽量在节约人力物力的前提下又能完成生态化建设达到良好的效果。

In the building design process, we consider from three directions. firstl how to make the style of the teahouse combined with the local architectural style as well as avoid copying the style of traditional architecture; second how to represent the cultures of Taoist school and teahouse appropriately in our building design to achieve a tourist effect. lastly, how to save manpower and material resources as much as possible as well as complete the ecological construction.

作品：八仙观景观及茶室设计
作者：徐美玲 黄徐 蒋俊杰
指导教师：何东明
单位：湖北美术学院

WUDANG MOUNTAIN TEMPLE OF THE EIGHT IMMORTALS TEAROOM DESIGN

武当山八仙观茶室设计

我们首先将当地传统的建筑元素提取出来，再加以变化和重构形成具有现代感的几何体块相穿插，而细节上又带有传统元素的新建筑形式。在建筑表皮的设计中我们寻找了一些当地材料进行拼贴和重组石材、木材与具有现代感的玻璃和钢相结合，形成新的建筑形式。

We first pick out the local traditional architectural elements, and then made some changes in it to form a modern phase interspersed with blocks of geometry, the details of our design also conveyed the traditional elements of the new architectural forms. In the initial phase of the building design, we find a number of local materials to collage and re-stone, wood combined with a modern glass and steel to form a new architectural forms.

作　品：八仙观景观及茶室设计
作　者：徐美玲　黄徐　蒋俊杰
指导教师：何东明
单　位：湖北美术学院

WUDANG
MOUNTAIN
TEMPLE OF THE EIGHT IMMORTALS
TEAROOM DESIGN

武当山八仙观茶室设计

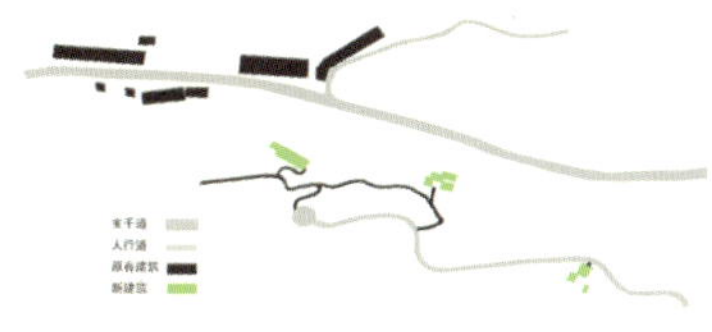

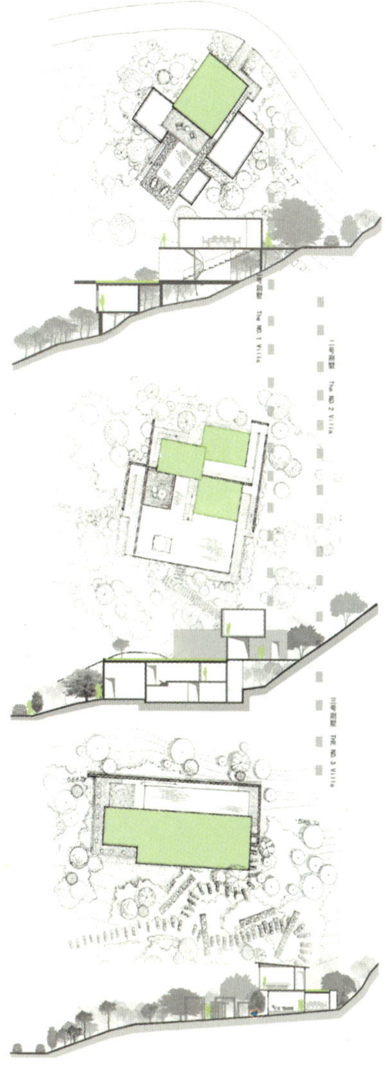

在建筑设计中，由于武当山平均海拔都在五百米以上，地形起伏较大，所以主要采用山地建筑的形式，同时也借鉴了一些大师的空间设计手法，努力创造具有趣味性的空间组织，而建筑风格的设计上还是提取了一些传统的古典元素进行放大变形再加以利用，在建筑材料的选用上，我们结合了当地民俗民风的特色及当地文化背景，利用当地丰富的石材和木材，设计出合适的建筑形式。

In architecture, wudang an average elevation to 500 metres above all, having older, main building of the mountain it also learns from the masters of the design ,efforts to create an interesting space organizations .thestyle of building de-sign and took some traditional classic elements of an enlarged distorted and to be used . inbuilding materials We combined the characteristics of local folk customs and localcultural background the use of local rich stone and timber, the architecture.

作品：八仙观景观及茶室设计
作者：徐美玲 黄徐 蒋俊杰
指导教师：何东明
单位：湖北美术学院

在景观的设计上，我们始终遵循武当山旅游的总体规划路线与模式，进行小节点大景观的设计方式，将设计的中心放于建筑周边以及中庭上面，努力的使旅客在行走的过程中感受到移步换景的视觉效果，做到将中国传统造园手法与现代景观设计相结合。通过对武当山当地植被的保护和修整，最终达到我们所期望的生态平衡的发展效果。

In landscape design, we always follow the overall planning model in wudang, style of the designed small nodes, the center will be designed and put in the atrium and the surrounding buildings, we always try to make visitors feel the process of running the venue for the visual scene, through the vegetation in wudang protection and ok, finally we can get reached the desired that we effect the development of ecological equilibrium

在建筑设计中，作为传承中国道教文化的武当山旅游胜地设计应在结合当地茶文化和道文化的基础上，将建筑与当地的民俗民风相结合，将传统进行分解与重构以独特的趣味保护和发扬地方个性和民间意味，将当地传统的建筑元素提取出来再加以变化和重构，形成具有现代感的几何体块相穿插而细节上有带有传统元素的建筑形式。

In architectural design, Wudang mountain as a tourist destination in China to inherit the Taoist culture its design should be based on the local teaculture and the Taoist culture to attain combination with the local folk customs. The traditional decomposition and reconstruction will protect promote the local color by combining the garden practices of traditional Chinese landscape design with modern Forming a architecture with modern Combination traditional.

在室内的设计中，我们会大量引入与塑造自然景观，采用环保性装饰材料，减少对周边环境的破坏，创造出拥有较高文化内涵并且含乎人性的生活空间，通过各种生态策略，寻找生态与经济的平衡点，达到生态与经济的共赢，同时我们也借鉴了一些大师的空间设计手法，努力创造具有趣味性的空间组织，而风格上还是提取了一些传统的古典元素进行放大，变形再加以利用。

In the interior design, we will introduce and build large amounts of natural landscapes, whats more, we are going to use environmental friendly decorative materials to reduce the damage to the surrounding environment, thus, we will create a living space for human with a high cultural connotation. We also benefit from the masters of the design, efforts to create an interesting space organizations, and took some traditional classic elements distorted and advantage.

湖北美术学院 2007级环境艺术设计系毕业作品 指导老师

作品：林风湖韵
作者：程意 谢陈杨 陈志伟 徐鑫
指导教师：徐卓恒
单位：中国美术学院艺术设计职业技术学院

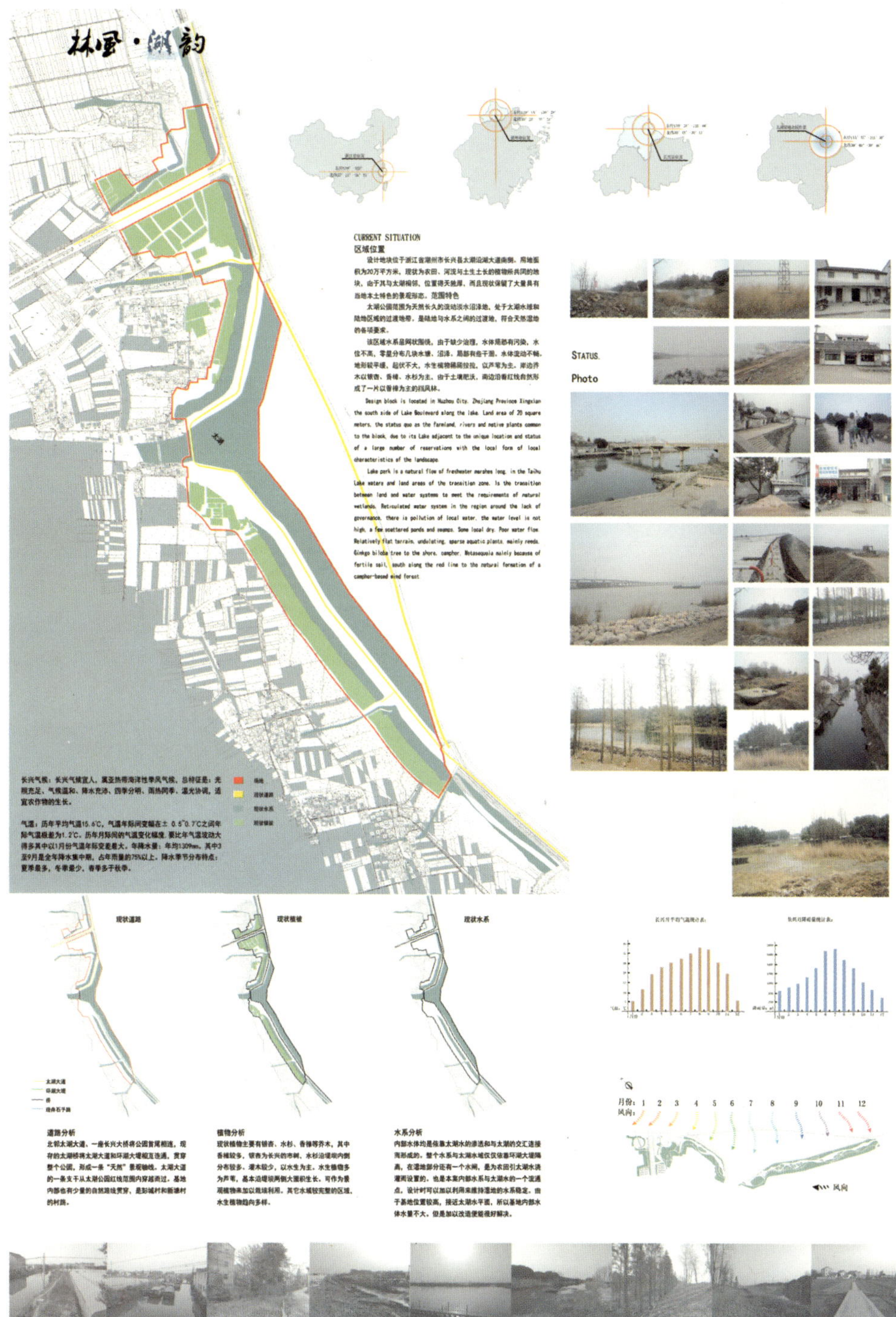

作品：林风湖韵
作者：程意 谢陈杨 陈志伟 徐鑫
指导教师：徐卓恒
单位：中国美术学院艺术设计职业技术学院

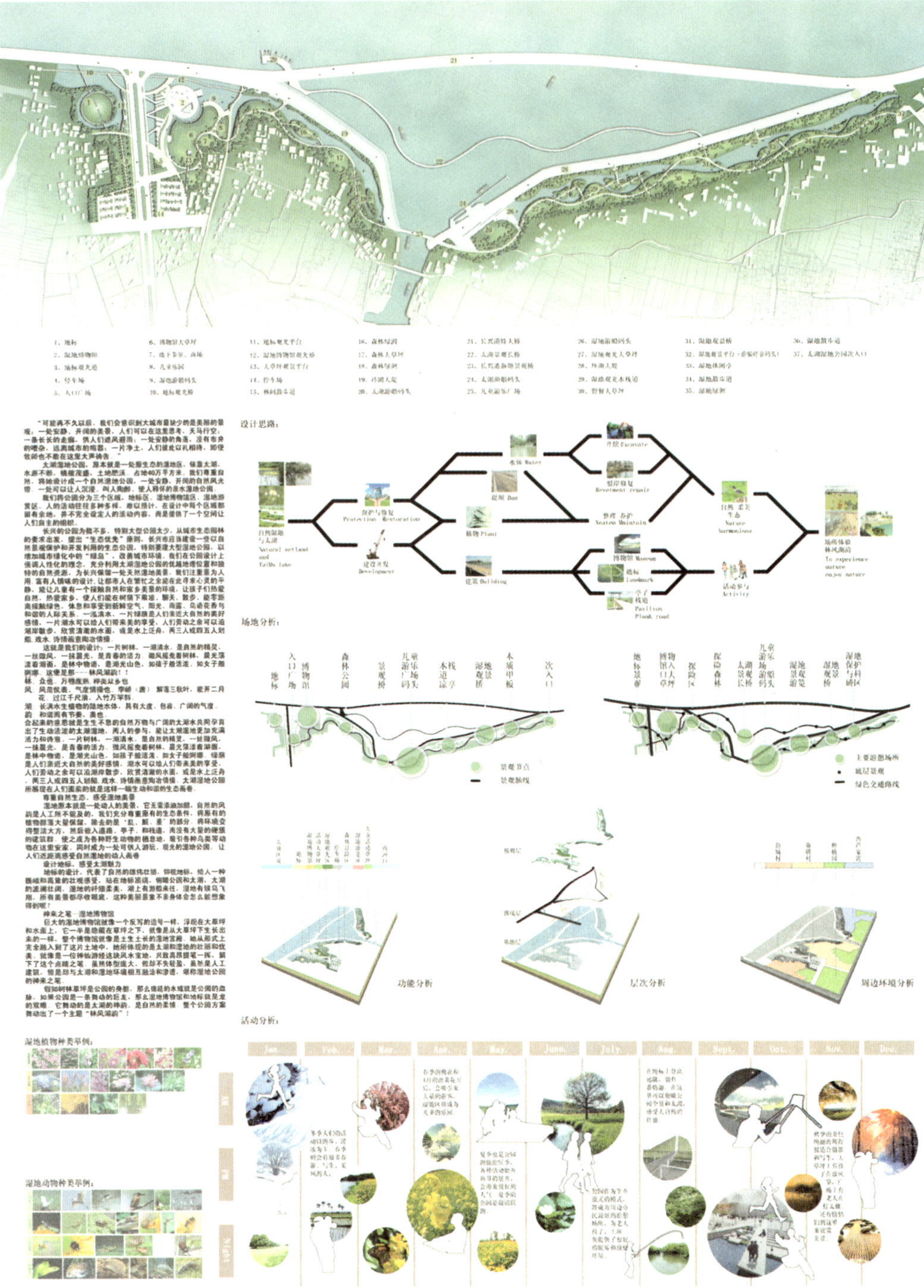

作品：林风湖韵

作者：程意 谢陈杨 陈志伟 徐鑫

指导教师：徐卓恒

单位：中国美术学院艺术设计职业技术学院

湿地游赏区，是整个公园的主题，我们因地制宜，将原有的芦苇、水杉、香樟等重新整理，消除原有的乱、脏、臭等不利因素，让湿地变得整洁、亮丽、层次分明。将荒草地变为草坪，将原有河床扩大，充分引入太湖水浇灌土壤，创造出最佳的生境。同时使后期人工管理的成本降到最低。再加入少量廊架、汀步、木栈道、景观亭这些人工景观，点缀场景，丰富画面层次，打造最佳的画境。这样一来湿地得到了修复，也可供人们游赏观光。鱼在水中嬉戏，鸟在沼泽栖息，人们在草地上信步，在亭台中休息。

在这里，人与自然得到了真正的和谐共生，这种意境谁能想像会出现在繁华都市，城市之滨呢？

在设计这块区域时，我们注重生态优先原则，打造好的生态环境，充分体现湿地的生态特色，保护好这片绿色家园，让生态得以传承，让绿色得到守护，我们的景观设计专业，有义务和责任为我们的子子孙孙留下一片绿色与和谐。

湿地是地球上水陆相互作用形成的独特的生态系统，是自然界最富有生物多样性的生态景观和人类最重要的生态环境之一，湿地被喻为"地球之肾"，与海洋、森林一起并称为全球三大生态系统，它是自然界最富有生物多样性和生态功能最高的生态系统，是人类和经济社会赖以生存发展的宝贵自然资源，是人类最重要的生存环境。同时，湿地也是野生动植物，尤其是鸟类最重要的栖息地。湿地有着很重要的生态功能，它在抵御与调节洪水、减缓径流、调节气候，控制污染与降解污染物等方面有着不可替代的作用，还具有巨大的生产功能，丰富景观和文化的价值。

我们根据现状结合灌木与草本植物的特点，有挺水植物（如芦苇）、浮水植物（如睡莲）和沉水植物（如金鱼草）之分，将这些各种植物分层次进行搭配设计；另一方面，从功能上考虑植物搭配设计，发达茎叶类植物，以有利于阻挡水流，沉降泥沙，而发达根系类植物则以利于吸收。这样，在进行精心的配置后，多种类植物或摇曳生姿，或婀娜多姿，给整个湿地的景观创造一种自然的美，不仅在视觉效果上相互衬托，形成丰富而又错落有致的效果，对水体污染物处理的功能也能够互相补充。

根据湿地区域的自然资源、周边环境、经济社会条件和湿地用地的现状，确定总体规划的指导思想和基本原则，划定公园范围和功能分区，确定保护对象与保护措施，测定环境容量和游人容量，规划游览方式、游览路线和科普、游览活动内容，确定管理、服务和科学工作设施规模等内容，提出湿地保护与功能的恢复和增强、科研工作与科普教育、湿地管理与机构建设等方面的措施和建议。

目前国内外都在进行生态重建，其中一个重要策略就是保护和利用水生湿生植物、动物及其生境，促进人与自然的和谐。可以认为，建设湿地生态公园是生态重建的一个重要内容和有效途径。此外，通过湿地生态公园建设，还能缓冲硬质景观的压力，满足人们亲近、回归大自然的需求。

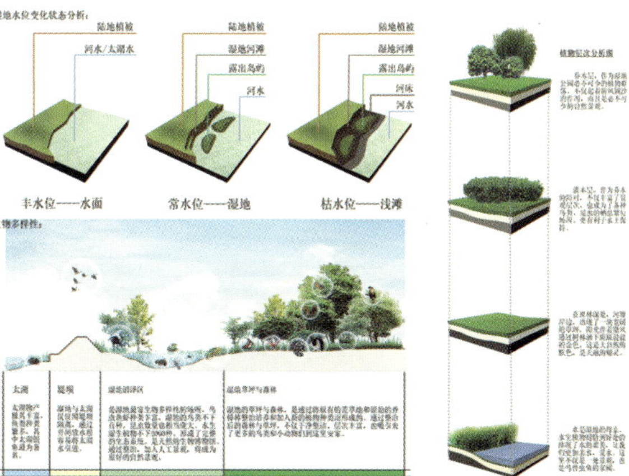

作　品：林风湖韵
作　者：程　意　谢陈杨　陈志伟　徐　鑫
指导教师：徐卓恒
单　位：中国美术学院艺术设计职业技术学院

长兴太湖湿地博物馆是太湖湿地公园的主体建筑，同时也是整个公园的文化中心、活动中心、科教中心、娱乐中心，是公园对外开放和吸引人群的亮点，以及公园特色、意义、主题的集中展示。

博物馆整体采用钢筋混凝土框架结构，稳定性强，其顶部平面与太湖大道和堤坝水平，并且在结构形式上与入口相连使得顶部空间形成了一个广场，经过精心的设计使得顶部广场功能丰富，极具现代美感。广场作为博物馆的顶部，采用悬挑结构，在其下方形成了一个走廊，走廊里有许多钢柱斜橇支撑着顶部悬挑结构，使博物馆的立面外墙显得极具构成感。博物馆与草坪之间有水池隔离，有两座小桥架设在水上连接博物馆与草坪，博物馆的外墙是钢架和玻璃面组合而成，这不仅有利采光，而且十分通透，与水面相互呼应，整个博物馆看上去就像是漂浮在水面上，显得格外轻盈美观。

博物馆内部馆藏丰富，资料齐全，展示内容多种多样，充分展现了湿地的知识与意义，自然的奥义以及太湖湿地公园的建设发展过程和公园现状其中有博物馆大厅、湿地生态模型展示、太湖湿地特色展厅，太湖湿地多媒体展示厅、湿地科教娱乐大厅，湿地动植物标本展示厅、湿地摄影展、生态茶室 / 休息 ，厕所等功能区。

博物馆大厅是整个博物馆的形象之窗和交通集散地。它的正中央是一个盘旋楼梯起到引导广场上的人进入博物馆参观的作用，在盘旋楼梯处种有竹林，起到美化和防止阳光直射入大厅的作用。透接大草坪和博物馆的桥也起到引导人流进入大厅的做用。与盘旋楼梯缠绕的是一个巨大的湿地生态模型，其中的假山、动植物模型，沼泽、水池、草地、高大的树木将湿地的生态系统完美的展示在人们的眼前，是一个生态湿地的缩影。大厅内的圆弧墙面上是整个博物馆的平面图和路线图，指引人群参观。大理石的墙上雕刻着巨大的湿地浮雕，气势磅礴。

在圆弧墙体的后面就是太湖湿地特色展厅，里面展示的是太湖湿地治理之前和治理之后的情景记录，以及当地政府部门和各界人士对太湖湿地建设和保护的大力支持。沿墙设有橱窗展示有许多的照片和文献。

太湖湿地多媒体展示厅是个多媒体中心，在这里参观的人可以坐下观看 3D 影视介绍，采用 3D 全息投影技术再现魅力湿地场景，通过高科技向人们展示太湖湿地和世界上很多著名的湿地景观，让人们充分了解湿地的知识，唤起人们对湿地的保护意识。

湿地科教娱乐大厅，是儿童最佳的参观和游玩的地方，针对儿童好动和求知的天性，这里设计了很多好玩的设施，有电子触摸游戏、点击放映屏、湿地模拟探险等等新奇好玩的设备，充分满足儿童的兴趣，同时培养儿童爱护环境，爱护湿地，爱护自然的意识。湿地动植物标本展示厅，陈放了许许多多国内外绝大多数珍惜的湿地动植物标本，包括现有的和已经灭绝的动植物标本，以及关于它们的介绍。通过展示这些标本让人们知道湿地是一个具有生物多样性的生态系统，以及湿地作为全球三大生态系统的重要地位，在让人们看到那些已经毁灭的湿地和珍惜动植物标本而感到惋惜的同时，唤起人们对现存湿地的珍惜和保护的强烈意识。

生态茶室 / 休息室是为参观者们休息和品茶提供的场所。人们在这里可以边喝茶，边透过玻璃墙看到外面大草坪上的美景。湿地博物馆作为公园的主体，展现的不仅是太湖湿地公园的精神面貌，更体现了长兴人对太湖和太湖湿地的热爱之情，是长兴人热爱家乡、宣传家乡、建设家乡的全民意志体现。我们相信长兴太湖湿地公园一定能在长兴人的关爱和呵护下生生不息！

环旋　天井的透射 /. Shadow

剖面 /. Profile

湿地博物馆平面 /. Color.

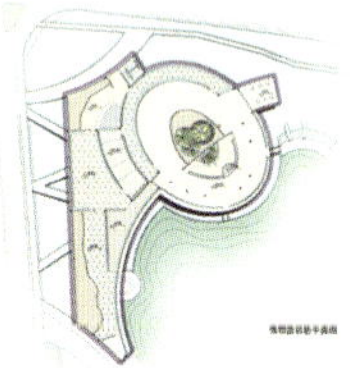

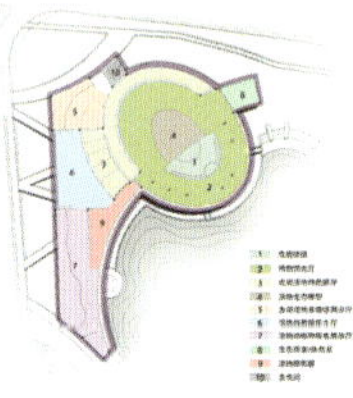

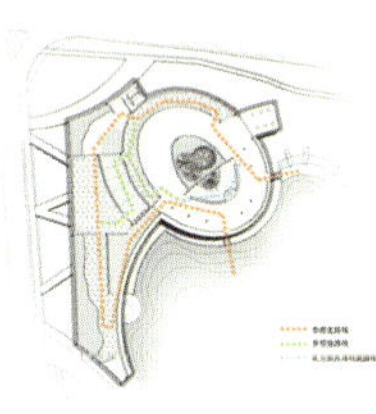

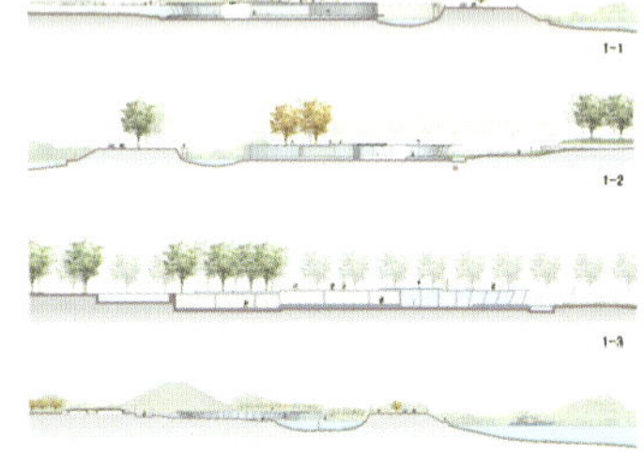

作　品：林风湖韵
作　者：程　意　谢陈杨　陈志伟　徐　鑫
指导教师：徐卓恒
单　位：中国美术学院艺术设计职业技术学院

林风·湖韵

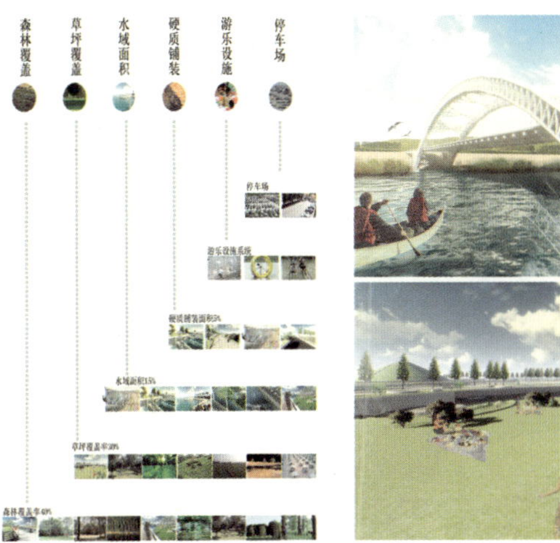

作　品：居和酒店
作　者：夏嵩　魏巍　王萍
指导教师：朱小平　孙锦
单　位：天津美术学院

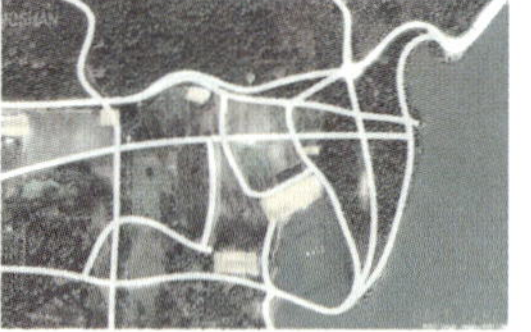

MESSAGES [FROM] THE AREA

SOME IMPORTANT POINTS ABOUT THE CITY AND THE SPACE WE CHOOSE

Solar altitude

太阳高度角的了解帮助我们更好的选择区域 武汉位于29°58′-31°22′这里的光照将是我们设计的重要指向,这里分别截取了 春分 夏至 秋分 冬至四个节气做了太阳高度角的模拟。

Winter monsoon

冬季风的模拟中 我们可以明显看出由于山体的原因,来自北方的寒冷空气被削弱并抬高,同时由于湖面风加速的等原因,这种效果更加明显 我们所选区域带来的是相对稳定和温暖的冬季室外环境.

Summer monsoon

夏季风作为中部城市的武汉历来有3大火炉之称 夏季风的利用自然也就尤为重要.我们可以清楚地看到来自东南方的夏季风，毫无阻碍的铺面而来，为夏日的室外生活带来了更多的活力。

Altitude

作为长江中下游的平原区域的武汉，市内以一条巨大的龙脉贯彻着，这些山体对于我们的出行和室外活动是会来到一定影响的，图中我们可以清晰地看到我们所选的地块上相对平整和缓和 这里我以 黄 橙 红 3种颜色为山体分为了 3个层次高度带，用绿色代表了我们所选的区域位置.

Existing condition

在建设初期我们可以看到原始植被的生长是相对稀疏的，我们力求做到最大力度的保护这些原始植被，并将它们利用到最后的规划中，因此我们不得不考虑相关变化的时间关系。

0-2 years

在开发后的头两年内我们将按照规划进行植被的种植,以保证在未来建筑的建设中植被也得到足够的时间生长,同时保证区域的生态稳定。

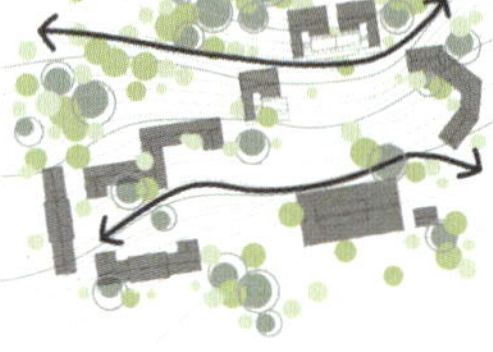

2-4 years

现在我们开始建筑的建设， 可以发现第一批建筑的建设完成的同时我们看到的不是一片荒芜的环境，而是充满生机的自然景观带。

4-6 years

伴随整个区域的完善植被更是早已经做好了准备。丰富的自然空间和生长的建筑群落，有机的结合着，为我们的片区带来的一片生机勃勃的景象，鼓励着人们参加者室内外的活动。

EDIBLE (OFFICINAL) FOREST GARDENS

The Strategy to give our life have the other way to see the trees around you. the health life maybe not too far away.
ONE DAY THE EDIBLE(officinal) & SPECIALITY FOREST GARDENS WILL TELL YOU THE TRUTH.

THE FOREST ON THE ORIGINALITY SPACE

STRATEGY Ⅰ EDIBLE(officinal) & SPECIALITY FOREST GARDENS

ZONE Ⅳ | OVERSTORY

ZONE Ⅲ | MID-STORY

ZONE Ⅱ | VINES & HANGING PLANTS

ZONE Ⅰ | UNDERSTOTRY

FOREST FLOOR

作　品：居和酒店
作　者：夏　嵩　魏　巍　王　萍
指导教师：朱小平　孙　锦
单　位：天津美术学院

THE DESIGN [PLAY] IMAGE

TO SHOW OUR IDEARS AND SOME WAYS TO COME TURE THEM

设计理念及其相关说明

设计主旨

为什么我们对记录情有独钟，为什么我们对回忆乐此不疲？
我们的设计不是因为我们想炫耀它将成为城市地标，而是因为我们想有一个地方，
里面可以有各式活动，各式人生活的印记，在同一时空发生从而凝聚一种能量，
带动文化生活的发展
在我们的记录中充满和传达的就是这样一种生活的能量，一种绵绵不断的活力……

在方案中，我们希望就是这样一种活力带动这片区域的发展，因此我们的设计意在
注入这种活力，希望去探索，努力去创造。设计的特点不是一览无遗，而是逐层显露
不是只有地标而是亲切的生活区间，不是一个遗世孤岛而是多方连接
不是铲平重建而是保留新修

设计层次

置身景点的中心接待区，鸟瞰湖景的高级别墅区，掩映山林之间的特色区。
健康的经脉是畅通的经脉，"居-和"通过模艺与演艺着畅通
现代与历史的畅通
文化与生活的畅通
区内与区外的畅通
人与大自然的畅通
经脉的打通最终为我们带来的不只是短暂的灿烂而是长久的活力！

为了得到我们设计成果能做到这些畅通，我们在地理上选择了武汉东湖，
这个国家4A级风景湿地保护区，随着中部崛起的政策导向，武汉成为了
中部城市中的领头者，伴随的是各种优势的政策和高技术的支持。

现代与历史的畅通

坐落东湖畔湖北省博物馆承载着历史的记忆，述说着楚文化的辉煌。
从选区到达博物馆仅需驱车20分钟即可。

文化与生活的畅通

在10分钟的车程后我们可以进入中部最大的大学城，以及不远的国内最大步行街，
武汉的市井文化加之面向未来的学院文化与您的生活是畅通无阻的。

人与大自然的畅通

东湖湿地保护区提供着这种人与自然的交互，
武汉植物园更是给我们的于自然亲密接触的机会。

区内与区外的畅通

我们的选区30分钟的车程足以到达武汉的两大火车站和长途客运站，
并且可以轻松的驶入3环线到往机场高速。
保证经脉畅通的同时我们在设计中，提出如何做到使人的真的去参与这样的畅通，
真正实现聚合这种活力 实现我们居和的梦想。
我们将在设计中注意这种活动的场合，以及活动诱发的可能性，
如今公共空间中的直接交往现在可以间接地远程通讯所取代。身临其境、
参与和体验也可以通过被动地观察画面、了解他人在别处已经经历过的场景这种
方式来代替。汽车使人们可以随心所欲地驱车出去会朋友和观光，
而不必积极参与当地自然发生的社会活动。
的确？我们有各种各样的可能性来弥补所失去的一切？我们失去了什么？

那么什么是活动?

1 必要性活动---各种条件下都发生
2 自发性活动---只有在适宜的户外条件下才会发生
3 社会性活动--- 社会性活动指的是在公共空间中有赖于他人参与的各种活动
----来自 扬•盖尔 《交往与空间》

我们希望的就像 纳维亚谚语里面说的："人往人处走"
希望在我们的设计中，人们可以参与和活动，让丰富多彩的人间活剧上演。
又如
设计含有各种空间和设施的物质环境结构，可以吸引所有的居民或者居民群体。
----引自玛丽"路易丝"比斯特鲁普（MARIE LOUISE BISTRUP）1976

一旦我们设计的空间能够吸引并聚合活动的人们，活动的空间便不再限于，
设计中指定的几个小小的片区而是整个酒店空间的公共环境中，相信这样的酒店空间，
这样的生活环境才是最有吸引力的。
正如　荷兰建筑师F•范•克林格瑞（F.van Klingeren）
城市生活的经验：一加一至少等于三

THE CHINESE GARDEN

A NATURAL SETTING WITHIN AN URBAN LANDSCAPE

LANDSCAPE ARCHITECTURE HOTEL

Teacher	朱小平	Zhu xiao ping
	孙锦	Sun Jin
Student	王萍	Wang ping
	魏巍	Wei wei
	夏嵩	Xia song
Hotel name	居和	Ju He hotel

Design hope　one day in the space we can have more chances and more fashions to talk with other person and join their life, open our mine and tell others, yes we can.

Latitude	N 30°24′
Place	Wu Han　East lake
Area	47000 square meters
Climate	monsoon subhumid climate of middle latitude temperate zone

作品：居和酒店
作者：夏嵩 魏巍 王萍
指导教师：朱小平 孙锦
单位：天津美术学院

THE CAD PLANE

Architecture & Distributing

the main building on axle wire

characteristic area

artificial establishment in the garden

the vip building

the secondary establishment

特色区域 characteristic area
中轴线主建筑 the main building on axle wire
高级区建筑 the vip building
园区室外人工设施 artificial establishment in the garden
次级室外服务设施 the secondary establishment

PLANE FOR THE CHINESE GARDEN

THE PLANE SHOW US SOME IMPORTANT PARTS IN THE GARDEN

- Architecture
- Distributing
- Axes
- Crunode
- Winter monsoon
- Summer monsoon
- Boundary
- Traffic
- Vision area
- Hearing area

Tools: Adobe Illustrator CS4, Adobe Photoshop CS3, Adobe CAD 2007, Fluent 6.3.26

轴线说明

Axes

轴线的设计我们这次作为重点分析，表达了我们对区域的理解，为了能真正做到我们建筑的视觉效果，我们画出了上图的轴线，完全是以视距和角度为参考绘制。同时借助中国古代风水形势宗"千尺为势，百尺为形"的规定（《风水理论研究》王其亨p145）。已经芦原义信先生的外部空间模数的5M 模数原则，希望设计出富于人情味的建筑群落。

Crunode

结点的设计同样也是借助了5M的基本模式，同时结合凯文林奇先生所阐述的印象理念，按照步行25M和步行35米分布各种互动结点，让区域内的生活成为大家不忘的印象，凝聚生活的力量人情味的区域，讲述生活的故事。同时如凯文林奇先生在《城市意象》一书中第4页提到的清晰的的印象便于人们行动我们希望在如此的结点分布中，更促进室外活动的进行，终而形成良性循环。

室外活动结点
室内活动结点

OTHER KINDS OF DETAIL

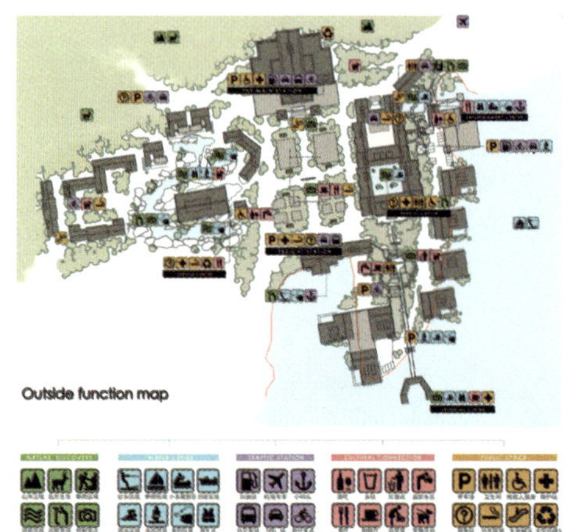

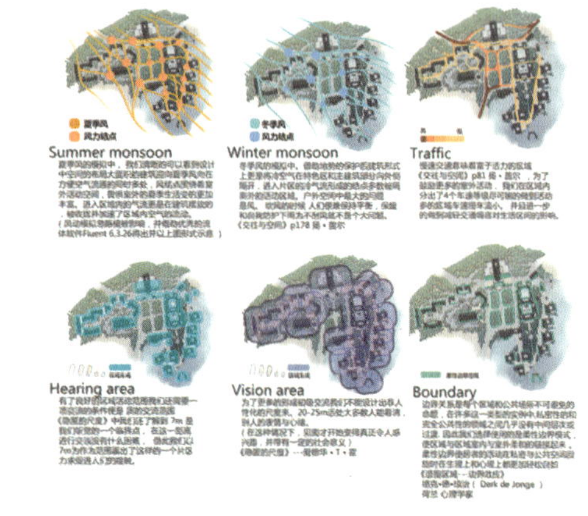

作品：居和酒店
作者：夏 嵩 魏 巍 王 萍
指导教师：朱小平 孙 锦
单位：天津美术学院

THE VIP SPACE

MORE FUNCTIONS AND MORE KINDS OF NEW LIFE IN IT

BASE ON VILLA PARK & RECREATION FACILITY

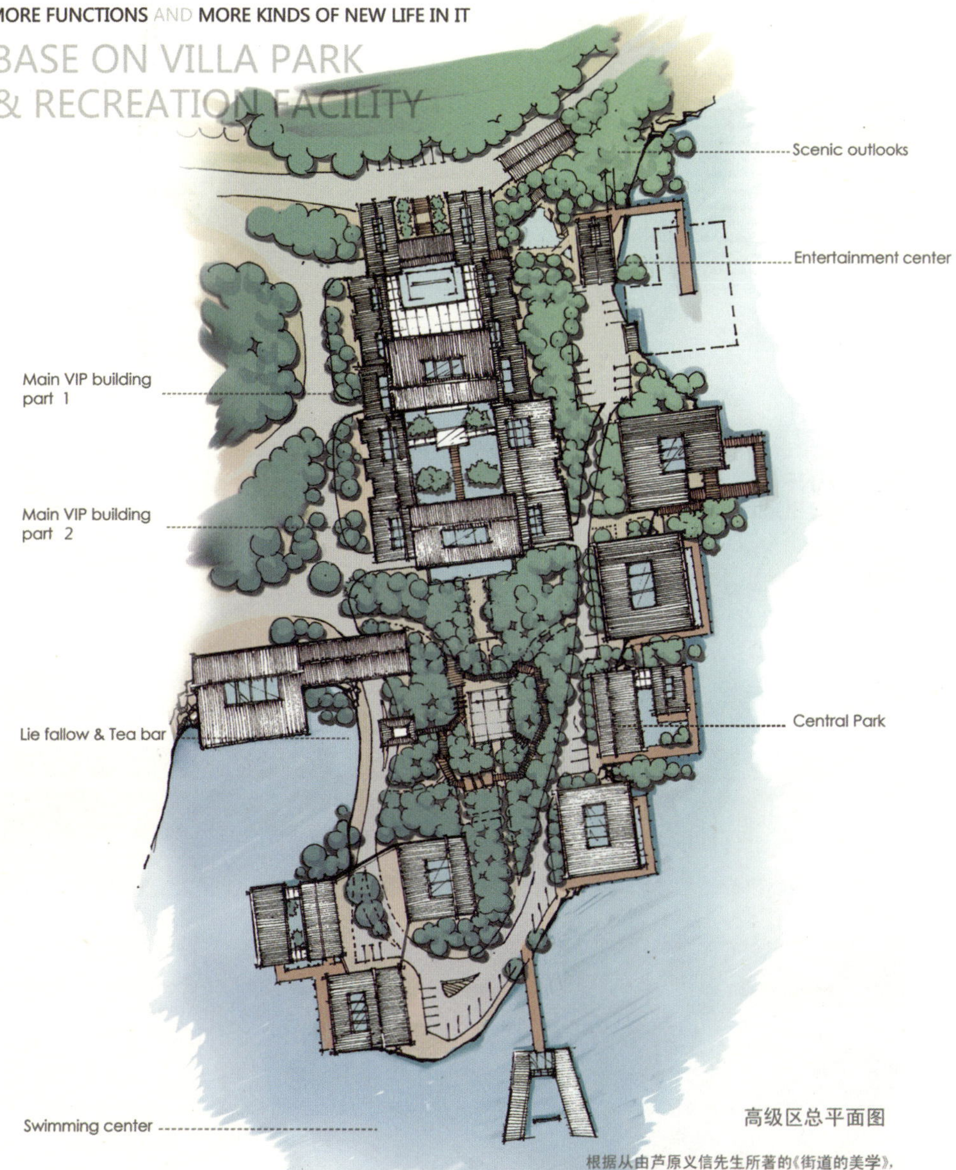

高级区总平面图

根据从由芦原义信先生所著的《街道的美学》，所提及的5的模数制，以250M的区域轴心线规划这个片区。同时根据王其亨先生撰写的《风水理论研究》中了解到的中国形势宗的知识，希望更好地抓住中式的方向作出设计在此初步尝试。

作品：居和酒店
作者：夏嵩 魏巍 王萍
指导教师：朱小平 孙锦
单位：天津美术学院

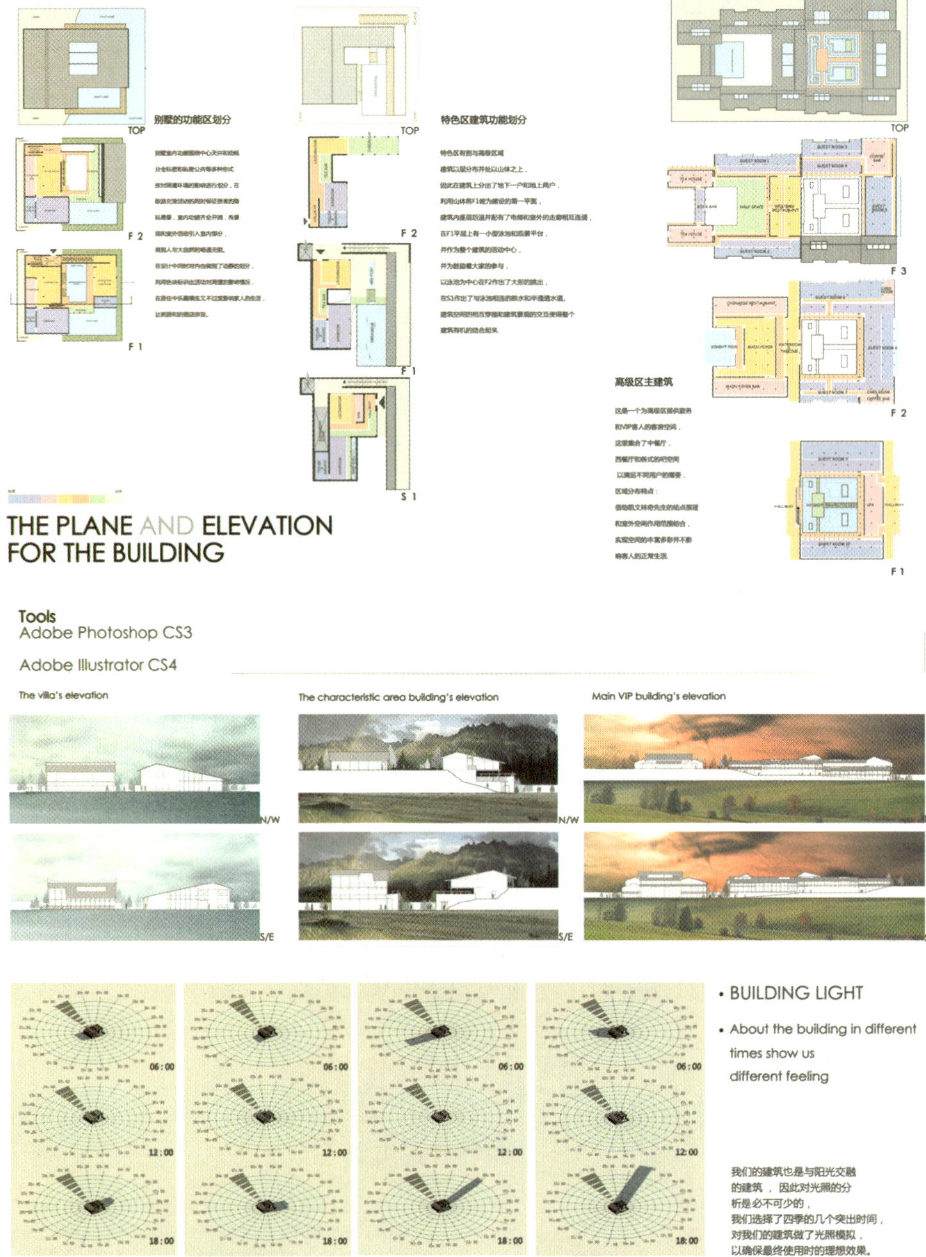

作品：居和酒店
作者：夏嵩 魏巍 王萍
指导教师：朱小平 孙锦
单位：天津美术学院

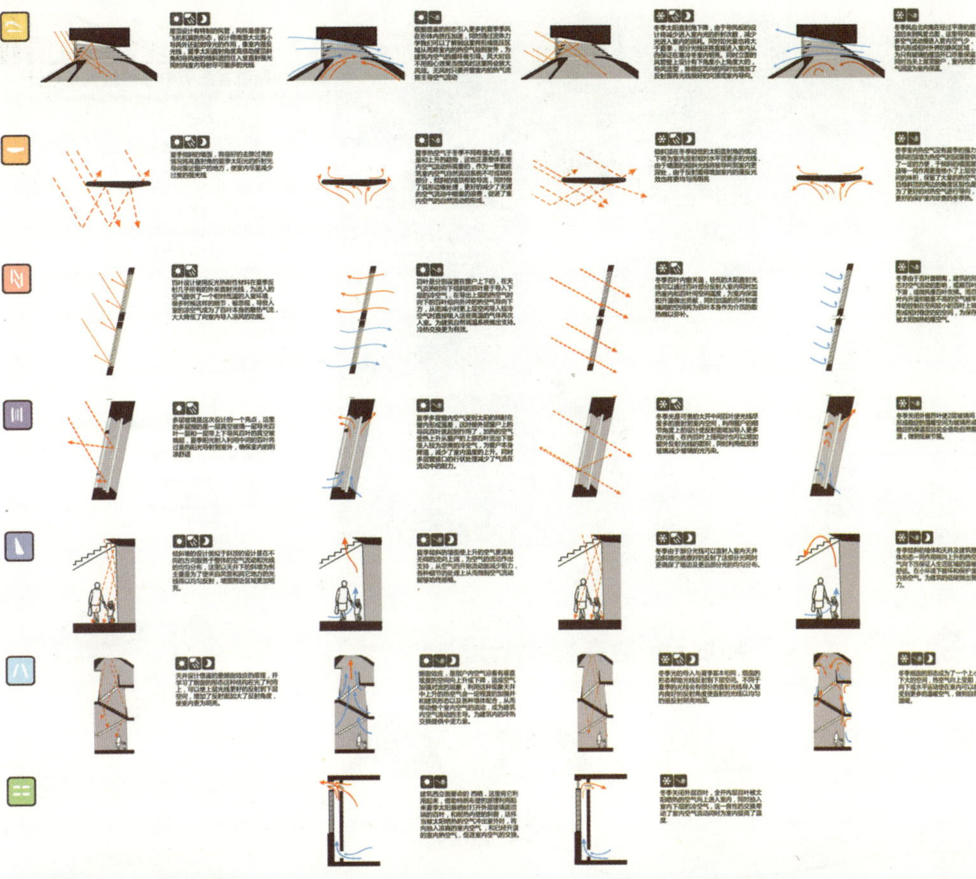

introduce THE WAYS to save and keep

BUILDING ENERGY CONSERVATION

Use different kinds of way to save energy

Choose the villa to show them

Marks
& Contents

- 风管图标
- 斜体墙顶
- 百叶墙
- 多层窗
- 斜体立墙
- 烟囱效应模拟区域
- 特部布墙
- 白天
- 夜晚
- 气流
- 阳光
- 太阳能水热及电系统

DESIGN HOPE

对于节能我们也特出新的理解，所谓节能除了物理节能的部分外，我们还有很多与活动相关的节能新理念
首先良好的活动环境带来的是健康的生活环境和健康的身体及心态。好的心态为我们带来一系列的
节能附加效果，如社会性节能效果和理疗保卫的节能消耗，对基础设施消费产品的节约，
带来的更是长久而优质的节能循环，这也是我们说期望看到的节能新形势，
在片区活力的提升中应该得以促进发扬。最终做到我们的主题居和。

Which place can help us save energy

Energy Conservatin Architecture Framework

作品：融森
作者：杨明
指导教师：王云龙
单位：江汉大学

森林公园游客服务中心建筑景观设计

Forest park tourist center landscape architecture design

设计说明：

在设计前首先要调查该区域景观的现状，要注意与周边自然环境及当地气候的联系性，确定其主要景观氛围。在设计方面要注重人与景观、景观与建筑、建筑与自然的互动、交流、融合，最大限度避免破坏原有生态景观，并合理组织、优化人造景观与自然景观的结合方式。同时还要结合现代科技技术，利用太阳能、风能等绿色、可再生能源，结合武汉环境特征采用各类节能措施，从而真正意义上达到可持续性景观设计的预期目标。

●地块现状分析

烧烤区

植被树木	约80%
建筑设施	约15%
水体	约5%

0%　50　100

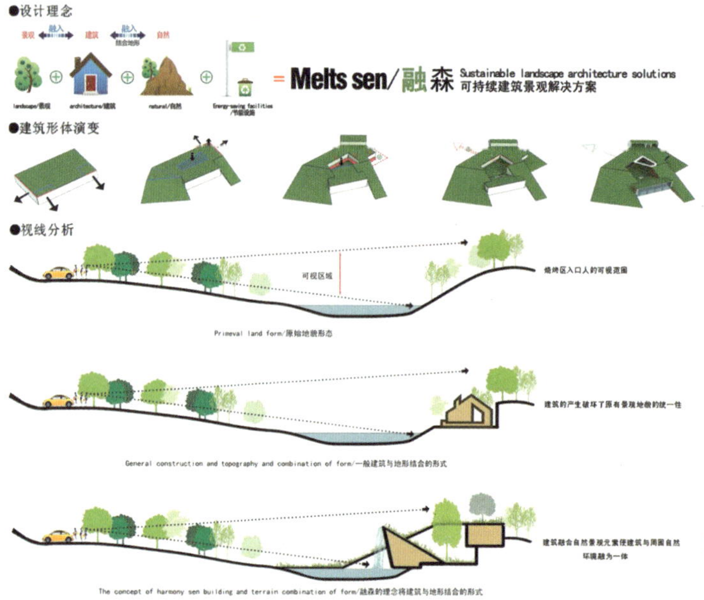

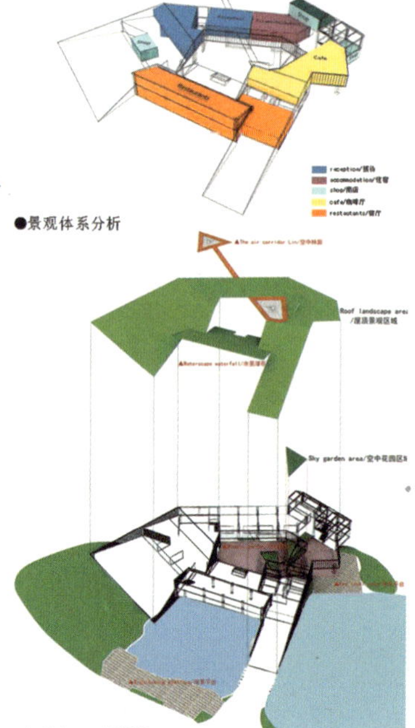

设计中除了尽量保持原地形，减少对原始自然地貌的破坏之外，重点对地块一些原绿化较差的地段进行了新的绿化改造。另外，还最大限度地还原建筑地块所开垦的绿化植被，确保建筑的产生不减少原有森林绿化覆盖率，让游客服务中心建筑以无形胜有形，最大化保护原始自然景观视野。

作品：融森
作者：杨明
指导教师：王云龙
单位：江汉大学

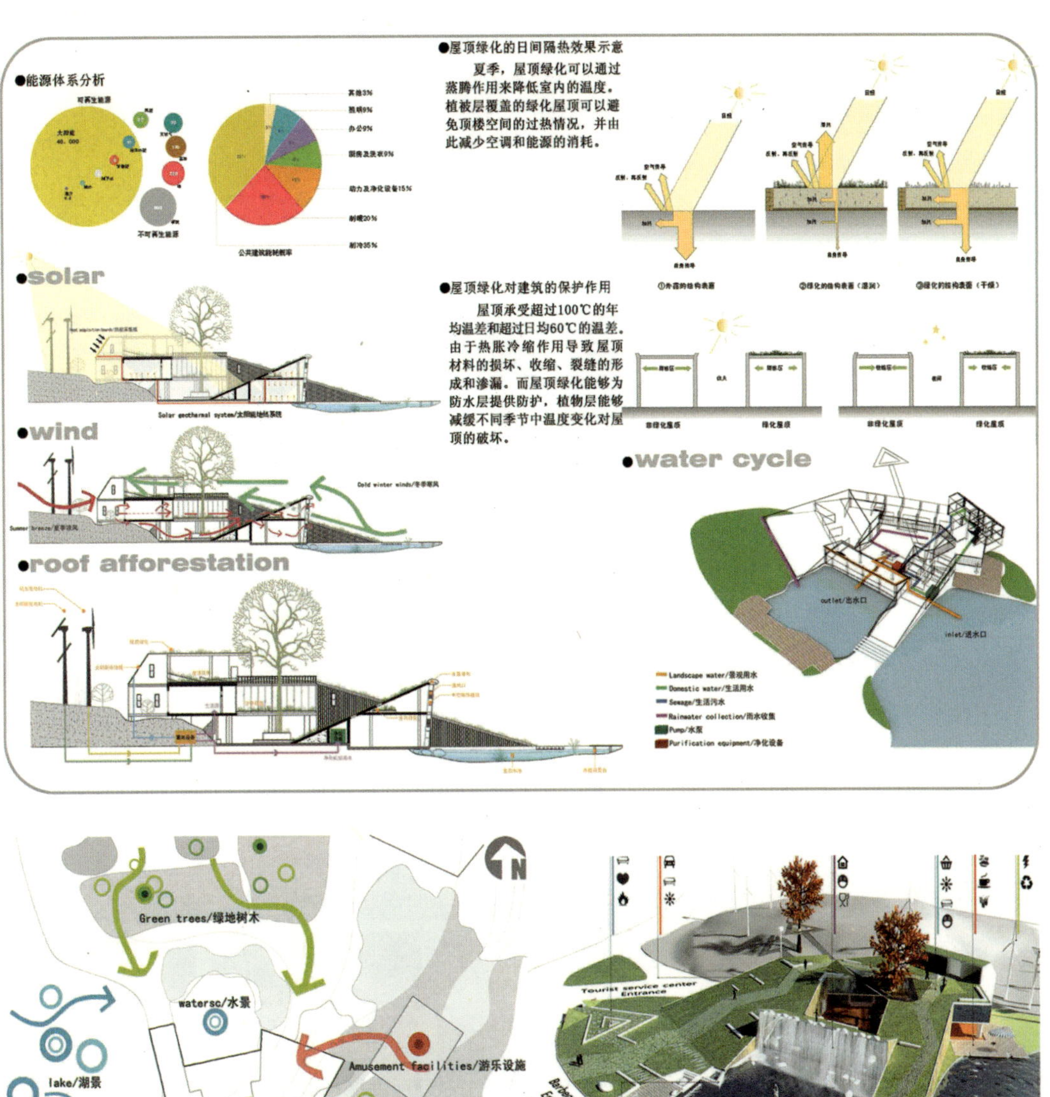

作品：南亭村失落空间的艺术介入计划（微笑计划+脚印计划）

作者：杨冠魁 车骏飙 曾庆源 周洁如 王一人 温志宏

指导教师：王铭 沈康

单位：广州美术学院

介入前

The Art In Nanting

（一）南亭村的藝術

The Follow Up of the Old Man

（二）对老人的跟踪

The 5cm Plan & An Unceasing Road With Ceasing

（三）五公分計劃與川流有息

River flow interest bearing

（四）川流有息

阿伯——南亭村——街道擁擠——交流——

（五）川流有息——腳印

Footprint-Memory-Nanting-Road

（六）腳印-記憶-南亭-路

介入後

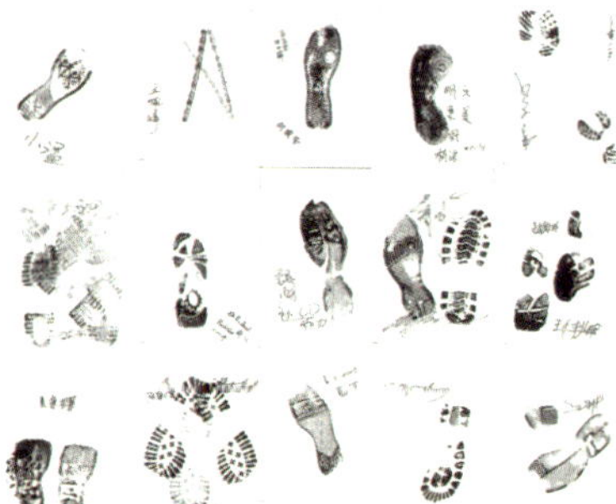

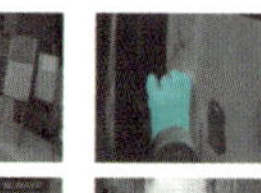

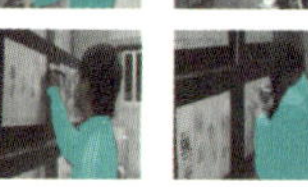

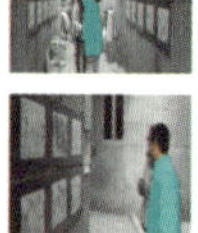

作品：南亭村失落空间的艺术介入计划（微笑计划+脚印计划）

作者：杨冠魁 车骏飒 曾庆源 周洁如 王一人 温志宏
指导教师：王铭 沈康
单位：广州美术学院

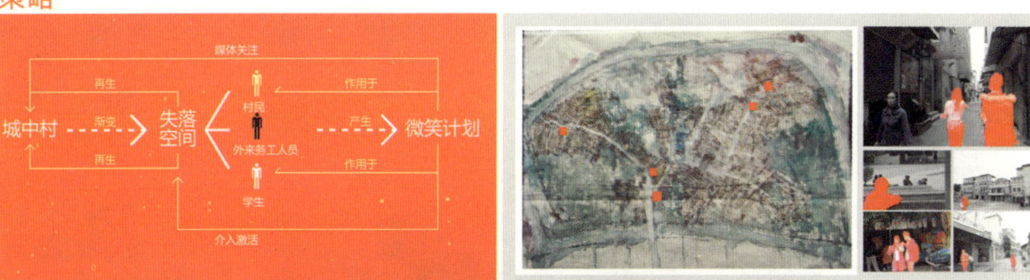

策略

媒体关注
再生
作用于
城中村 - - - 蜕变 - - -> 失落空间
村民
外来务工人员
学生
- - - 产生 - - -> 微笑计划
再生
作用于
介入激活

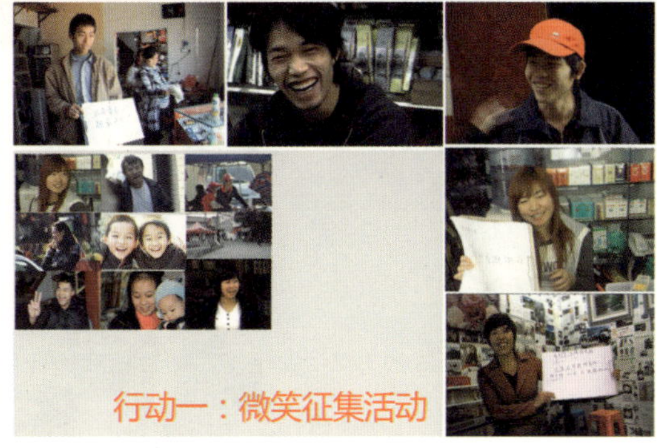

作品：南亭村失落空间的艺术介入计划（微笑计划+脚印计划）
作者：杨冠魁 车骏飒 曾庆源 周洁如 王一人 温志宏
指导教师：王铭 沈康
单位：广州美术学院

行动二：提前布置 埋下伏笔

费用支出

	数量	¥		数量	¥
地图	1	10	锤子	1	9
透明胶片	1	10	便利贴	5	14.5
口红	1	15	照片	89	178
面粉	1	3	打印	22	5.2
油性笔	4	10	警戒线	2	17
速写纸	50	5	白乳胶	1	13
红纸	8	14	刷子	1	4
红绳	1	1.5	胶带	2	11
钉子	6	0.3	抹布	1	1
海报	N	73	小刀	1	0.5
合计	395元				

行动三：展示

媒体采访

作品：『出土』——富平陶艺村景观规划改造
作者：高向攀 刘志民 周昭宜 周梦 李锦平
指导教师：樊凡
单位：西安美术学院

01

富平陶艺村景观规划改造设计 FUPING POTTERY VILLAGE PLANNING REFORM DESIGN

A 前期调研篇

■ 区位图 Position Chart

位于陕西省中部，关中平原和陕北高原的过渡地带，属渭北黄土高原沟壑区，地表大部为疏松沉积物黄土覆盖。东邻蒲城、渭南，南接西安市临潼区、阎良区，西连耀县、三原，北依铜川市，地理位置优越。境内有西包、西禹、富阎高速公路和106省道，咸铜、西韩两条铁路通过，交通便利。

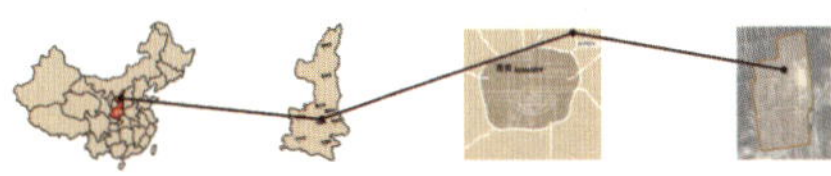

■ 自然环境分析 Environment Analysis

春暖干燥，降水较少，气温回升快，多风沙天气；夏季炎热多雨；秋季凉爽湿润，气温下降较快；冬季寒冷干燥，气温低，雨雪稀少。陕西温度的分布，基本上是由南向北逐渐降低，各地的年平均气温在7～16℃。由于受季风的影响，冬冷夏热、四季分明。年降水量的分布是南多北少，由南向北递减，受山地地形影响比较显著。年降水量平均700～900毫米，各地降水量的季节变化明显。

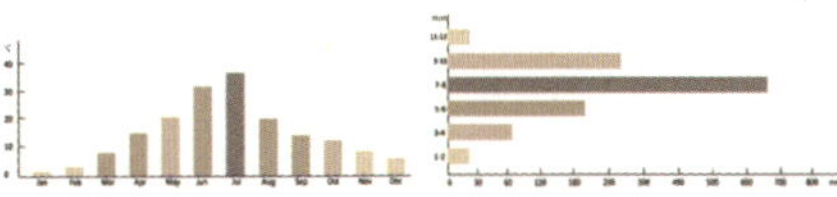

■ 现状分析 Current Analysis

B 设计构思篇

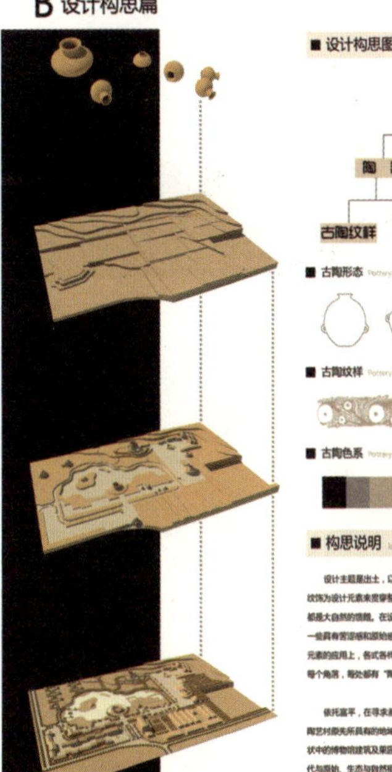

■ 设计构思图 Design Concept

出土
陶罐 陶瓦
古陶纹样 古陶形态 古陶色系

■ 古陶形态 Pottery Shape

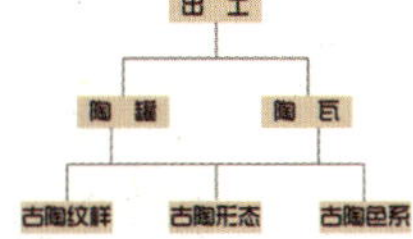

■ 古陶纹样 Pottery Vein

■ 古陶色系 Pottery Colors

■ 构思说明 Idea Explanation

设计主题是出土，以当地挖掘出来的陶罐造型以及它的碎片和古陶罐纹饰为设计元素来贯穿整个设计中。陶艺的基本形态是土、水、火。这些都是大自然的馈赠。在设计理念上就应该把这种原生态的思想引入，通过一些具有苍凉感和原始感的塑造手法形象地传达出这种整体效果。在设计元素的应用上，各式各样的陶为元素，经过艺术处理的方式让"陶"充斥每个角落，到处都有"陶"的影子，处处有"陶"，陶然其中。

依托富平，在寻求差异的同时做出具有现代特色而又保留和突出富平陶艺村原先所具有的地域特色、风土人情为主旨来规划改造。在不改动现状中的博物馆建筑及果园生态景观，来凸显其"本土"风情，进而形成现代与原始、生态与自然相辅相成的独特与和谐的画面。

C 规划设计篇

■ 平面图 Plan Design

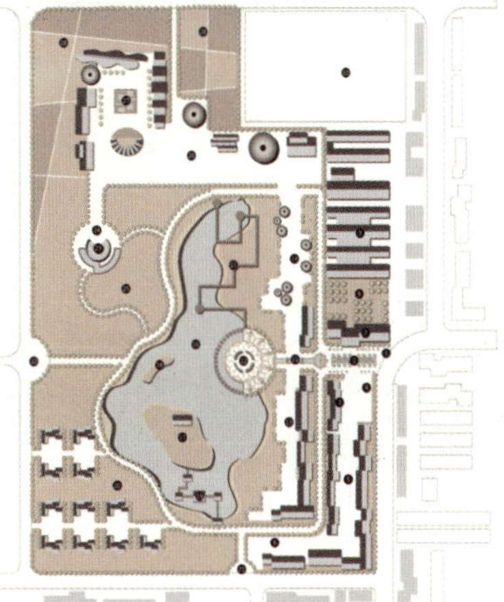

■ 图例 Legend

■ 设计说明 Design Explanation

■ 设计定位 Design Orientation

以陶文化为主题的生态型休闲娱乐度假村

■ 设计理念 Design Concept

陶艺村作为一个国际性陶文化旅游中心，秉承"科技、文化、生态"的经营理念，逐步建设为辐射南北，吸引世界的陶艺文化交流中心和世界现代陶艺中心。运用现代的景观语言体现悠远且独具特色的陶文化，通过陶罐造型以及古陶纹饰与各个景观点的巧妙结合，突显陶艺特色，开发文化内涵，将陶瓷与文化旅游结合在一起，开创独特的陶瓷文化游，营造国际第一陶艺旅游度假村。

■ 设计思路 Design Ideas

设计突出展现生态改造和文化构建两大特色

生态改造

利用丰富的自然人文资源，通过基地地形、地貌的再造再利用，因地制宜，环境更新、生态回归，体现科学的生态发展观。

文化构建

在整体上泛化一个以陶文化为载体的休闲度假组织体系，为其赋予陶文化特色，以陶元素为表现形式，真正形成有历史文化、有载体内容、有形式表现的可看、可品、可游、可玩的国际陶文化旅游中心。

■ 旅游与文化功能 Travel and Art Function

根据设计定位重新调整其功能性，设计主要满足旅游功能及文化功能，旅游主要观光旅游、休闲娱乐；文化主要突出陶文化特色，开发文化内涵，将陶瓷与文化旅游结合在一起，陶文化交流、陶艺展览，玩泥赏陶，突出特色旅游。

D 规划分析篇

■ 功能分区图 Function Space analysis

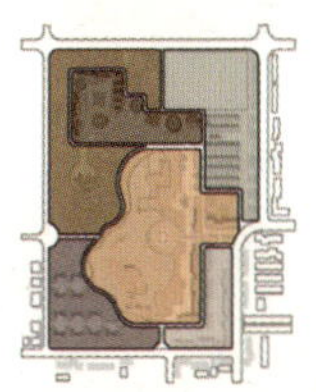

■ 交通流线图 Traffic Streamline analysis

■ 景观节点图 Sight Node analysis

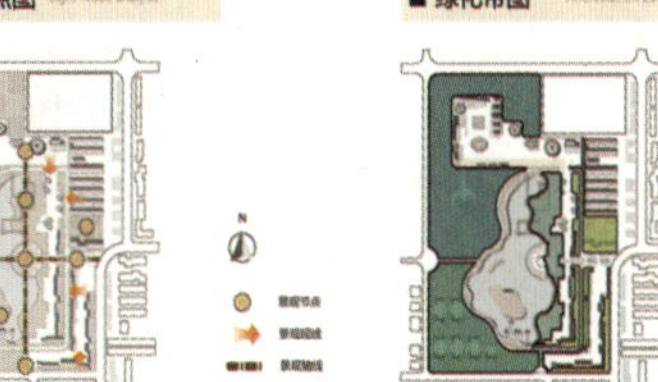

■ 绿化带图 Afforestation Zone analysis

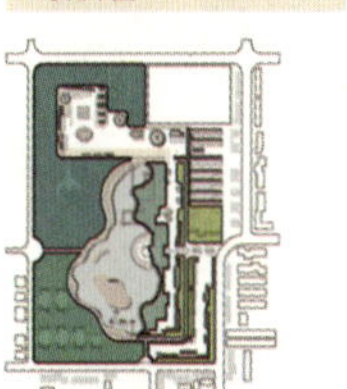

作品：『出土』——富平陶艺村景观规划改造
作者：高向攀　刘志民　周昭宜　周梦　李锦平
指导教师：樊凡
单位：西安美术学院

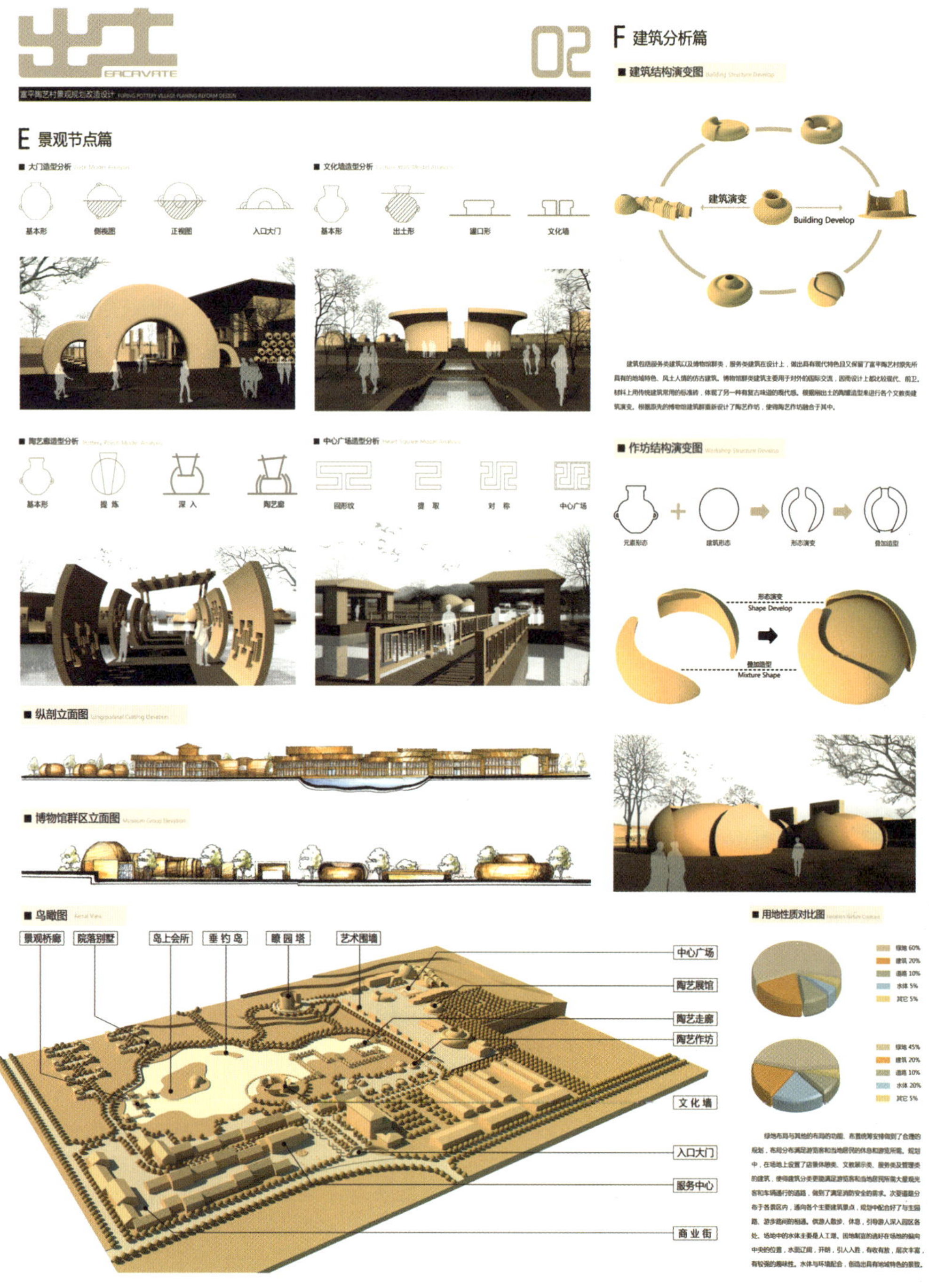

作　　品：都市神经元

作　　者：周　琼　周丽婷　周婷婷　王　朋　骆晓欢　施丹薇

指导教师：陈　琦　胡　佳

单　　位：中国美术学院艺术设计职业技术学院

作品：都市神经元
作者：周琼 周丽婷 周婷婷 王朋 骆晓欢 施丹薇
指导教师：陈琦 胡佳
单位：中国美术学院艺术设计职业技术学院

关于景观

未来、再生是设计的灵魂是设计的与主线，传承工业之魂，是唤起杭城工业记忆的重要元素油库遗留的园区特色符号，以及提炼的新生元素，是渗透贯彻画龙点睛的重要标志。而为了"传承工业之魂"我们将有重点的提取工业元素，来支撑园区的工业历史记忆，上层廊架、钢结构支柱以及对材质上有意识的呼应作为对杭州小河油罐特有的重工业文化演绎。小河的水与山的融合，上层廊架与建筑景观的融合贯穿整个油库的廊架曲线是对这种形态的完美诠释，让油库呈现未来文化提醒的提醒的筹码，层叠是草阶、开合式水域、流线式地面，作为杭州山水文化的隐性展现，从"平面"走向"立体"，小河民居以其独特的地理环境和人文风情，标志着杭州这座文化名城的历史信息和生活情趣。根据当地的人文特色，运用若隐若现、曲折迂回的空间渗透，将油罐通过高低层次，以及半开半闭地打造丰富的油罐肌理，给空间带来更多的视觉感和有人使用的可塑性，运用切割和截离形态来融入油罐本身，光与影的交错，光的照耀与影的投射对人们有着较为特殊的情感和意义，利用光的因素创造形态，是光与静物体之间有机的结合，影是光投射的必然现象，光与影相映成辉表达情感内涵，他们的变化融入实体，传递信息，有机的结合建筑、景观，完整的诠释光影与实体之间的关系与变化。

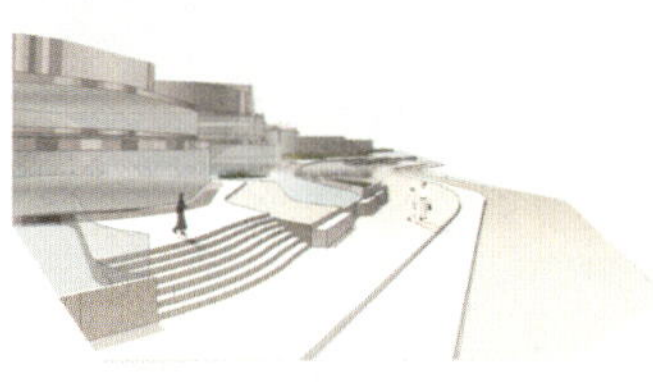

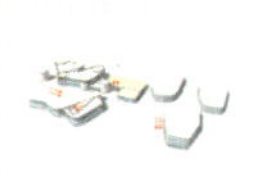

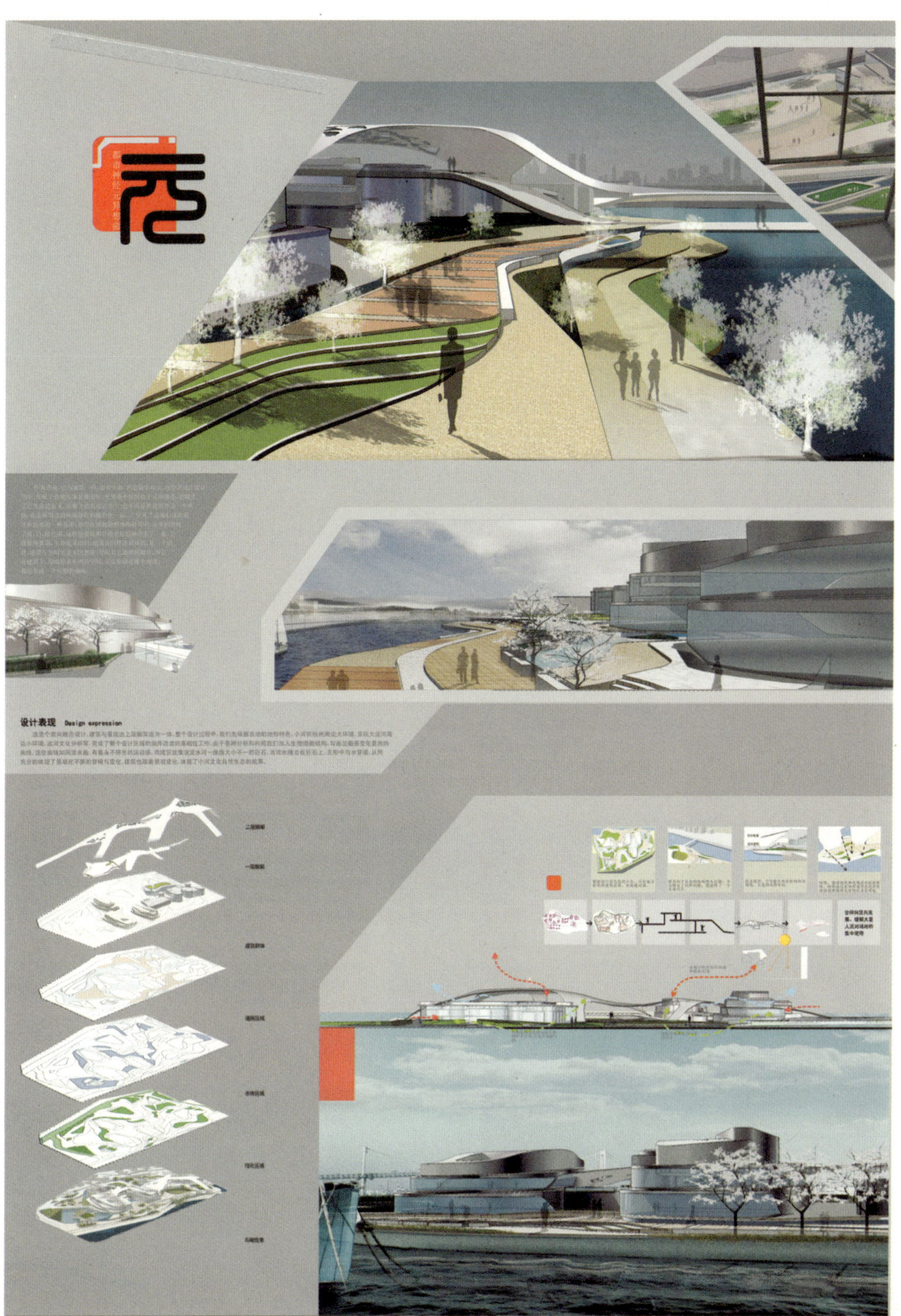

作品：都市神经元

作者：周琼 周丽婷 周婷婷 王朋 骆晓欢 施丹薇

指导教师：陈琦 胡佳

单位：中国美术学院艺术设计职业技术学院

作品：归园·归田——让村庄与城市共存
作者：龚晓婷
指导教师：傅祎
单位：中央美术学院

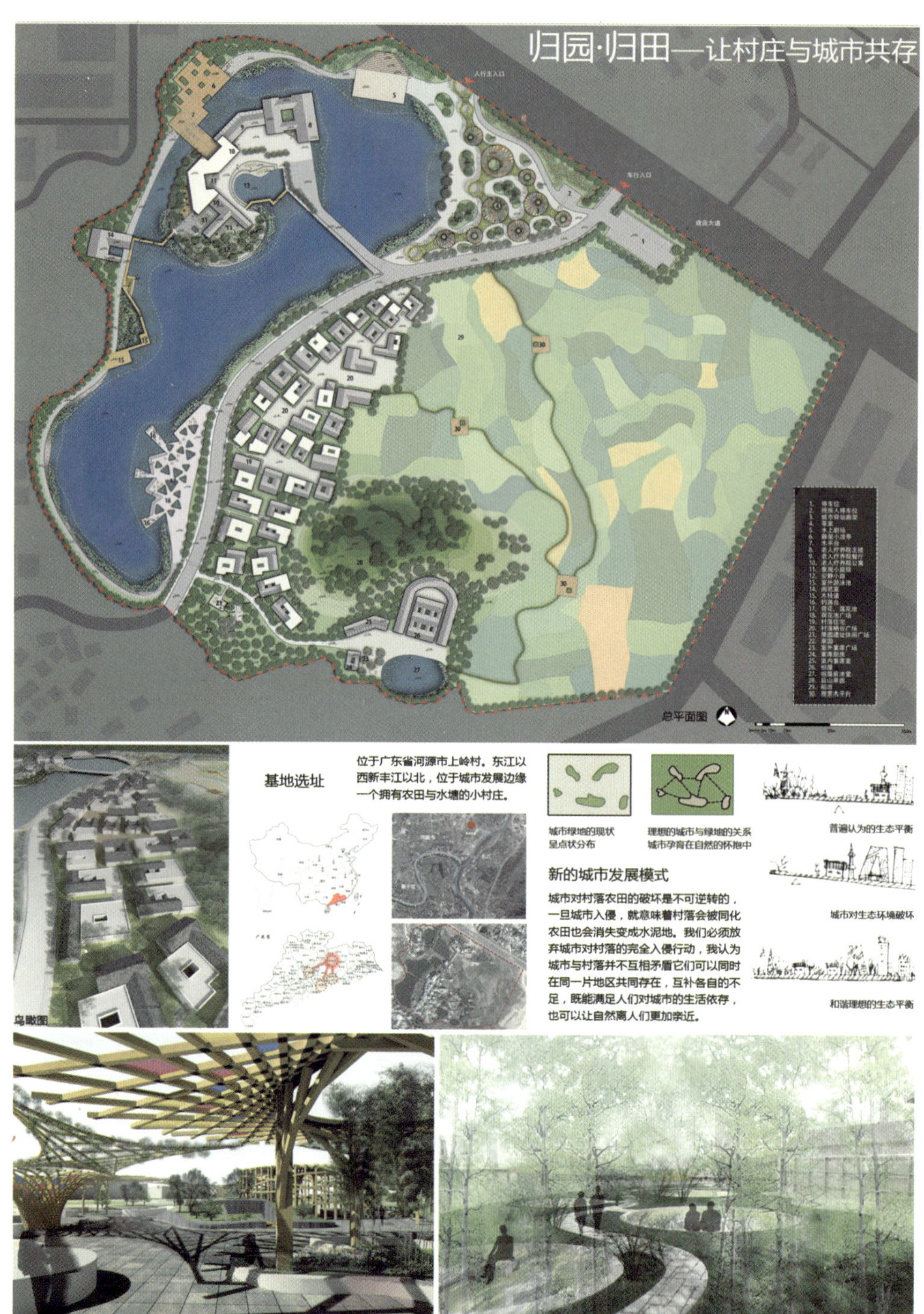

作　品：归园·归田——让村庄与城市共存
作　者：龚晓婷
指导教师：傅　祎
单　位：中央美术学院

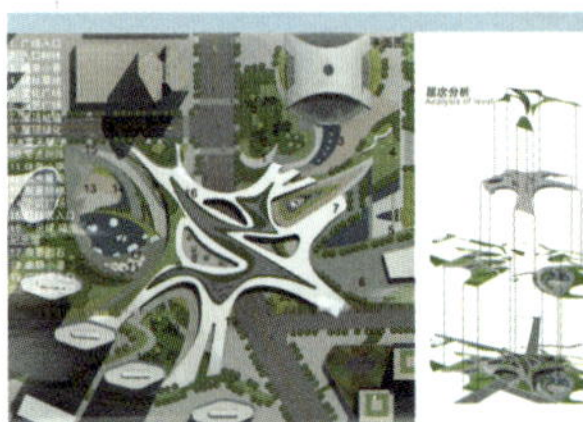

作　　品：五里河广场
作　　者：孟晶晶
指导教师：马克辛　卞宏旭
单　　位：鲁迅美术学院

湖州枫树岭陵园规划与设计

Introduction

Project Location:

Project Name: The Planing and design of Hu Zhou Feng Shuling Cemetery

Project area: ≈377072m²

Project Location: Huzhou、Zhejiang、China 30°47′ 19″ N 119°59′ 16″ E

Population: 2585000

Climate: East Asian Monsoon Climate

Maple Ridge Cemetery is located in Huzhou City to Angelina's 11 provincial highway. The main city of Huzhou, 14 km from the about,The park occupies a total area of nearly 600 acres,The linear path depth of 1,400 meters, surrounded by the rolling mountain terrain being.

湖州市枫树岭陵园位于湖州至安吉的11省道，距离湖州主城区14公里左右，园区总占地近600余亩直线径深达1400多米，地势环绕于连绵的山系之中。

Huzhou Urban

Hangzhou

Situation statement

Problem A

They are relatives

Questionnaire

Problem B

Where is the tomb?

Problem C

Problem D

Problem E

Concept:

Solution A + Solution C

Solution B

Its here!

Solution D Space type

Transformation

Design

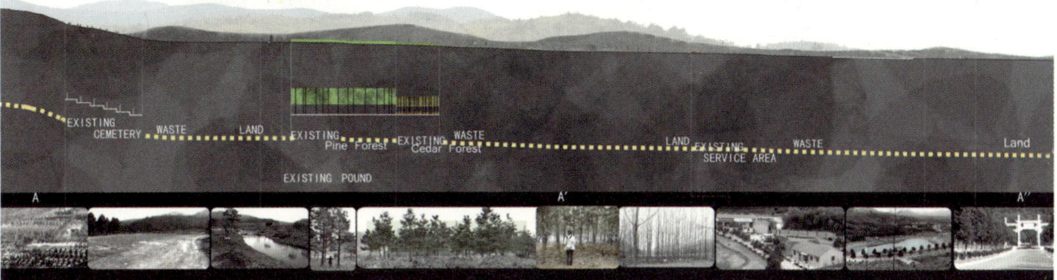

作品：亲情花园——湖州枫树岭陵园规划与设计

作者：刘怡彤　刘嘉媛　应再旺　龚丹荔

指导教师：邵　健　沈实现

单位：中国美术学院

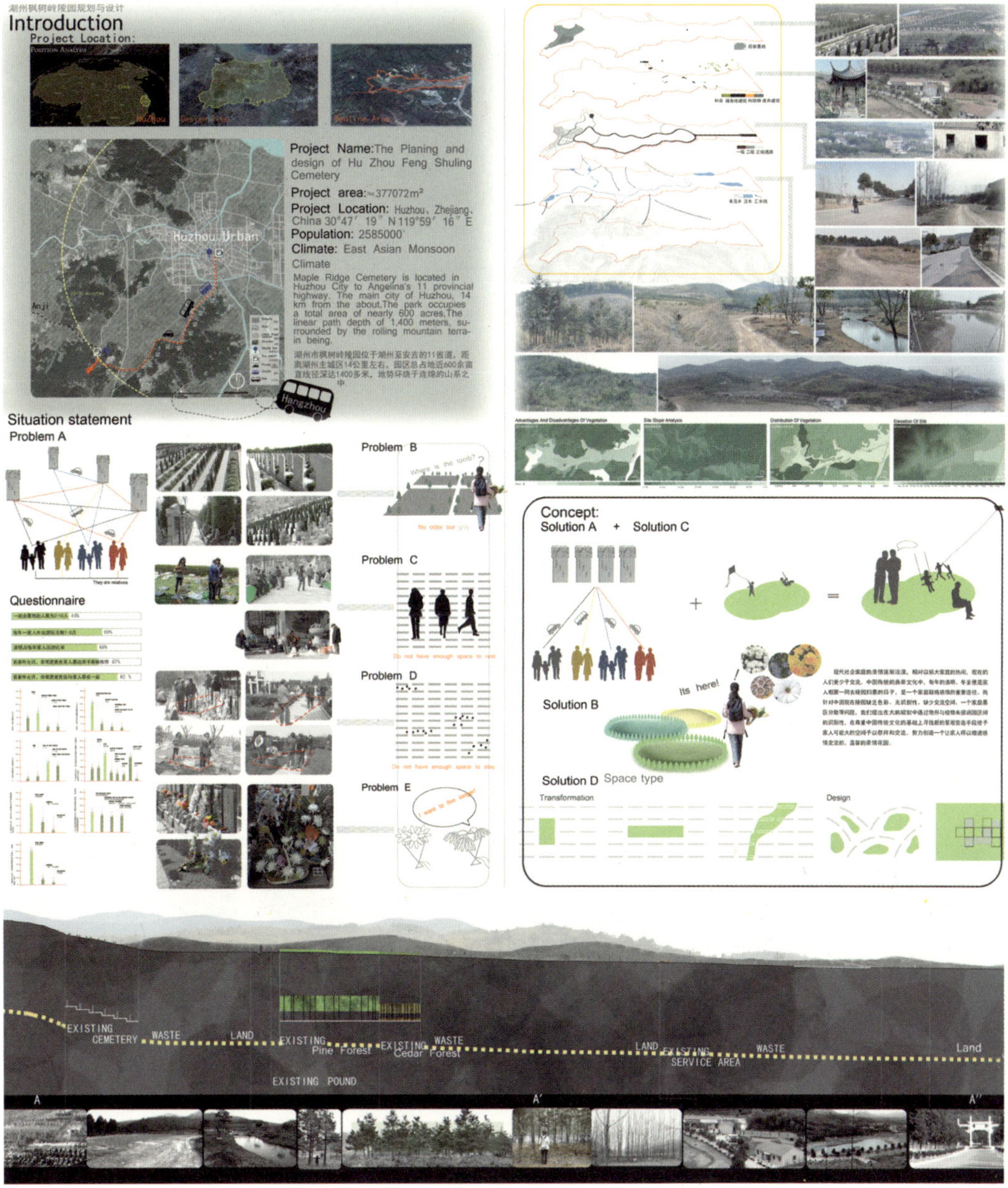

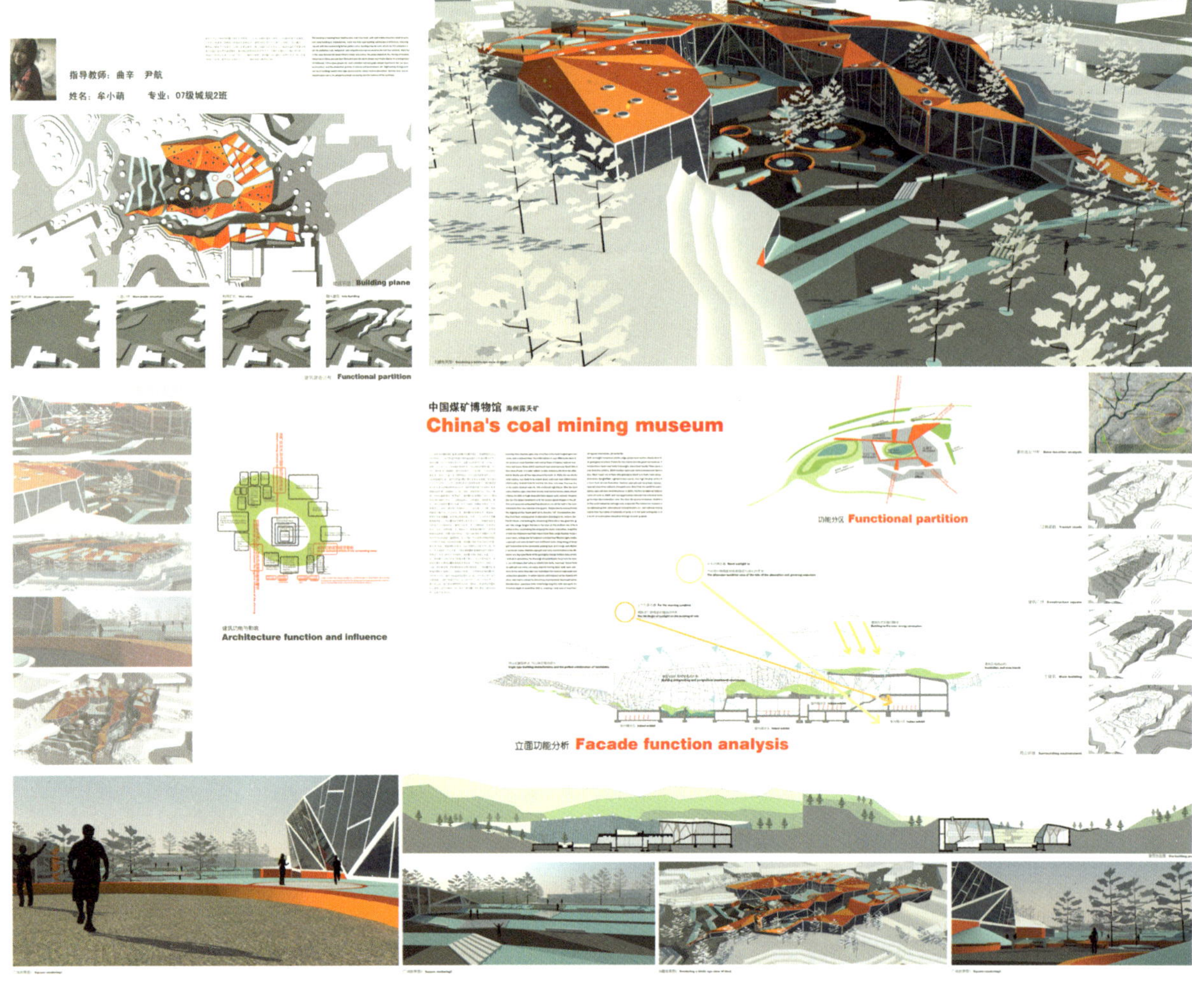

作　　品：中国煤矿博物馆
作　　者：牟小萌
指导教师：曲　辛　尹　航
单　　位：鲁迅美术学院

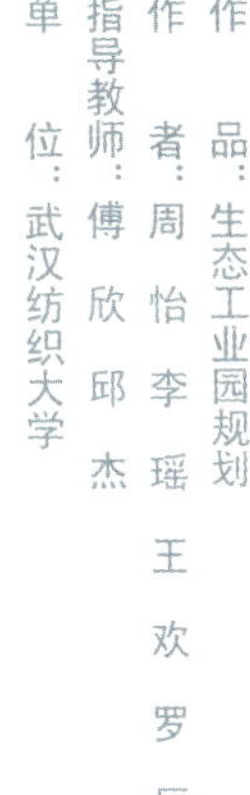

实际用地情况　　预制板厂　　水库

现状调查分析 Investigation and Analysis

（一） 区位环境条件 Location environment

老世陈村所在蔡甸区属于丘陵岗岭类地形，位于武汉市西部，是武汉市六个远城区之一。地处汉江与长江汇流的三角地区，东北与东西湖区以汉江分界，东部与汉阳区接壤，东南与江夏区隔长江相望，南接东荆河与汉南区毗邻，西与汉川市、仙桃市相连。具有优越的山水资源条件、区位和交通优势。具有良好的投资环境。

随着武汉“1+8”城市圈的发展，以“两型社会”建设为标志，“大武汉”作为国家级综合改革实验区，雄踞中部，依傍大江，优势重组，能量聚合，一跃成为我国经济发展新的增长极，也为村经济发展带来时机。

（二）自然条件 Natural conditions

1. 地质

位于汉江断陷平原，约八千万年前的燕山运动，形成内陆湖盆，并产生一系列的西南至东北走向的华夏式断层结构。

2. 地貌

规划范围内按地貌类型为丘陵岗垄和湖沼平原，形成了该地区的地形地貌特色。

3. 气候

属于亚热带季风气候，四季分明，气候温和，雨量充沛，无霜期长，阳光充足。

4. 水资源

规划范围内有占地60亩的水库，为园区供水提供了保障。

5. 矿产

规划区内低山众多，除石英石、石灰石和少量的矽硅之外，未发现其他价值的矿藏，属贫矿区域。石灰石在爹山局部地段有一定藏量。

（三）用地现状 Land Status

本次规划用地面积，主要以林地为主。规划区西部主要为园地、林地；规划区东部主要为水塘用地和少量的村镇居住用地。

1. 村镇居住用地

在土地利用现状中，村镇居住用地为极少数，全为农村居民用地，布局较为分散，建筑主要为老式住宅和简单住宅，多为低层、多层建筑，部分老住宅为旧的砖瓦房，建筑质量较差，可以完全拆除。

2. 村镇园地、林地

本规划区内园地和林地规模较大。主要种植桉树、甘蔗和水果树，以及少量的荒草地、沙地等，林地用地占大部分。

3. 其中有一占地60亩的水库。

（四）市政基础设施现状 Municipal Infrastructure

1. 道路交通

规划区内对外主通道有318国道、京珠（沪蓉）高速公路、汉沙公路，京珠（沪蓉）国道主干线已建成通车，318国道现状道路宽约40米，汉沙公路路面宽度为7～10米。路况均较好。

2. 给水

水厂供水（现状规模10万立方米/日），在318国道上敷设有管径为500毫米干管，现状干管服务压力约0.2兆帕。

作品：生态工业园规划
作者：周怡 李瑶 王欢 罗辰
指导教师：傅欣 邱杰
单位：武汉纺织大学

专项规划
Turn Planning

（一）道路交通规划

进一步体现对外交通的优势：
园区内道路主通道为12米，次通道为8米。
在现有沪蓉、京珠高速公路、快速路三一八国道的基础上，南北向常安路、常兴路，东西向318国道、常福大道、常寿大道等骨架道路形成常福新城对外交通主轴，常福大道、常寿大道均延伸至沌口经济开发区，增加工业园区与主城间交通联系的可靠性。

（二）园林绿地规划

绿地景观规划以集中与分散相结合、人工景观与自然景观相结合、硬质景观与软质景观相结合为指导思想，构建园区生态绿化系统。

（三）给水工程规划

在满足水量需求前提下，提高水质和水压水平，消除低压区，防止二次污染。

景观小品

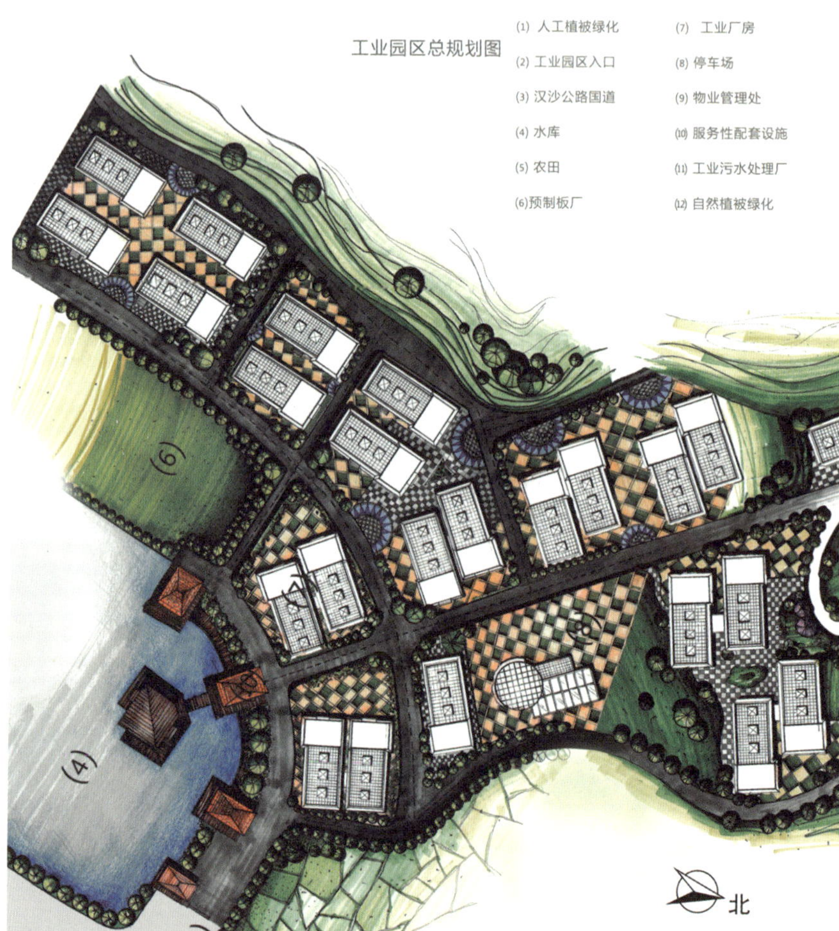

作　品：生态工业园规划
作　者：周　怡　李　瑶　王　欢　罗　辰
指导教师：傅　欣　邱　杰
单　位：武汉纺织大学

工业单体建筑设计
Industrial Single Building Design

（一）工业建筑外部体形与内部空间的关系
The External Form And Internal Space Relationship

建筑的外部形态既是内部空间的反映，又是形成外部空间的手段。因此，建筑物的体形虽然本身表现为一种实体，但从实质上讲却又可以把它看成隶属空间的范畴。

由空间来决定形态，或是由形态来决定空间。这在建筑设计的理论和实践中，算是容易引起争论的问题，用辩证的观点来看，应当强调内容对于形式的决定作用，但也不能把形式看成是无足轻重的东西。因此对于老世陈村工业园区厂房建筑形态，我并没有把它当作目标来追求。我认为它应当是内部空间合乎逻辑的反映，从这次设计的指导思想来讲应当根据厂房内部空间的组合情况来确定厂房外部形态和样式，老世陈村工业园以轻工业为主，重工业为辅。因此，在厂房的建筑形态上以轻盈、通透来体现美的建筑形式，遵循多样统一、形式美的规律这一普遍原则。

（二）工业建筑风格化特征的思考
Architectural Style Of Thinking

建筑的风格就是其性格特征的表现，它是设计者植根于功能的艺术意图体现。一栋建筑的性格特征在很大程度上是功能的自然流露。由于老世陈村厂房的功能要求比较简单，以工业生产为主。所以，我们采用走道式的空间组合，在外部形式上呈带状的长方体。工业厂房属于生产性建筑，它有自己独特的性格特征，因而在老世陈村工业厂房外部设计中门窗的设计都比较大。

老世陈村所在蔡甸区属于丘陵岗陇和湖沼平原。工业园规划用地面积主要以林地为主，因而在厂房的建筑外观的设计上遵循与自然和谐共处的原则，将厂房建筑融入自然环境，与自然生态系统相结合，使厂房建筑和自然环境成为一个有机统一的整体。所以在工业园区的厂房建筑材料上大范围地使用玻璃，既满足了厂房工业生产的采光要求，同时也满足于“环境友好型，资源节约型社会”的要求，体现了人、自然、社会的和谐发展。

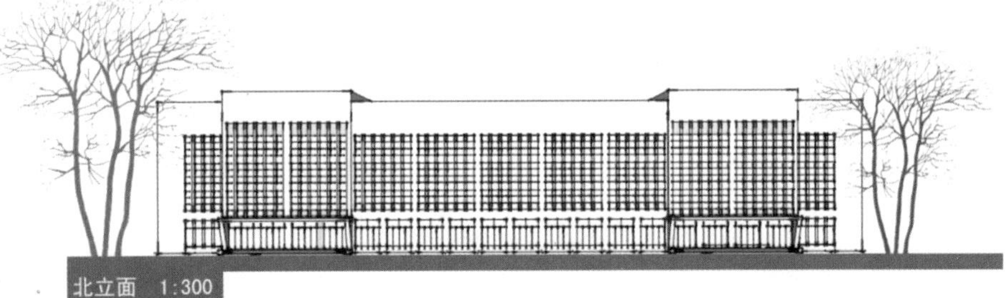

园区办公大楼

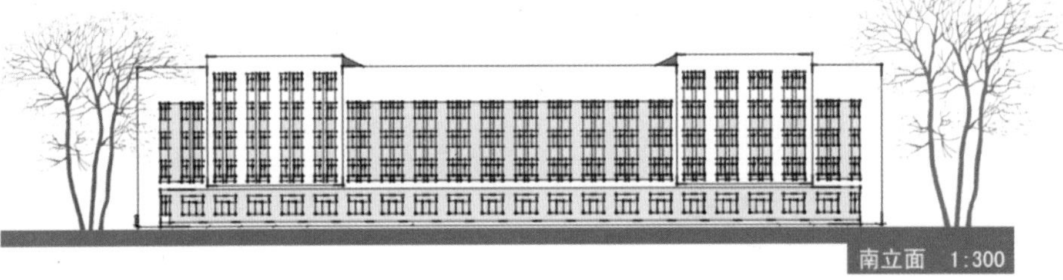

作品：世博衍——上海黄浦江南岸滨水景观设计
作者：陈瑞岐 李贝贝 左文荟
指导教师：田沛荣 赵乃龙
单位：天津美术学院

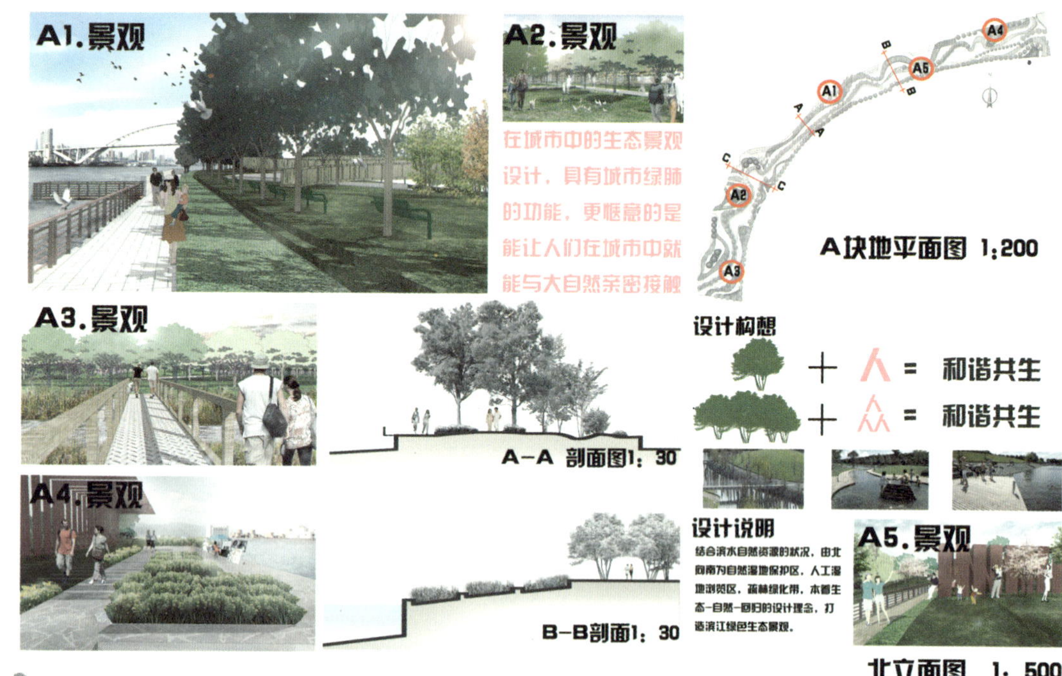

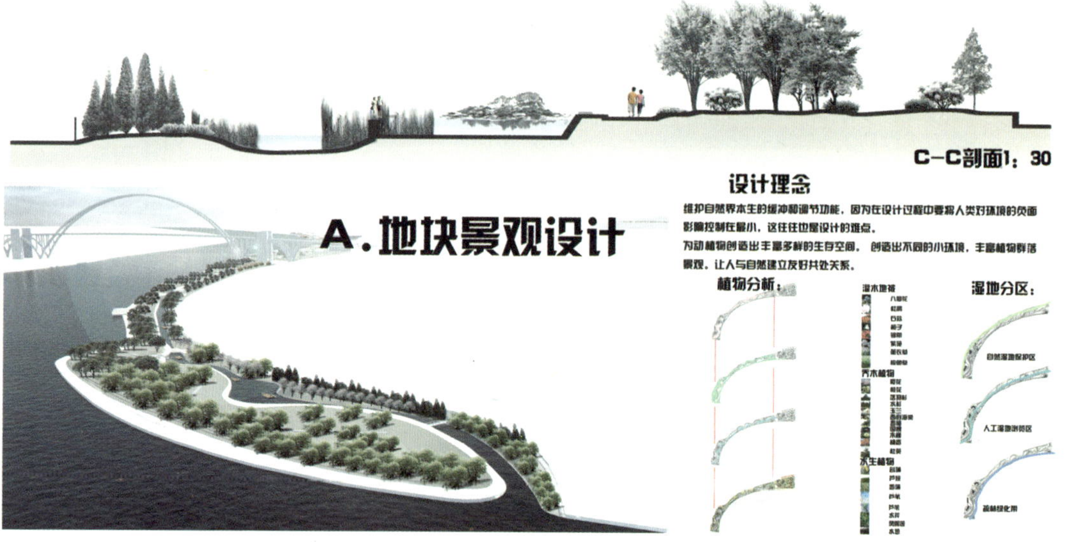

作品：世博衍——上海黄浦江南岸滨水景观设计
作者：陈瑞岐　李贝贝　左文荟
指导教师：田沛荣　赵乃龙
单位：天津美术学院

B.地块景观设计

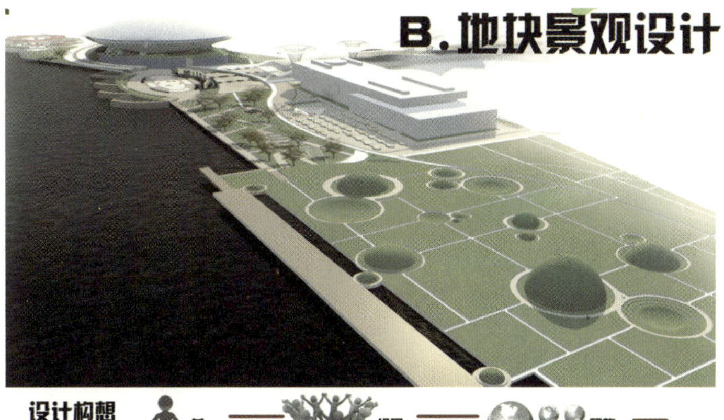

设计说明

设计定位：对B地块景观设计的考虑，由于在B地中保留世博期间原有的世博中心、文化中心以及世博轴的一部分。因此，在设计中重新对B地块的景观、功能进行分区、整合，从各个分区的特色，功能、材质、肌理等方面重新定位。重新赋予"现在"的涵义。在设计中凸显材质的对比、肌理质感的对比等。

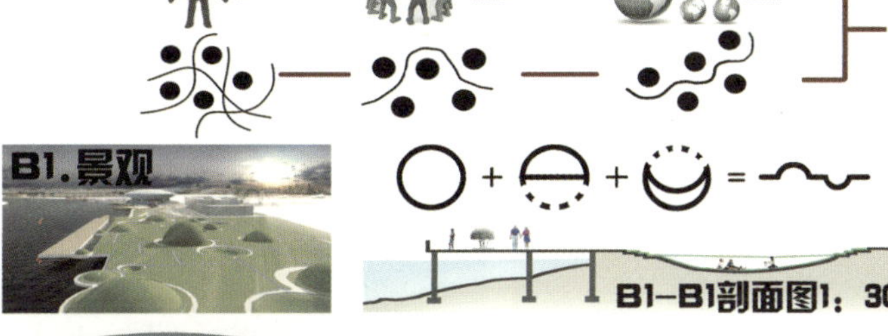

设计理念：B地景观设计由"五大洲"构想而来。地球由五大洲四大洋构成，将B地用五个不等圆划分，五圆相切生成整个B地的主要道路轴线。

设计理念：B1景观区寓意着大洋洲，大洋洲四周全是海洋。而此地运用灌木、地被植物和形状滴变化为依托来进行设计，烘托"绿色海洋"的主题，呼吁城市中的绿色和生活中的绿色。

北立面图　1：500

B4　B3　B2　B1

设计理念：B2景观和B3景观分别代表的是美洲和亚洲。

美洲人的性格豪放、热情，景观中多呈现现代简约的形式感设计，在景观中常常用开场性空间来表现。B2地块位于世博中心的南面，世博之后的后续，将为演艺文化交流等活动服务，基于这点，人流的聚散是该地块的考虑重点。所以设计手法将以开敞的硬性铺装广场为主。

亚洲人的性格比较含蓄、内敛，在景观设计中多采用园林的手法，而且讲究情景、意境和景相互融合。B3地块在B2地块的北面，在地势上也有相应的局部高差变化，借鉴亚洲园林景观的设计理念，以围合的设计手法来表现。

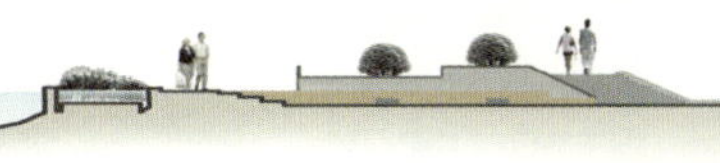

B4-B4剖面图1：200

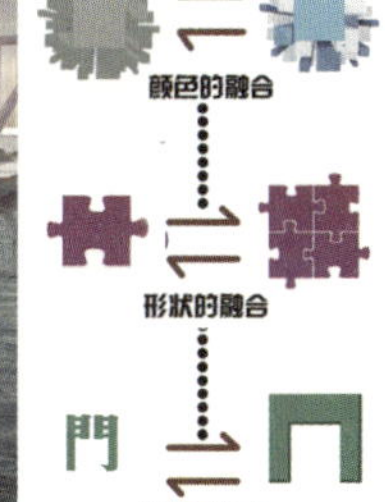

设计理念：

B4区域是B地块中的重要景观区域。地处中间地段，其他区域寓意着五大洲，而B4景观则寓意着五洲共融、文化的共融、地域特色的共融、经济的共融，乃至民族的共生共融。

世博轴北面设计的是一个下沉落水广场，开敞、空旷、聚集，使得广场对共融的概念又进行了升华。广场中心有一组落水景观，采用的是"门"的概念。有"门户开放"的意思，加强浦东与浦西的联系，拉近上海与世界的联系。

作品：世博衍——上海黄浦江南岸滨水景观设计
作者：陈瑞岐 李贝贝 左文荟
指导教师：田沛荣 赵乃龙
单位：天津美术学院

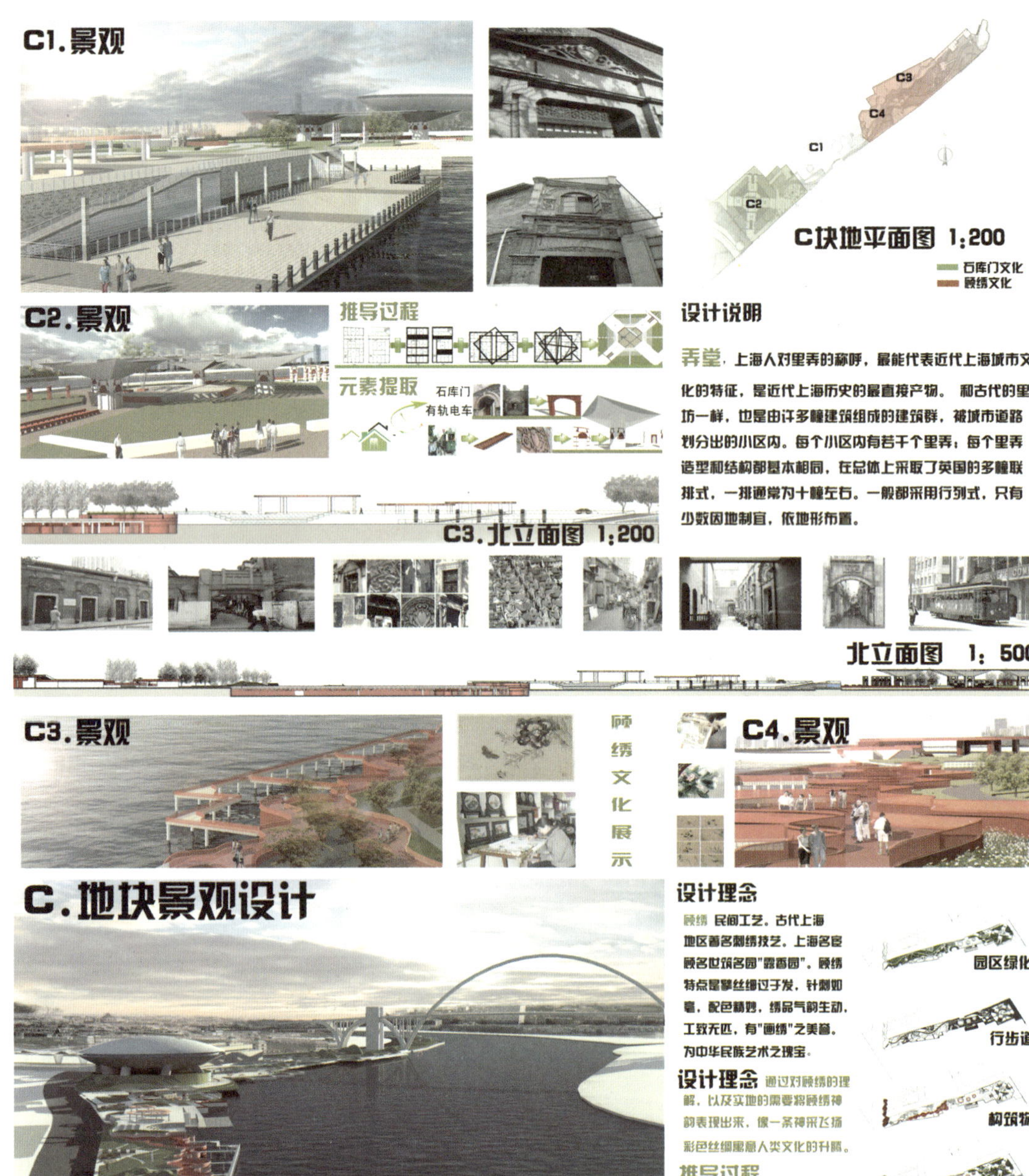

色彩 游戏 生活 1

——上海曹杨新村公共艺术创作活动

只有当人完全是人的时候，他才游戏；只有当人游戏的时候，他才完全是人。——席勒

创作构思

“色彩•游戏•生活”这个公共艺术项目以童年游戏和中国当代的都市节庆为创作起因而展开的一个公共艺术活动。艺术从架上、从博物馆、美术机构中走入了寻常百姓家是公共艺术带给我们最直接的感受，艺术走向了亲民，互动与参与俨然成为了公共艺术中的主角。在曹杨一村这个新中国第一个工人新村里，实施公共艺术创作活动具有典型性，其内部尺度较适宜，增强了公共艺术的公共性和开放性。在整个创作和实施过程中，我们尤其注重和居民的互动。童年游戏“活体雕塑”主要就是来自于和居民的互动，让居民在无拘无束地游戏参与过程中感受到了艺术带来的快乐，而通过色彩重塑、取材于童年游戏的游戏棒晾衣架成了小区晾晒的主力军，既满足了居民对生活的需求，又用夸张游戏棒让色彩形制统一的曹杨一村增添了许多亮色，也为这个有半个世纪的老式里弄融进了新生的元素。

曹杨新村区位图

曹杨新村范围

工人新村

光荣历史

劳动模范

作品：色彩 游戏 生活
作者：周伊利 金懿诺
指导教师：王海松
单位：上海大学美术学院

最终颜色

色彩提取

色彩重塑应该建立在“场”原有的色彩基础上，在原有“场”环境的色彩基调上，提取原有色彩和传统绘画色彩节庆色彩，结合公共艺术本身要求居民互动参与的特点，在整个视觉设计上，以“唤醒回忆”的强度，将SD法和色彩坐标分析法所得的结果为依据。这些建立在原有色彩提取上，如小区内常见植物的色彩提取，原有路面街道材质提取。

居民参与

又根据中国节庆色彩的搭配，笔者做了一份有关于小区词语描述和色彩描述的调查表让被访者进行选择，在最终的300多份有效问卷中得到了10套被小区居民认可的色彩组合，他们分别被运用在了小区的紫藤架重塑、活动栏杆、地面原有衣架及地面导向上。

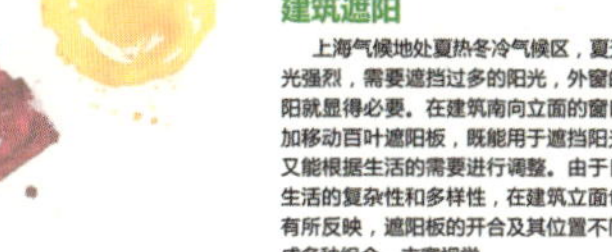

建筑遮阳

上海气候地处夏热冬冷气候区，夏天阳光强烈，需要遮挡过多的阳光，外窗的遮阳就显得必要。在建筑南向立面的窗口增加移动百叶遮阳板，既能用于遮挡阳光，又能根据生活的需要进行调整。由于日常生活的复杂性和多样性，在建筑立面也会有所反映，遮阳板的开合及其位置不同形成多种组合，丰富视觉。

色彩识别

设计实施范围在曹杨一村，沿着主要步行道路，颜色组合呈现渐变的效果，利用色彩可以进行识别，能方便地知道步行者位置所在。

作品：生长空间
作者：李鑫锁
指导教师：冯信群
单位：东华大学

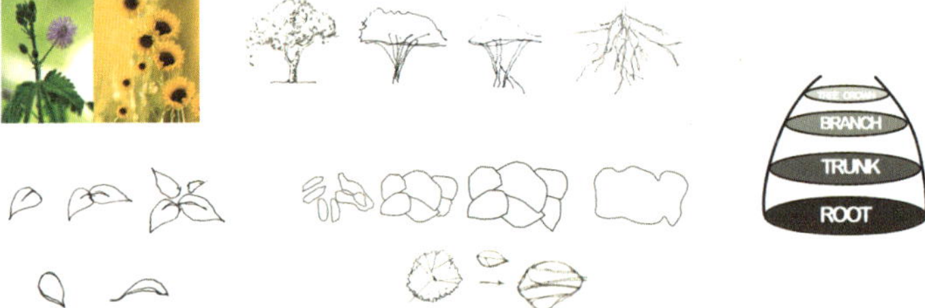

我们何总是喜欢亲近自然？这是在此设计之前提出的第一个疑问。自然界的什么总是令我们向往，我的答案是生命体。生命体间相互存在着一种的无形的力量让我们彼此吸引。也许《阿凡达》这部电影当中的生态系统是借助一种电影手段进行了夸张，但是却能反映我们生活的自然界是一个大的系统。

一片森林，一株植物，甚至仅仅是一棵小草、一支鲜花，都让我们心情畅快。从一株小树苗慢慢地生长成一棵苍天大树，早晨植物花开，傍晚花落，向日葵总是追随着阳光，害羞草会因为狂风下雨而使叶片垂下。即使我们往往并没有留心于这一切，但是在内心深处我们是享受着植物的生长，而生长往往伴随着时间的"周期"与"循环"存在于整个自然界的大系统下。

Growing Space 的造型上来源于植物的叶片与茎脉。设计上的独特在于将时间轴引入到设计当中，充分的表现出"周期"与"循环"这两个辞藻的含义。从短的时间概念上设它以一天为一个周期，从清晨到中午、傍晚、夜晚、再到凌晨。扩大范围，从一周的工作日到周末，再到一年四季的更替都将引入到设计当中。Growing Space 从地下慢慢的生长出来，从看似一个小土丘长成一座五脏俱全的公共空间，最后又降回地下。它的这些变化不仅仅是单存的、机械的升降，而是将因一个周期上时间的变化，引起周遭环境所需要的功能而进行考虑设计的。Growing Space的一些细部，如聚玻璃材质也会随着阴晴天气变化而变得透光或是挡光，顶部的叶片可以吸收太阳能吸收能量供己使用，也会分析自然气候打开或是收起等。总之Growing Space的设计是在整个大自然的系统下而存在的。

功能上，早晨是晨练的时间，Growing Space就像刚刚生长出的嫩芽，它就是起到缓冲作用的休憩平台。在当今社会中午的休息时间，变得愈来愈加珍贵，Growing Space在这一阶段的形态充满多样性。下层空间有茎脉空间的分隔为孩子提供了一个在此爬行穿梭的玩耍场所，上层为来此的人们提供了一个享受阳光的平台，曲线的设计为受众人群提供坐、躺、靠、卧等不同的休息放松姿势，滑梯的设计也可以充当滑梯为小孩子们所享用。到了傍晚整个空间已经完全生长出来，它的作用则为餐饮业提供了场所，作为类似于餐馆的公共空间。到了夜里，Growing Space则成为年轻人释放激情的圣地，此时的它作为一处光芒四射、灯光四射的酒吧。随着夜晚的继续降临，Growing Space则从新降到地下，但我们的欢乐还在继续，此时是为了不打扰夜空的宁静。

作为辅助功能，周末Growing Space可能以上下两层的形态作为咖啡厅或是展示等功能提供空间。

辅助功能

COFFEE
BAR
EXHIBITION
RESTURANT

DAY.

作品：生长空间
作者：李鑫锁
指导教师：冯信群
单位：东华大学

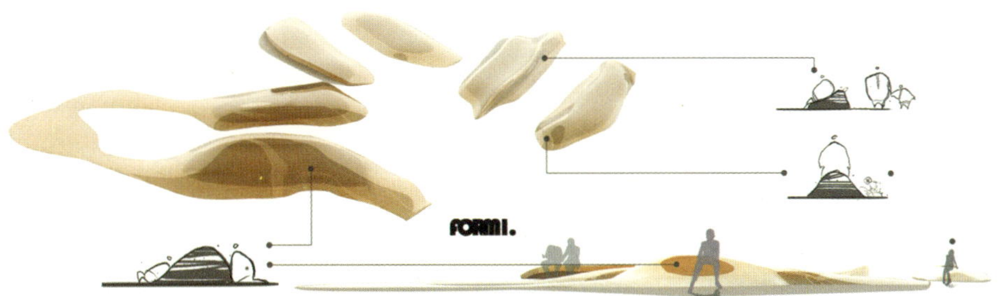

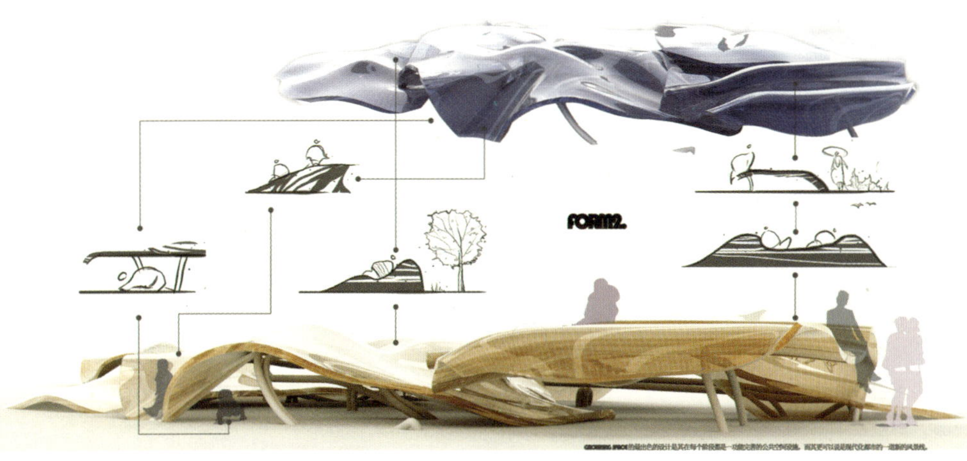

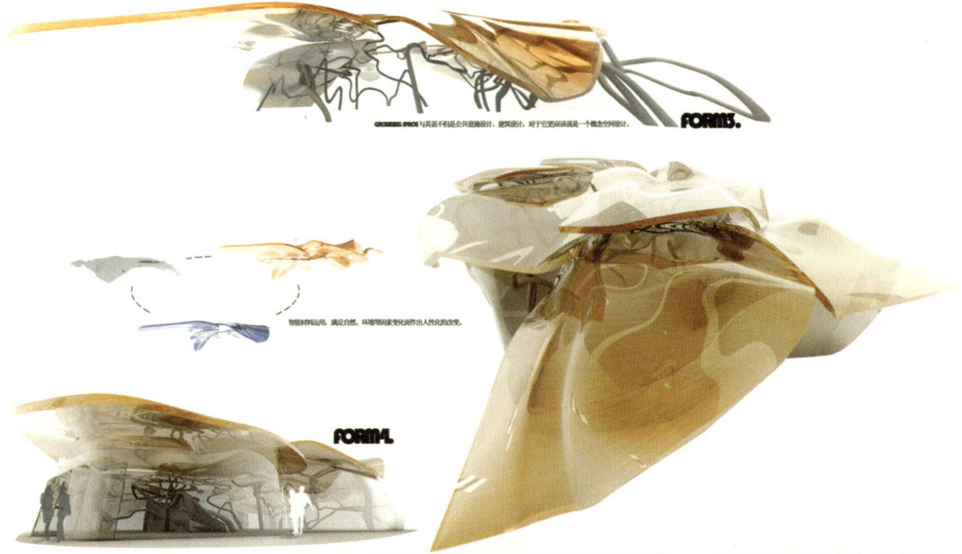

作品：生长空间
作者：李鑫锁
指导教师：冯信群
单位：东华大学

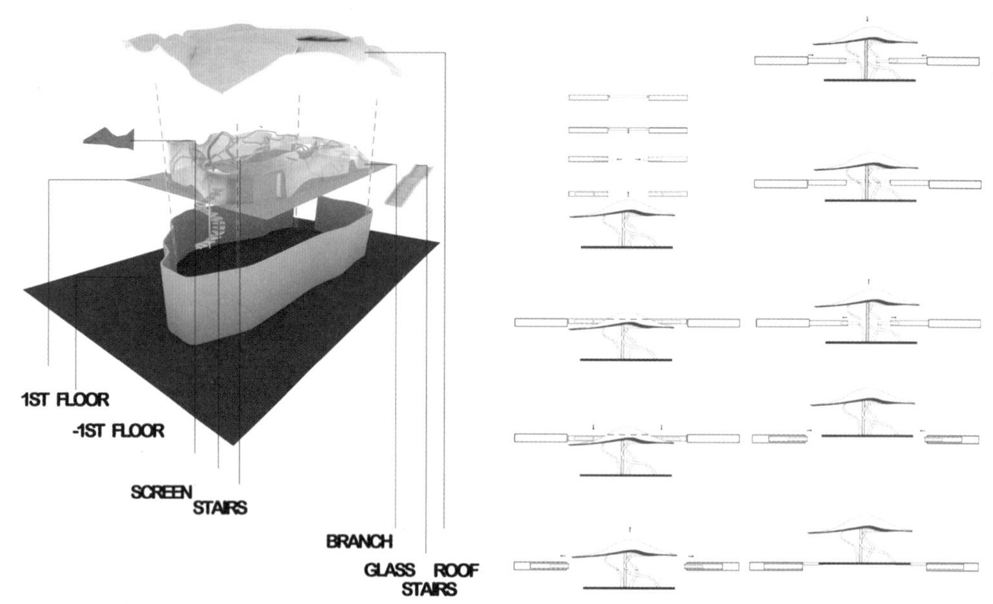

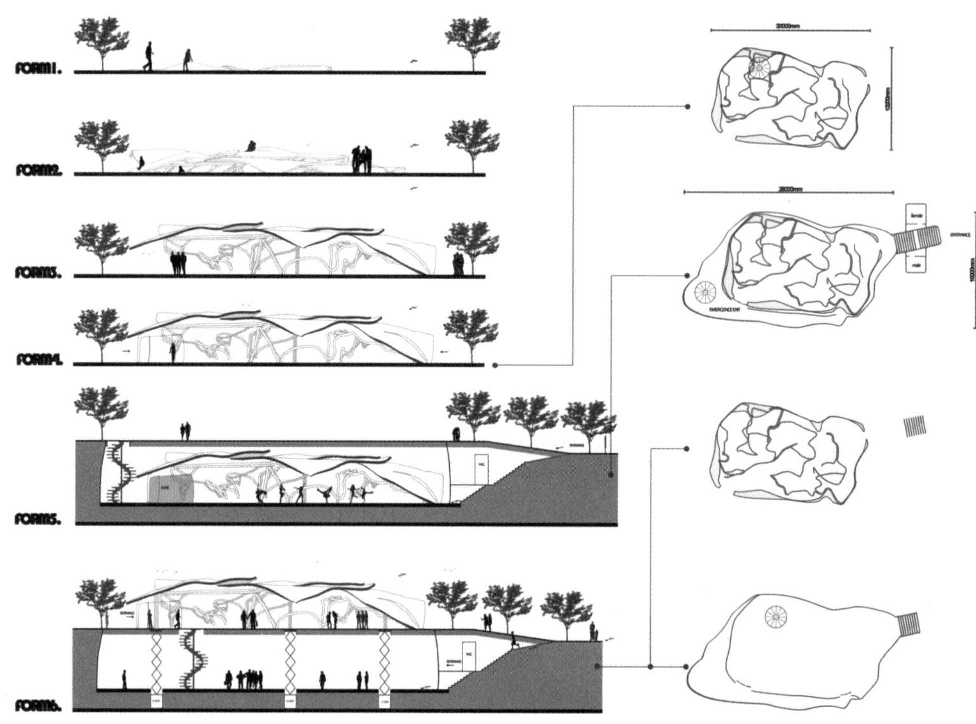

作　品：生长空间
作　者：李鑫锁
指导教师：冯信群
单　位：东华大学

作品：后工业·新体验——旧工厂资源转化创意设计研究
作者：陈征 刘晓飞 邢建武
指导教师：薛义
单位：南开大学

C92 创意集聚区二期建筑及景观设计改造

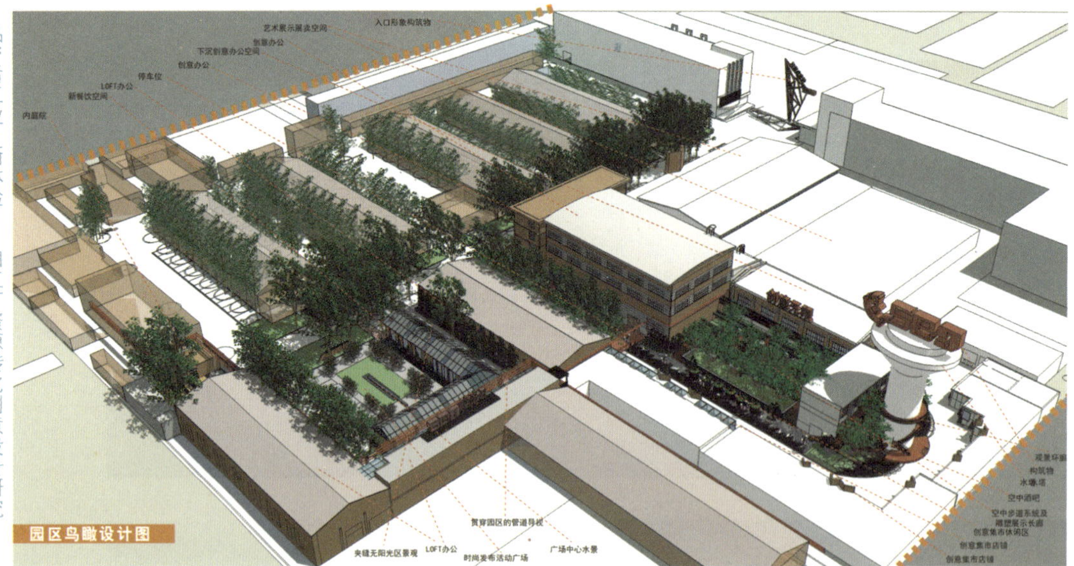

园区鸟瞰设计图

地理及文化区位

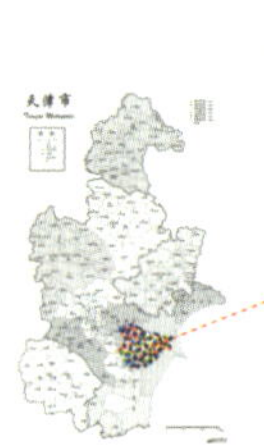

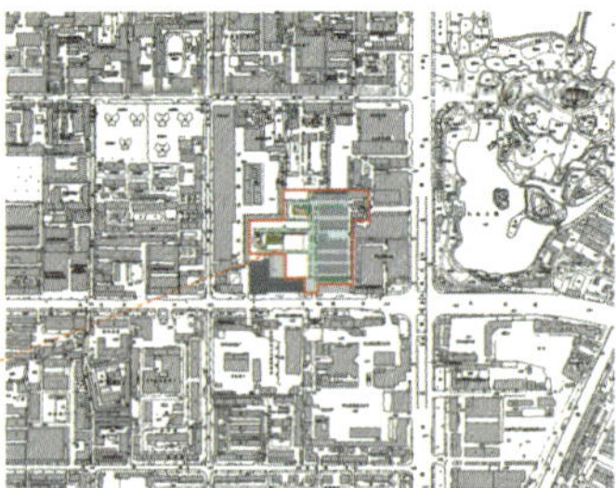

园区现状分析图

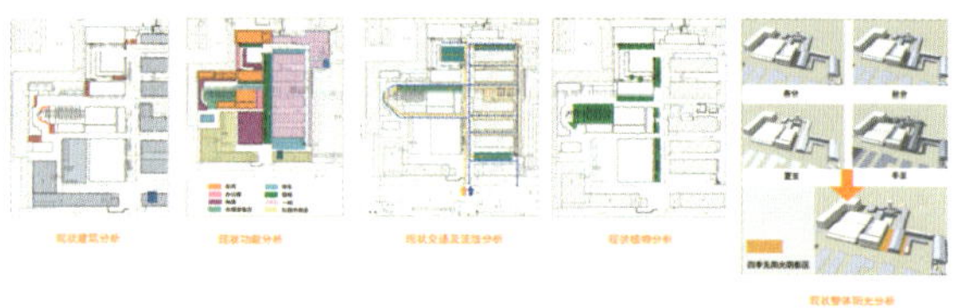

始建于1946年的“天津儀表廠”至今已有65年歷史。這裏誕生出新中國第一塊水表。園區內的水塔曾是天津最大的工業水塔；1970年，我國發射的第一顆人造衛星用過這裏開發的伏登儀表。

2009年6月，老廠區重新煥發了生機與活力，成爲天津市南開區首家創意產業園。這座“百年傳奇”的老園區迎來了“春天”。步入C92院落，褪去“外殼”的工業老廠房、布滿青苔的鐵路石板、高聳的老式水塔，外加墻上隨處可見的大字報……這一切的一切，仿佛將時間重新定格在了上世紀五六十年代。2011年3月，C92迎來了它的又一次新生……

园区现状图

设计最大限度利用场地现有的工业遗存，将现有资源合理巧妙的转化为创意设计。

作品：后工业·新体验——旧工厂资源转化创意设计研究
作者：陈征　刘晓飞　邢建武
指导教师：薛义
单位：南开大学

景观点空间序列分析与设计

合：时尚发布活动广场
转：水塔观景休闲区
承：创意休闲集市
起：入口形象区

景观视线
主要景观点
次要景观点

使整个环境有自身的节奏感

空间设计理念分析

文化资源的挖掘与表现：

景观空间主线：得以传承原有厂区的辉煌历史、精神文化、生产记忆原有厂区生产产品
流量仪表　自动化测量流体量数
阀门　装置在管道上控制流量的设备
管道　流体运输的必经之途
贯穿园区"流"的元素提取　""流"决定空间的起承转合

园区拟规划四个重要景观节点：

起

起：入口形象区，担负整个环境空间的起始的作用，强调入口构筑物的机械美感和视觉传达给人们的吸引力

承

承：原来的蓄水发电池，是整个旧工厂的最核心功能部位，根据适应性分析改造为创意休闲集市，架空处理的游步道和雕塑长廊，承载着过去、现在和将来

转

转：水塔是整个环境的至高点，统领全局，如今过去的功能废止，华丽转身为观景休闲区，象征一个时代的嬗变

合

合：半围合的空间，位于空间序列的终点部位，担负着时尚休闲、创意发布等等活动功能。

园区总平面图

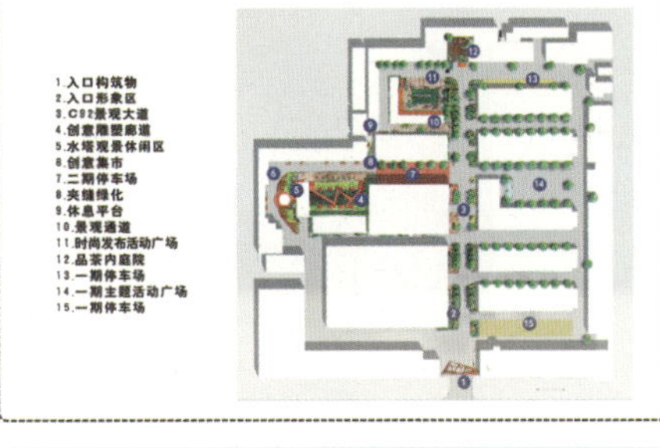

园区外道路上的标识性构筑物

园区入口形象构筑物方案1

水塔周边建筑及景观

创意集市外的休闲区设计

创意集市外的休闲区设计

创意办公空间外设计

作　品：城市公共座椅设计
作　者：马晓宇　诺　曼
指导教师：吴冬蕾
单　位：南京林业大学

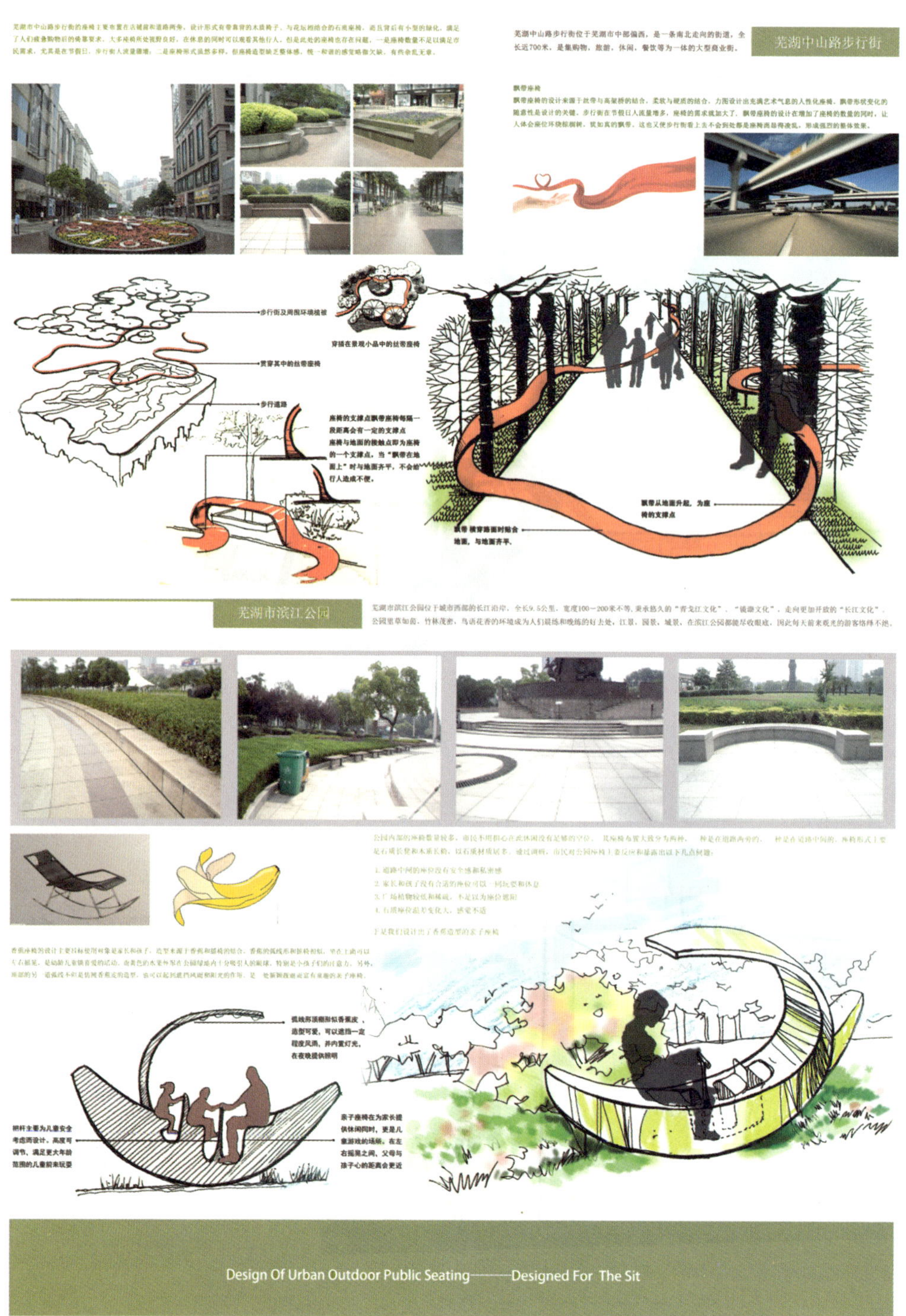

作品：风景中的逻辑——参数化的设计与介入

作者：刘晶

单位：广州美术学院

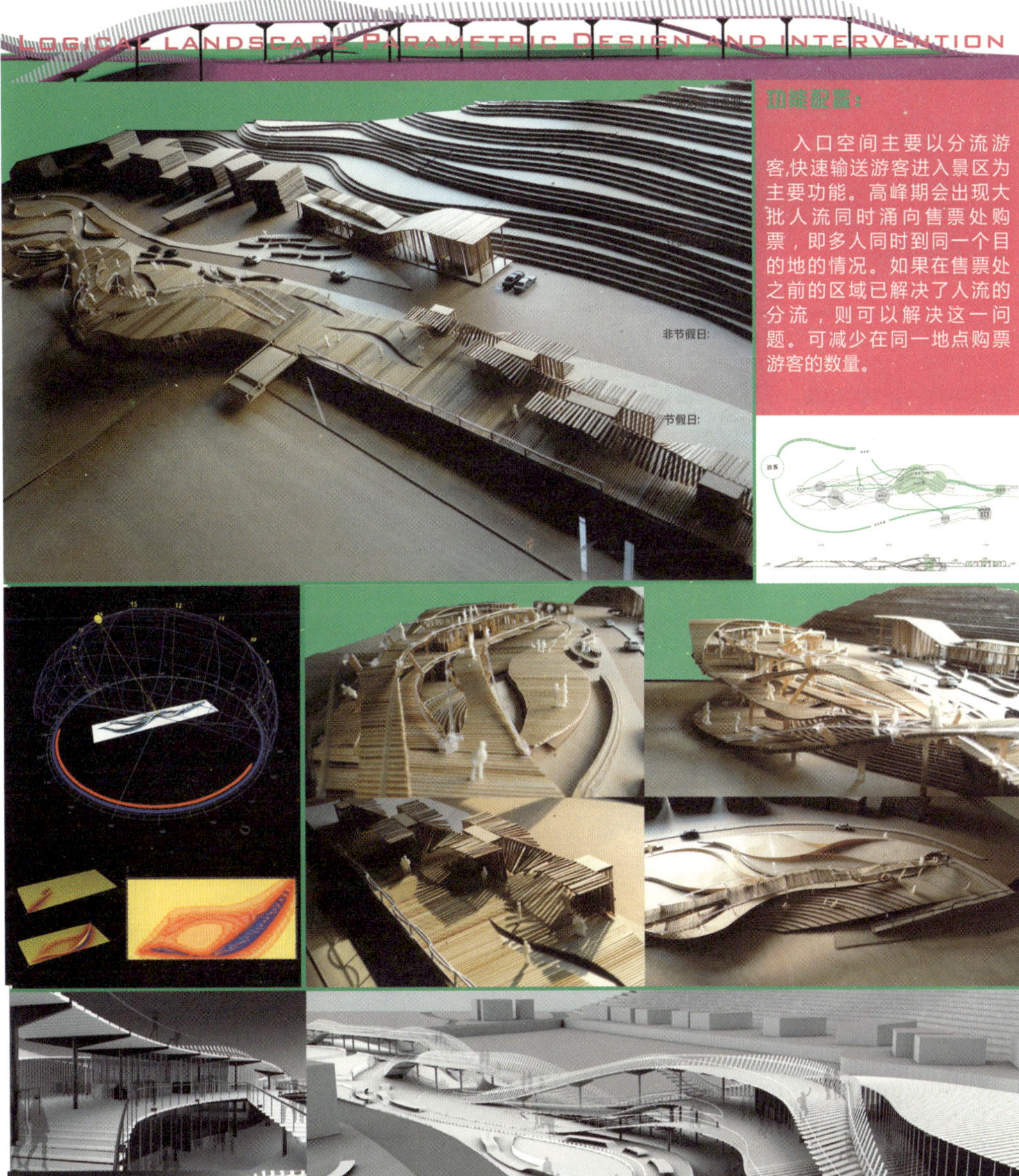

作 品：找寻·回归·承载——西安顺城巷整治与规划
作 者：王一涵 马依莎 乔 珍 姬鹏真 魏生贞 刘 洋
指导教师：吴 昊 李 媛 张 豪
单 位：西安美术学院

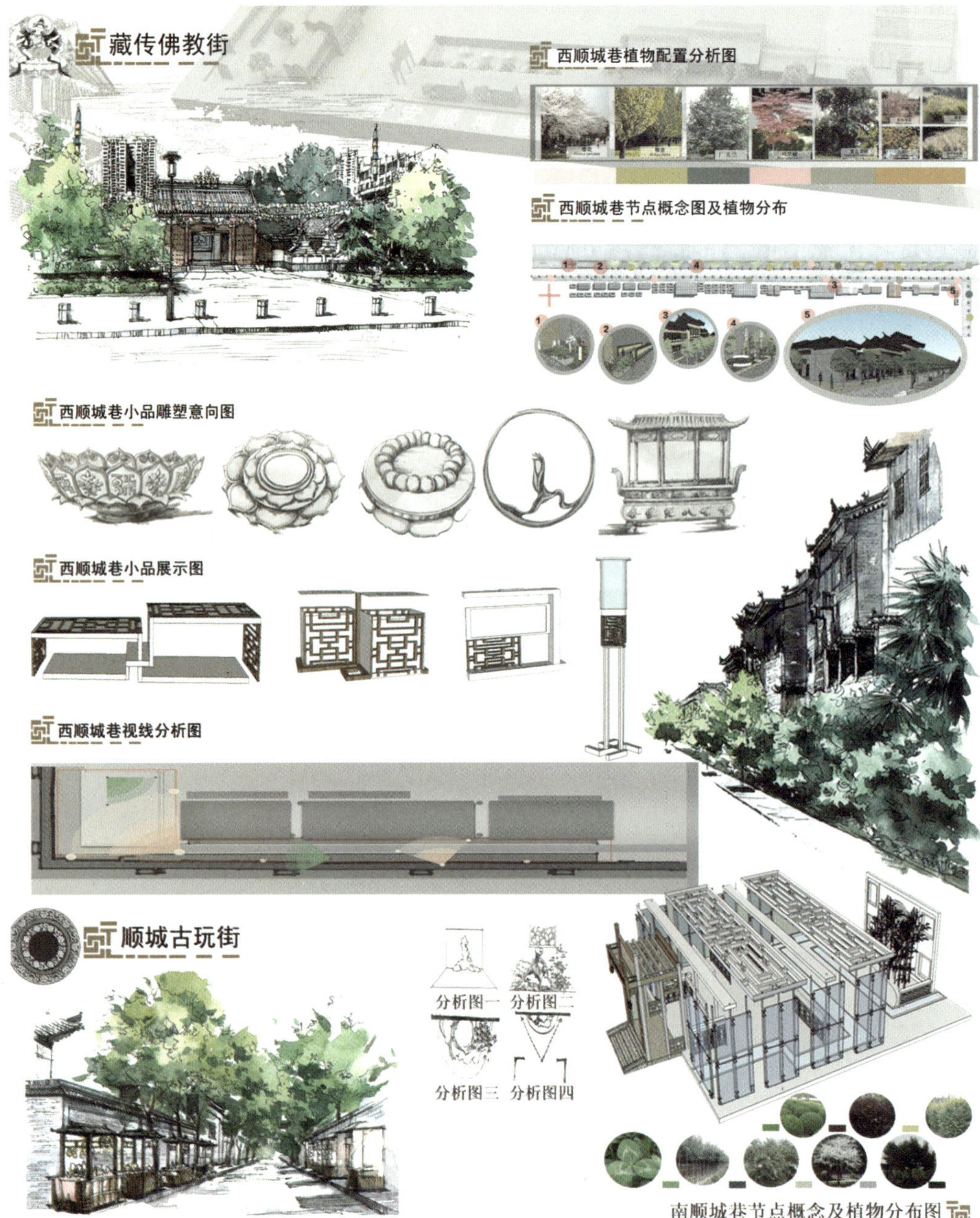

作品：找寻·回归·承载——西安顺城巷整治与规划
作者：王一涵 马依莎 乔 珍 姬鹏真 魏生贞 刘 洋
指导教师：吴 昊 李 媛 张 豪
单位：西安美术学院

顺城饮食街

休闲椅子

指示牌

垃圾桶

路灯

作品：城市地毯
作者：穆润
指导教师：鲍诗度
单位：东华大学

CITY · CARPET

过度的污染，紧张的节奏，封闭的空间，发展中的城市不应该带给人们如此消极的意向。为此，我引用了“城市地毯”这样一个概念。地毯具有尊贵、品味、欢迎、聚集、安全的意向；而“城市地毯”的作用就是提升城市品味、迎接四方宾客、聚集城市人群、提供休闲娱乐等。

该方案外形如同一个正在铺设的地毯，象征城市正在为自己铺设一张地毯，来迎接市民与宾客。项目座落于海滨风景区，其自然地融入了海洋的元素。

主造型概念：铺设中的地毯

翻起的屋顶灵感源自泛起的海浪

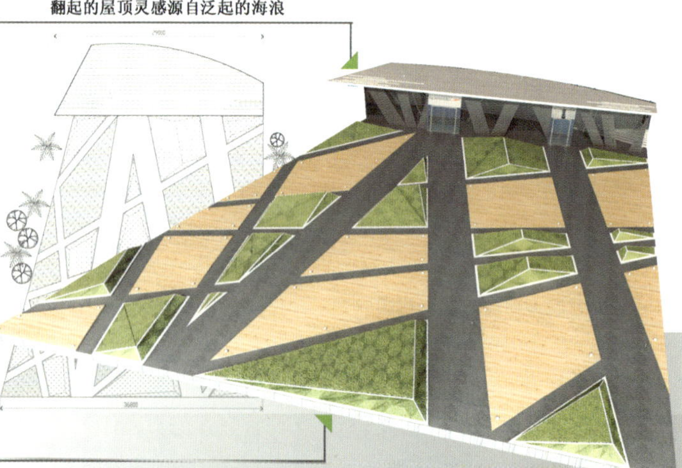

景观步行道造型源自起伏的海水

作品：城市地毯
作者：穆润
指导教师：鲍诗度
单位：东华大学

人流通道布置

主要通道

次要通道

外立面A

外立面C

外立面B

外立面D

项目位于海滨沙滩之中，与自然相容。整体造型不只体现“城市地毯”的概念，同时也反映出抽象的海水与海浪的形态。

作品：夜之芭蕾——深海图书馆设计
作者：孙毓婉 张琦倩
指导教师：冯信群
单位：东华大学

Jellyfish bionic arthirectuer design

仿生设计 形成空间

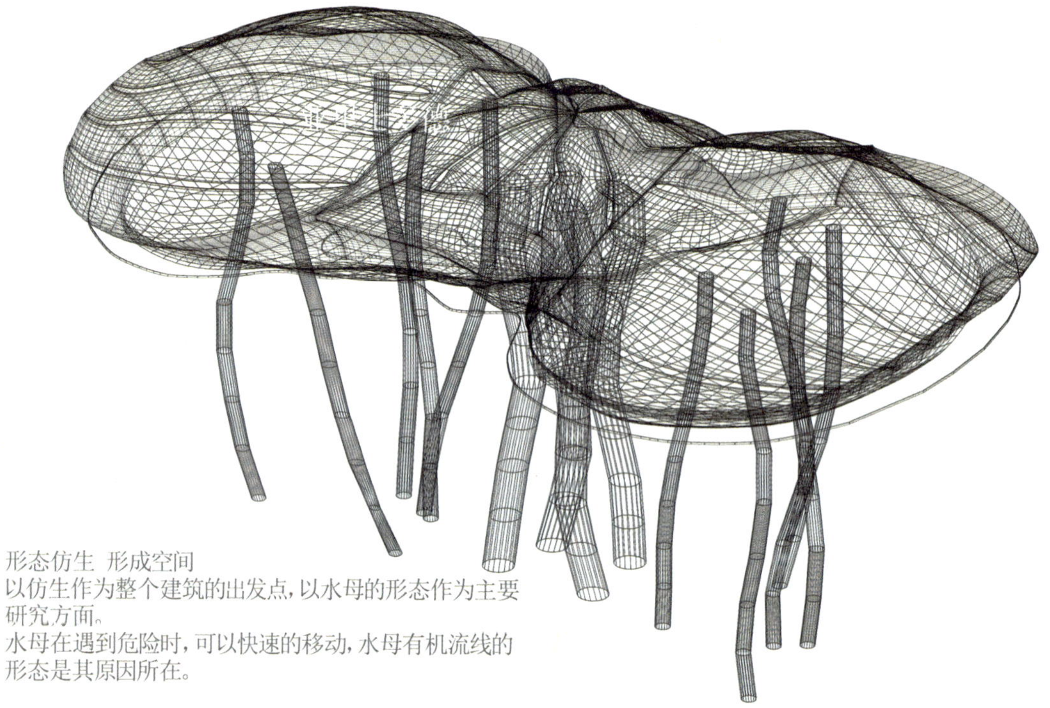

形态仿生 形成空间

以仿生作为整个建筑的出发点，以水母的形态作为主要研究方面。

水母在遇到危险时，可以快速的移动，水母有机流线的形态是其原因所在。

由于整个建筑的形态是有机双曲面。所以在结构的设计上，运用钢网架将整个建筑支撑出来，但是它的受力状况是与每一层的层板是分开的，钢网架结构以及每层层板的重量都是由建筑底部的柱网支撑的。

底部真空柱子托起整个建筑。它们是以高刚力混凝土制成的真空柱子。这些底部柱子除了可以浮起整栋建筑之外，也为上层的钢网架提供地基。

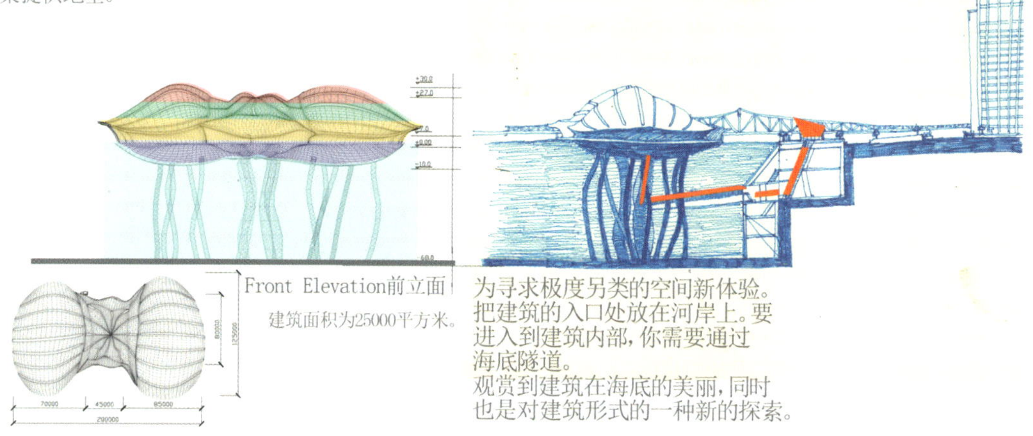

Front Elevation前立面

建筑面积为25000平方米。

为寻求极度另类的空间新体验。把建筑的入口处放在河岸上。要进入到建筑内部，你需要通过海底隧道。

观赏到建筑在海底的美丽，同时也是对建筑形式的一种新的探索。

作　品：夜之芭蕾——深海图书馆设计
作　者：孙毓婉　张琦倩
指导教师：冯信群
单　位：东华大学

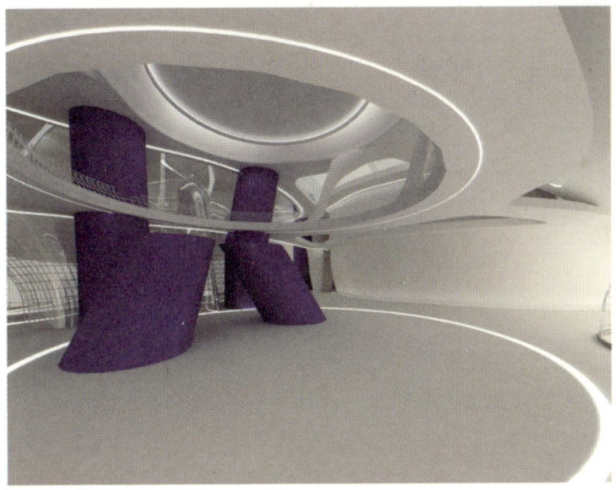

作　品：池州市白洋河香格里拉景观设计
作　者：张天生　杨　柳　王璟珺　曾　媛　薛　梅
指导教师：王淮梁　陆　峰　田培春　田　勇
单　位：安徽工程大学

作品：池州市白洋河香格里拉景观设计

作者：张天生 杨柳 王璟珺 曾媛 薛梅

指导教师：王淮梁 陆峰 田培春 田勇

单位：安徽工程大学

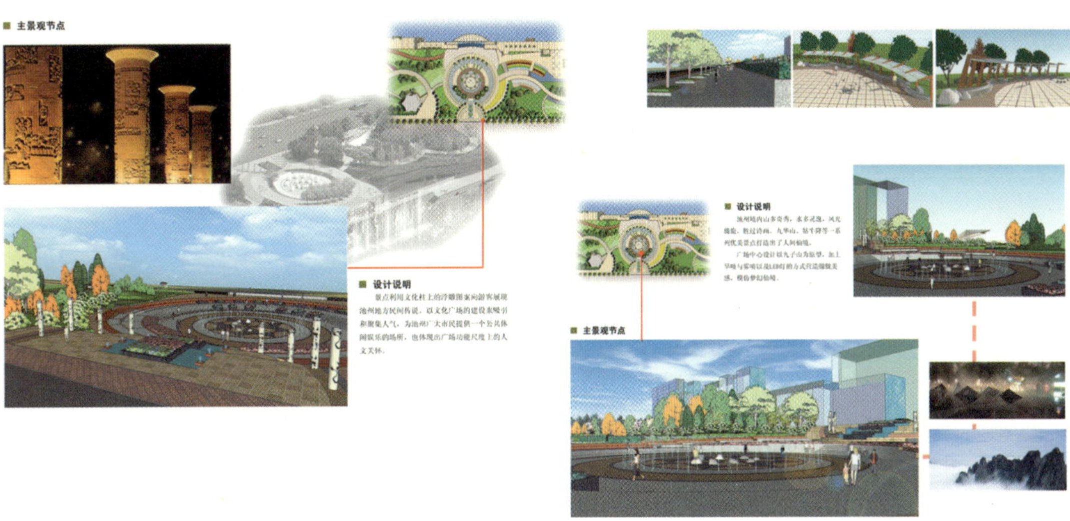

画城

PAINTING A CITY

建筑与环境艺术专业设计实践与探索

03 建筑空间篇

ARCHITECTURAL SPACE CHAPTER

作品：天津某酒店设计方案
作者：彭奕雄 朱亚希
指导教师：姚刚
单位：天津美术学院

项目背景

滨海新区。面积1978平方千米，人口100万。天津滨海国际机场位于天津东丽区，距天津市中心13公里，距天津港30公里，距北京134公里，南至津北公路，西至东外环路东500米，北至津汉公路及京津高速公路，东至京津塘高速公路，是国内干线机场、国际定期航班机场、国家一类航空口岸，中国主要的航空货运中心之一。地理位置优越，具有较强的铁路、高速公路、轨道等综合交通优势，基础设施完善，市政能源配套齐全。天津滨海国际机场代理国内外客货运包机业务，并提供一条龙服务。同时为各航空公司提供地面代理业务。机场基地航空公司有中国国际航空公司天津分公司、天津航空有限责任公司、奥凯航空有限公司、厦门航空有限公司、银河国际货运有限公司。天津机场主营业务包括：飞机起降服务、航空地面服务、广告业务、房屋场地租赁、停车场服务、省际包车客运、市内包车客运等。

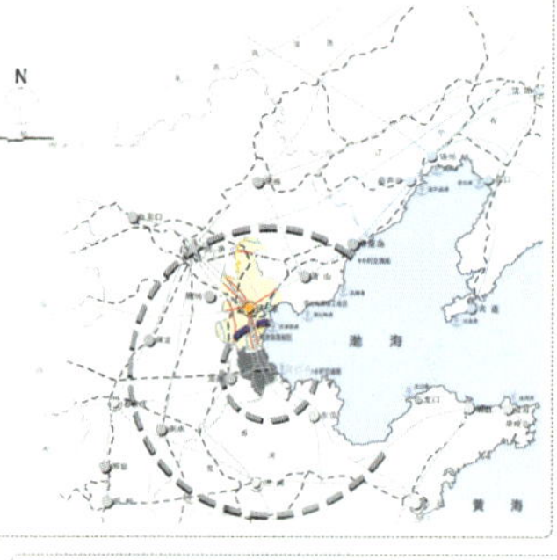

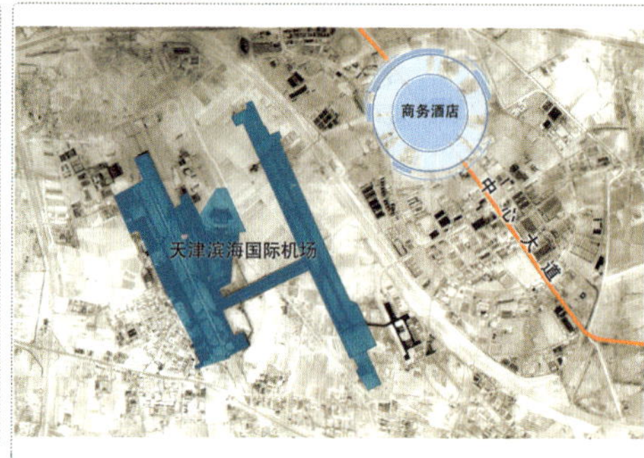

基地及周边环境概述

天津空港经济区位于滨海国际机场东北侧，规划面积45平方公里，是滨海新区距离市区最近的经济功能区。经过多年发展，在航空、电信、装备制造、软件服务外包、总部经济五大产业业已初步形成的基础上，包括高新产业区，内有航空产业、先进制造业、空港物流三个组团；研发转化区，内有电信、生物、光电三个组团；商贸服务区，内有商务、商业和生活配套三个组团。空港经济区内还设有保税区、综合保税区等国家级特殊经济区，区位和政策功能优势突出。完成固定资产投资450多亿元，200多个项目竣工投产，聚集了欧洲空客、美国卡特彼勒、加拿大铝业、麦格纳、法国阿尔斯通、泰雷兹、中国直升机、中兴通讯、大唐电信等世界500强和知名公司投资的项目，成为滨海新区重要经济功能区和重要的发展引擎。随着区域规划的实施，一个产业聚集、功能复合、生态宜居、充满活力的综合经济功能区和一座现代化新城将迅速崛起。

设计目的

1.妥善解决各部分的功能关系，满足其使用要求。

2.在平面布局和建筑形体设计时，充分考虑环境对建筑的影响。

3.处理好新老建筑的结合，做好室内外环境设计。

设计目标

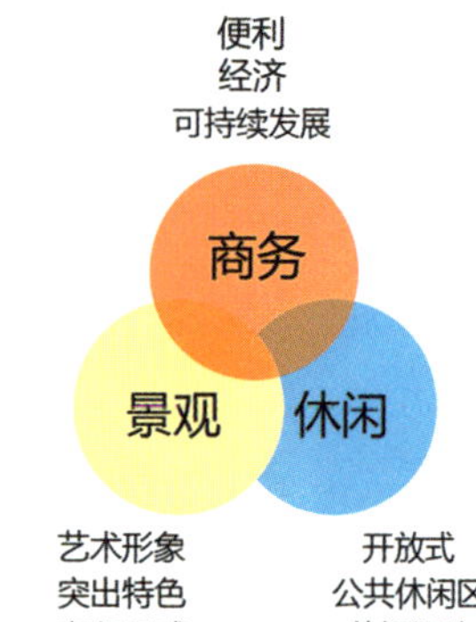

设计构思

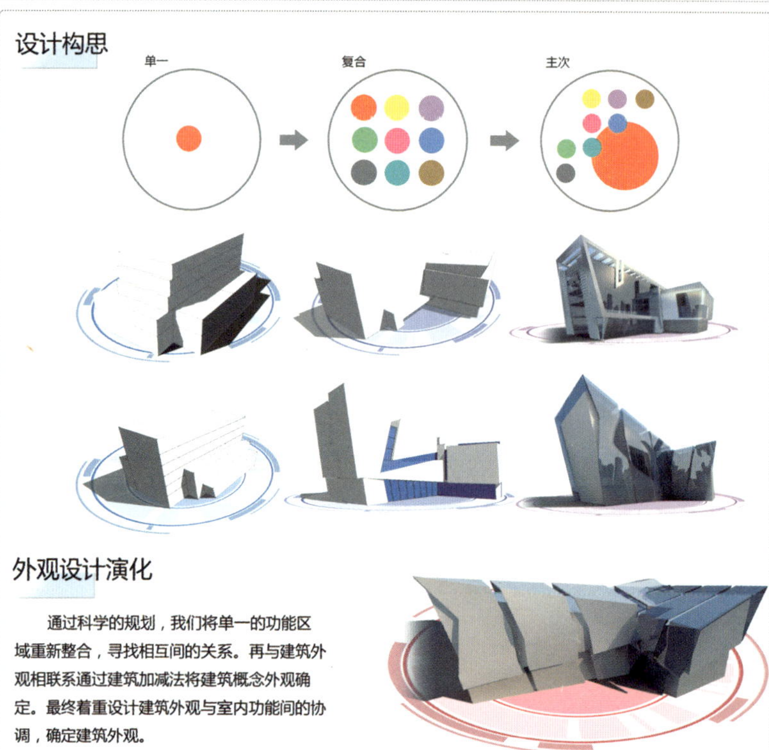

外观设计演化

通过科学的规划，我们将单一的功能区域重新整合，寻找相互间的关系。再与建筑外观相联系通过建筑加减法将建筑概念外观确定。最终着重设计建筑外观与室内功能间的协调，确定建筑外观。

作　品：天津某酒店设计方案
作　者：彭奕雄　朱亚希
指导教师：姚　刚
单　位：天津美术学院

各层平面分区

5F 商务套房、单人客房

4F 单人、双人客房

3F 双人客房

2F 会议中心、康乐中心

1F 接待大厅、餐厅、商务中心

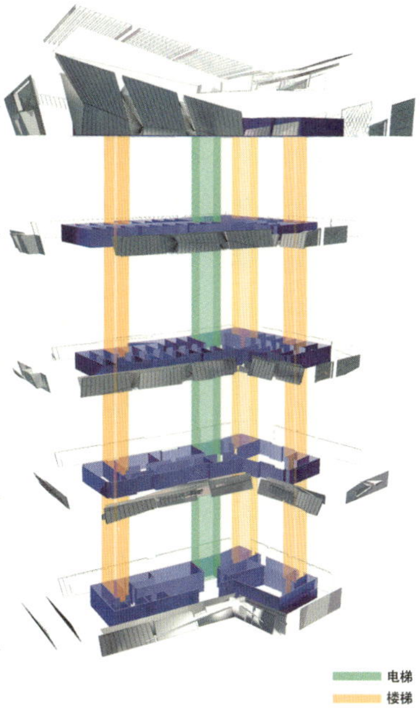

电梯
楼梯

建筑纵向人流行动线

建筑效果图

建筑指标

总建筑面积：6270平方米

建筑高度：24米

客房部分：2700平方米
- 双人间60间
- 单人间25间
- 商务套间5间

公共部分：700平方米
1. 门厅300平方米
2. 商场50平方米
3. 行李间25平方米
4. 商务中心25平方米
5. 大会议室100平方米1间
6. 小会议室30平方米2间
7. 门卫值班室25平方米

作品：天津某酒店设计方案
作者：彭奕雄 朱亚希
指导教师：姚刚
单位：天津美术学院

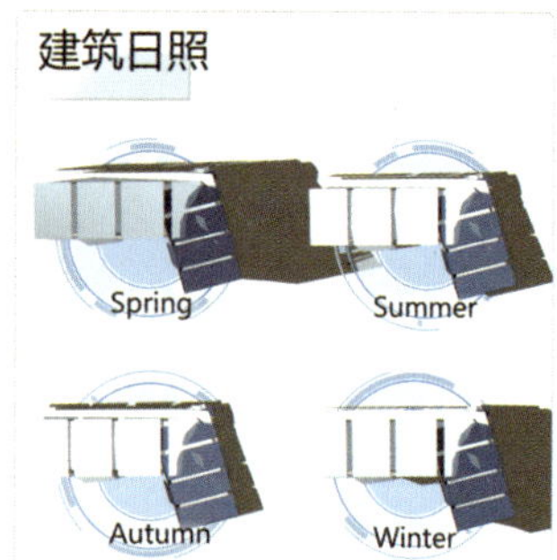

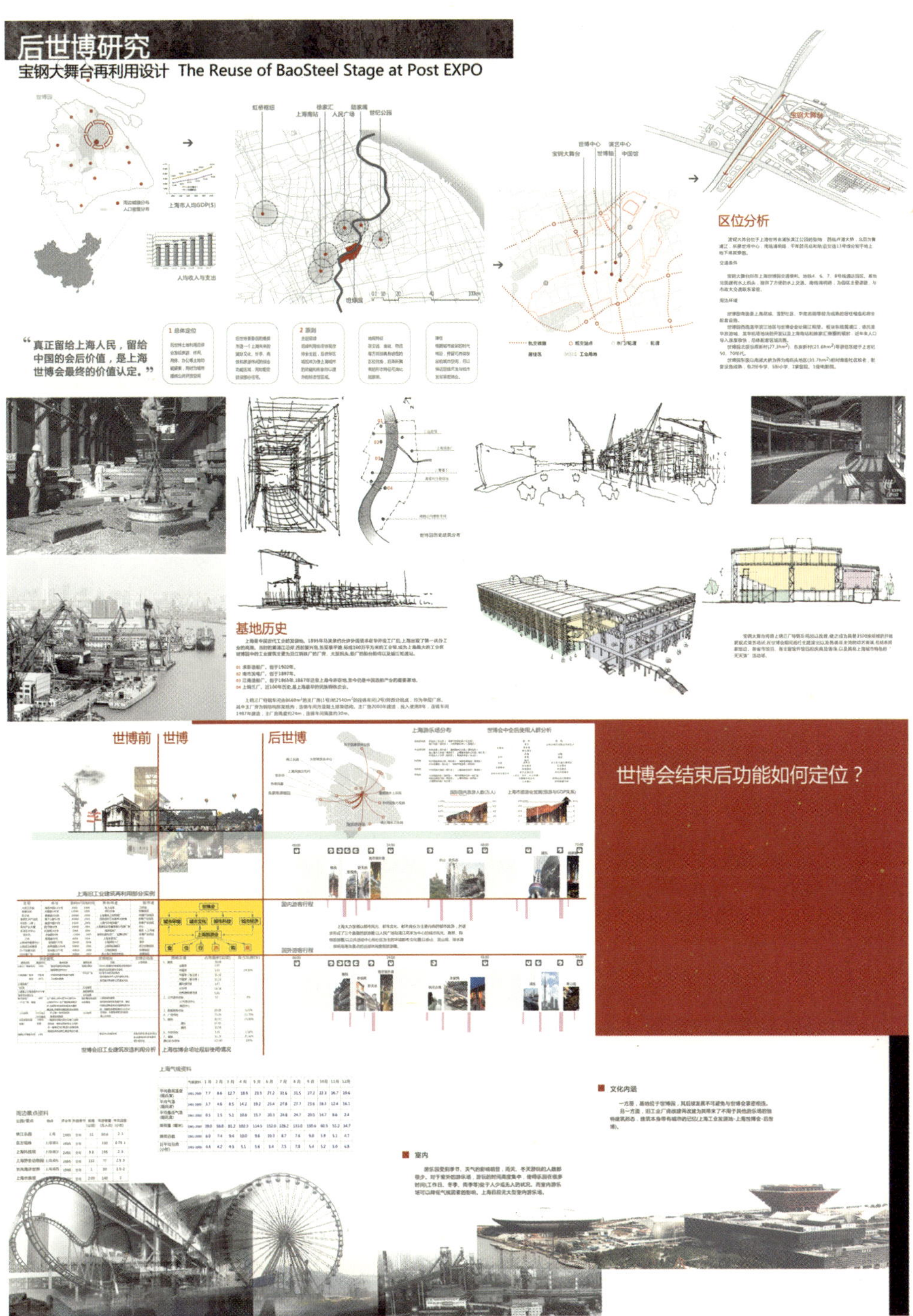

作品：后世博研究——宝钢大舞台再利用设计

作者：章瑾

指导教师：王海松

单位：上海大学美术学院

作　品：后世博研究——宝钢大舞台再利用设计
作　者：章　瑾
指导教师：王海松
单　位：上海大学美术学院

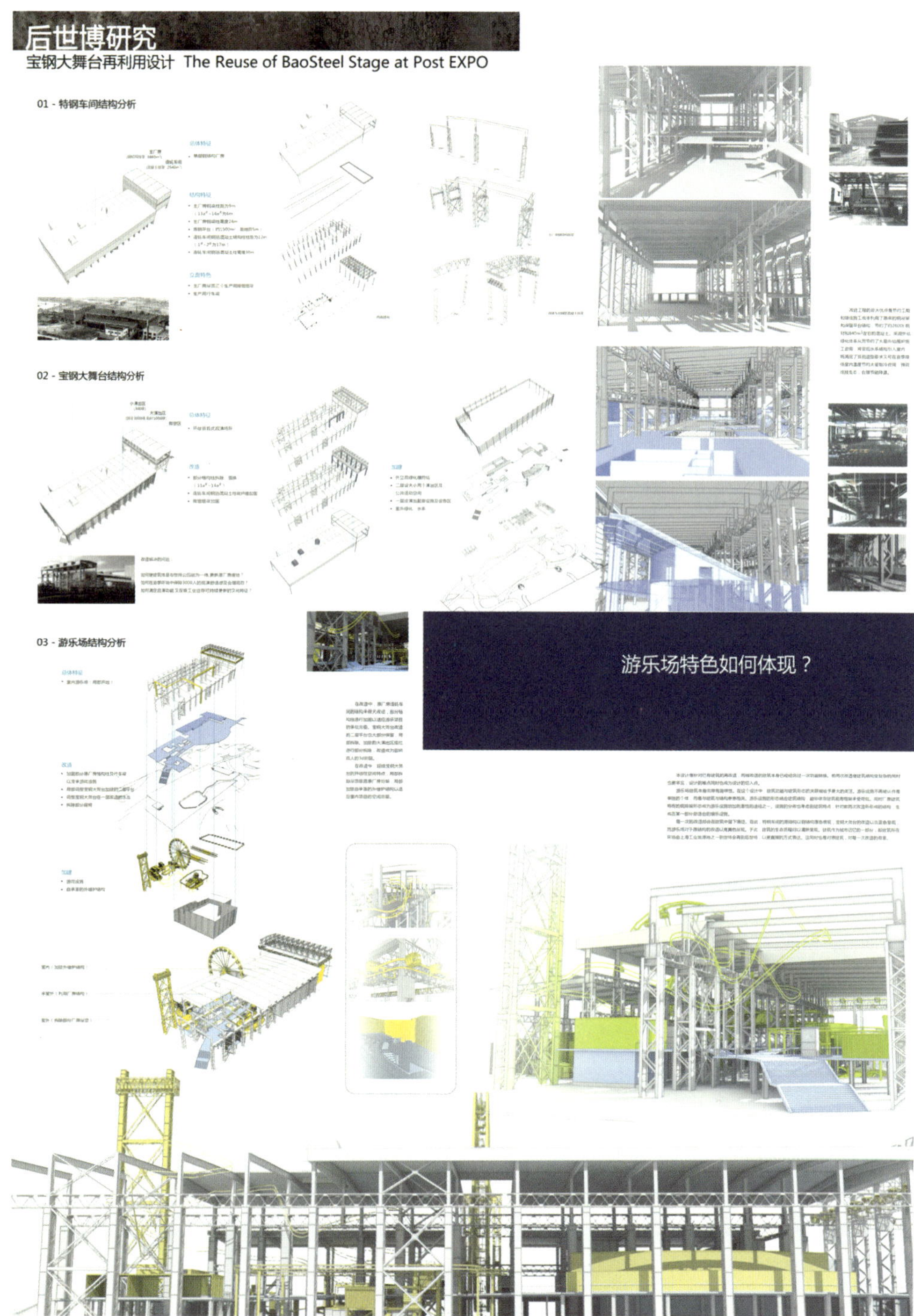

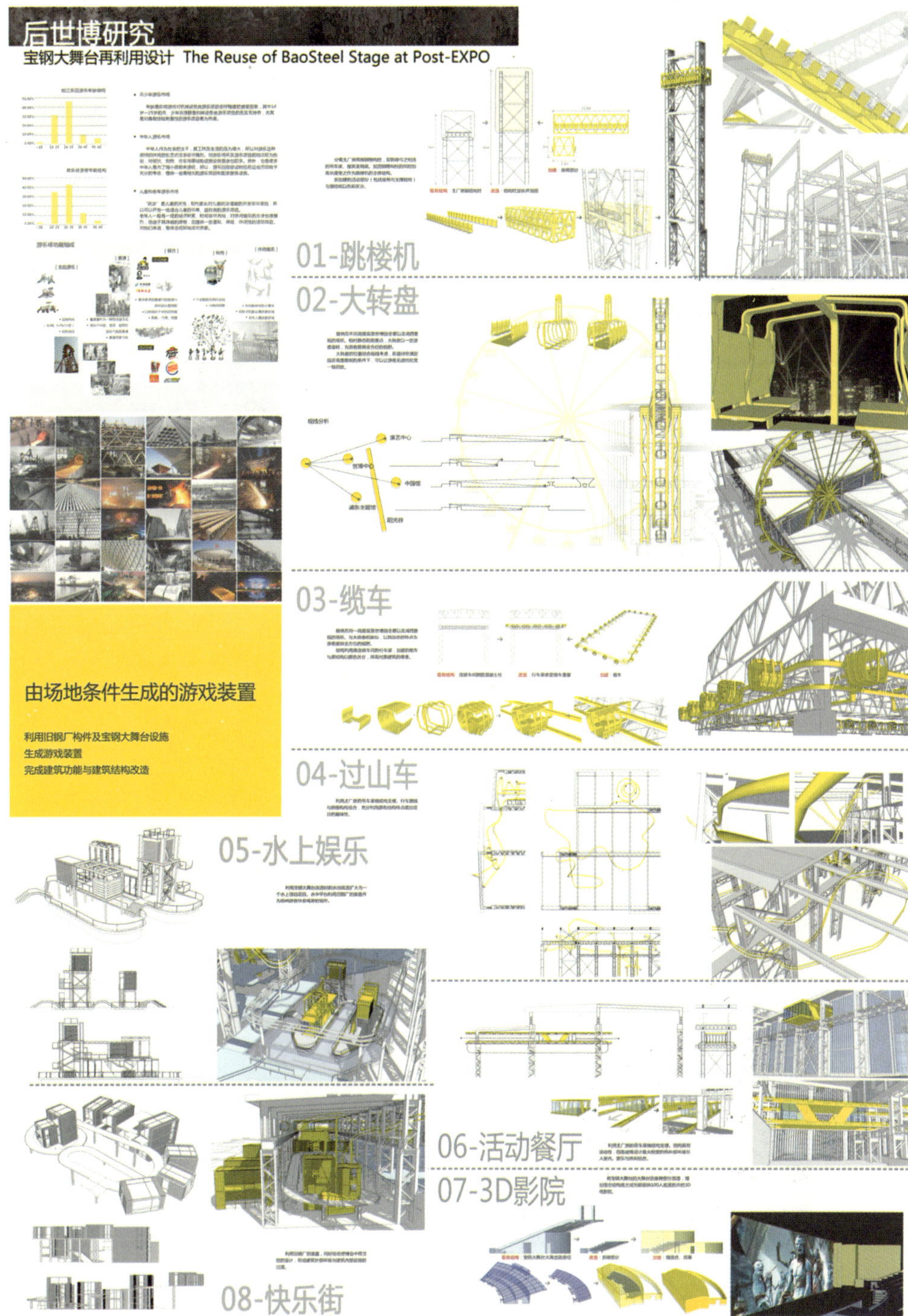

作品：后世博研究——宝钢大舞台再利用设计

作者：章瑾

指导教师：王海松

单位：上海大学美术学院

作　品：U库（杭州小河直街油库改造）设计
作　者：卢慧虹　吴睿思　林丹婷　吴瑶凤　高　峰
指导教师：孙洪涛
单　位：中国美术学院艺术设计职业技术学院

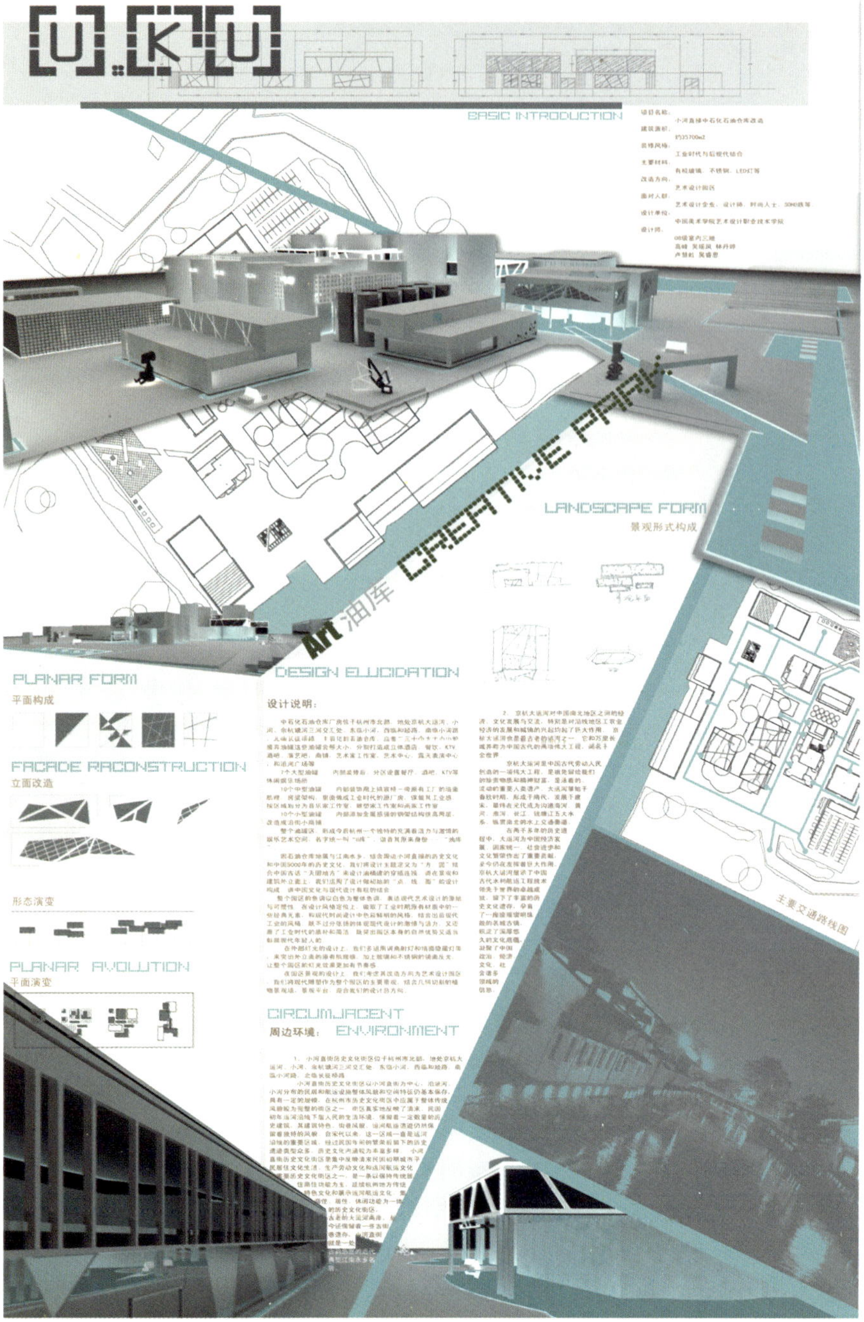

U.K.U

BASIC INTRODUCTION

LANDSCAPE FORM
景观形式构成

CREATIVE PARK

Art 油库

PLANAR FORM
平面构成

FACADE RACONSTRUCTION
立面改造

形态演变

PLANAR AVOLUTION
平面演变

DESIGN ELUCIDATION
设计说明：

CIRCUMJACENT ENVIRONMENT
周边环境：

主要交通路线图

作　　品：U库（杭州小河直街油库改造）设计
作　　者：卢慧虹　吴睿思　林丹婷　吴瑶凤　高　峰
指导教师：孙洪涛
单　　位：中国美术学院艺术设计职业技术学院

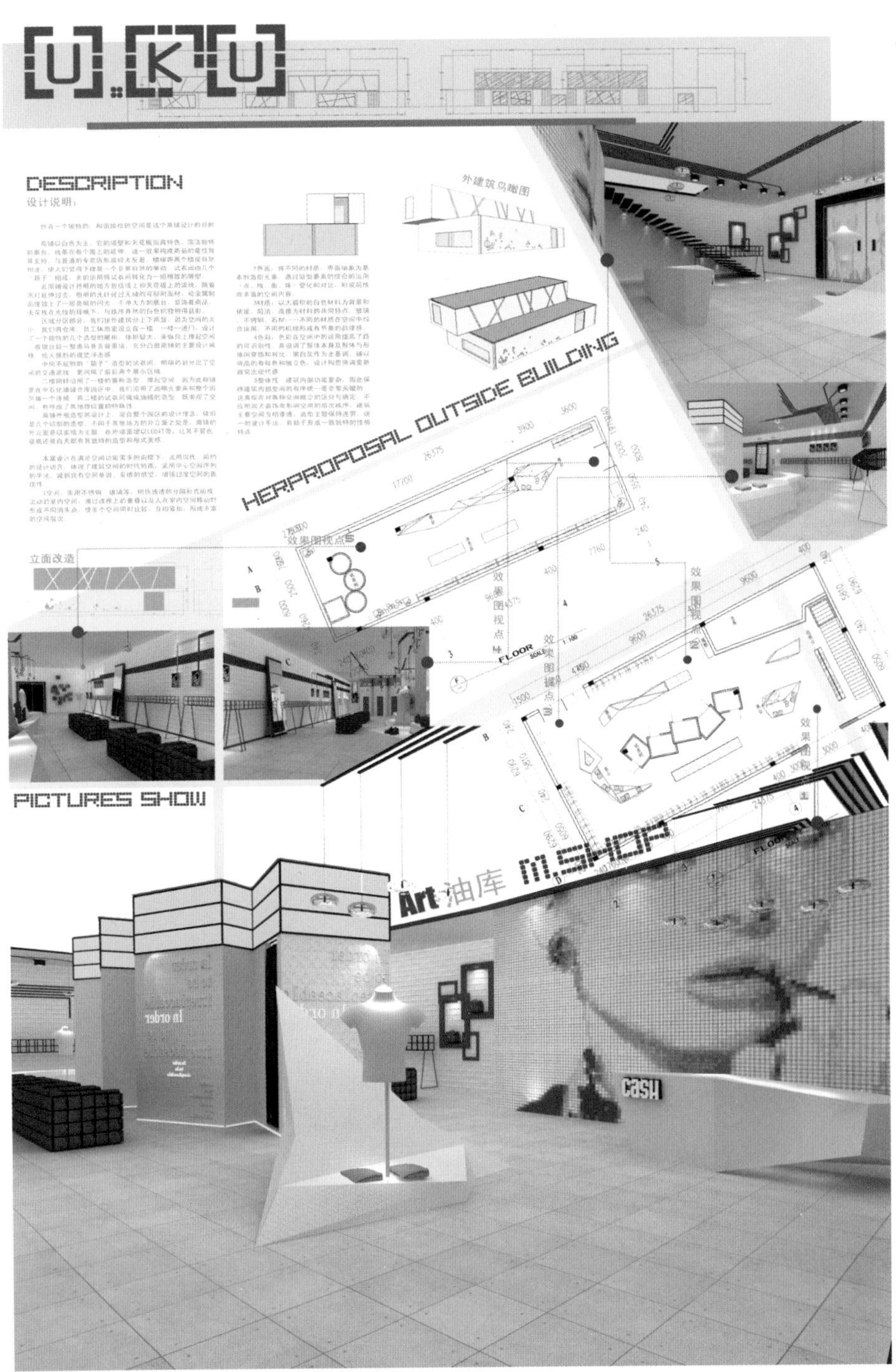

作　品：U库（杭州小河直街油库改造）设计
作　者：卢慧虹　吴睿思　林丹婷　吴瑶凤　高　峰
指导教师：孙洪涛
单　位：中国美术学院艺术设计职业技术学院

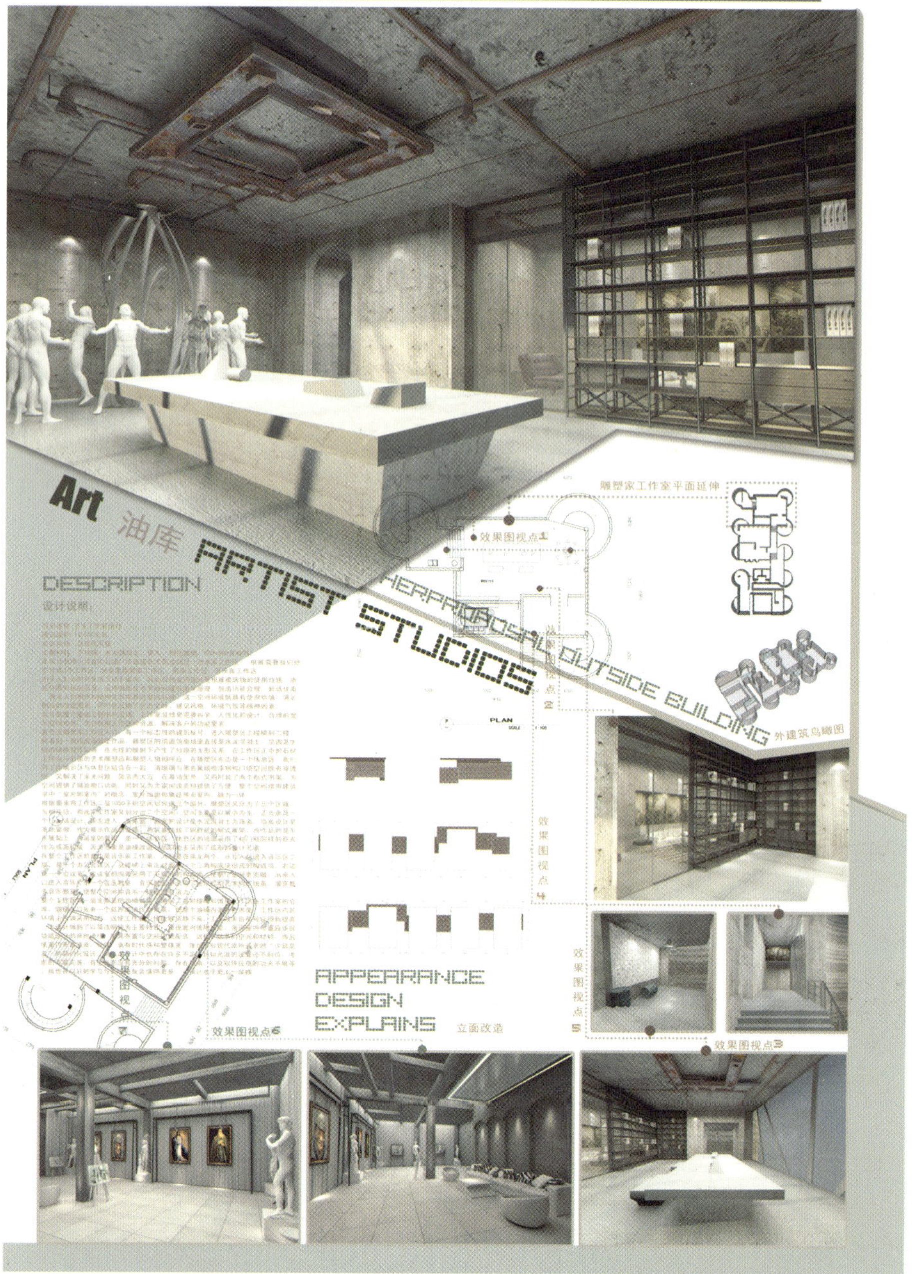

作品：U库（杭州小河直街油库改造）设计

作者：卢慧虹　吴睿思　林丹婷　吴瑶凤　高峰

指导教师：孙洪涛

单位：中国美术学院艺术设计职业技术学院

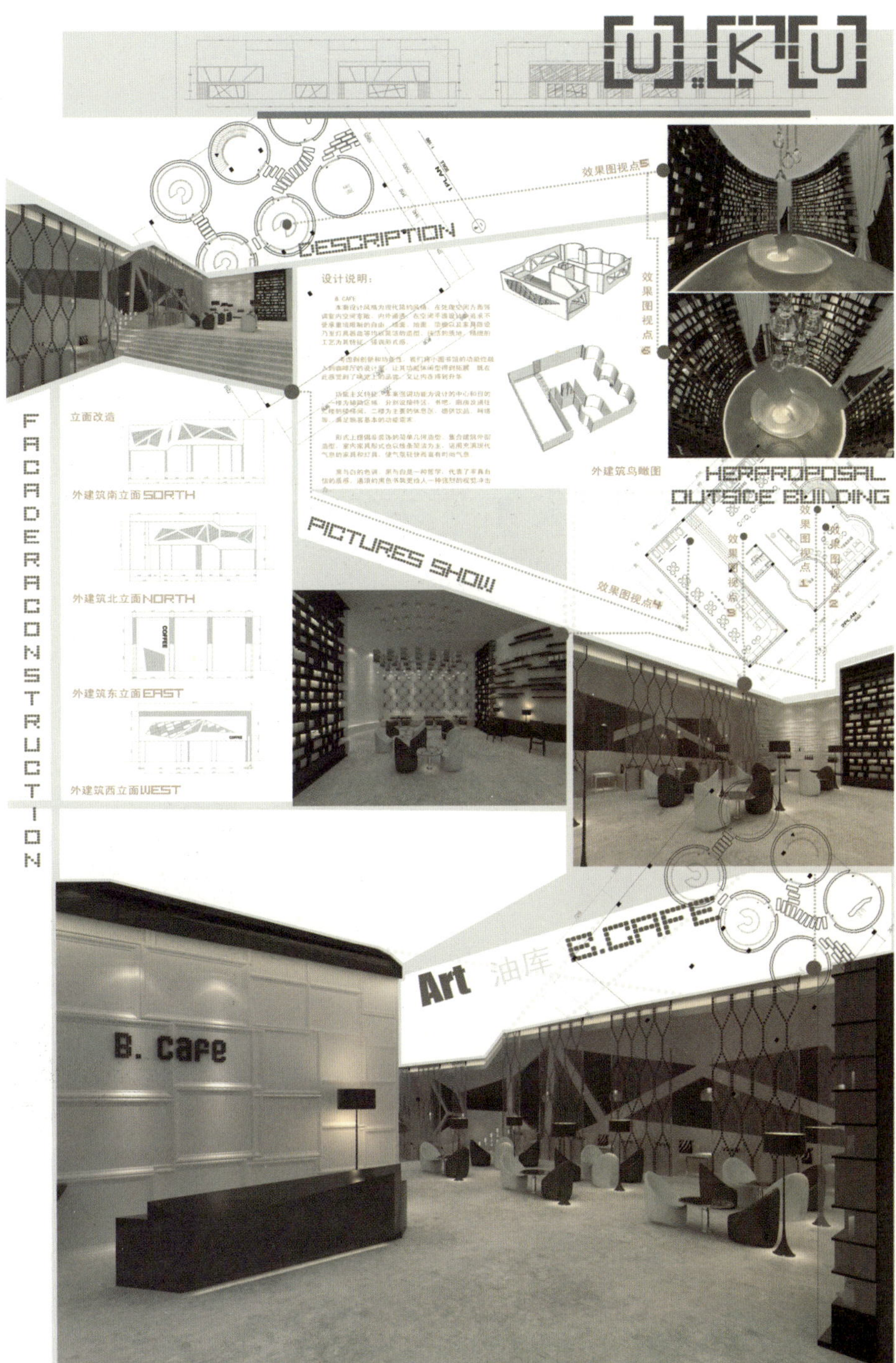

作　品：U库（杭州小河直街油库改造）设计
作　者：卢慧虹　吴睿思　林丹婷　吴瑶凤　高　峰
指导教师：孙洪涛
单　位：中国美术学院艺术设计职业技术学院

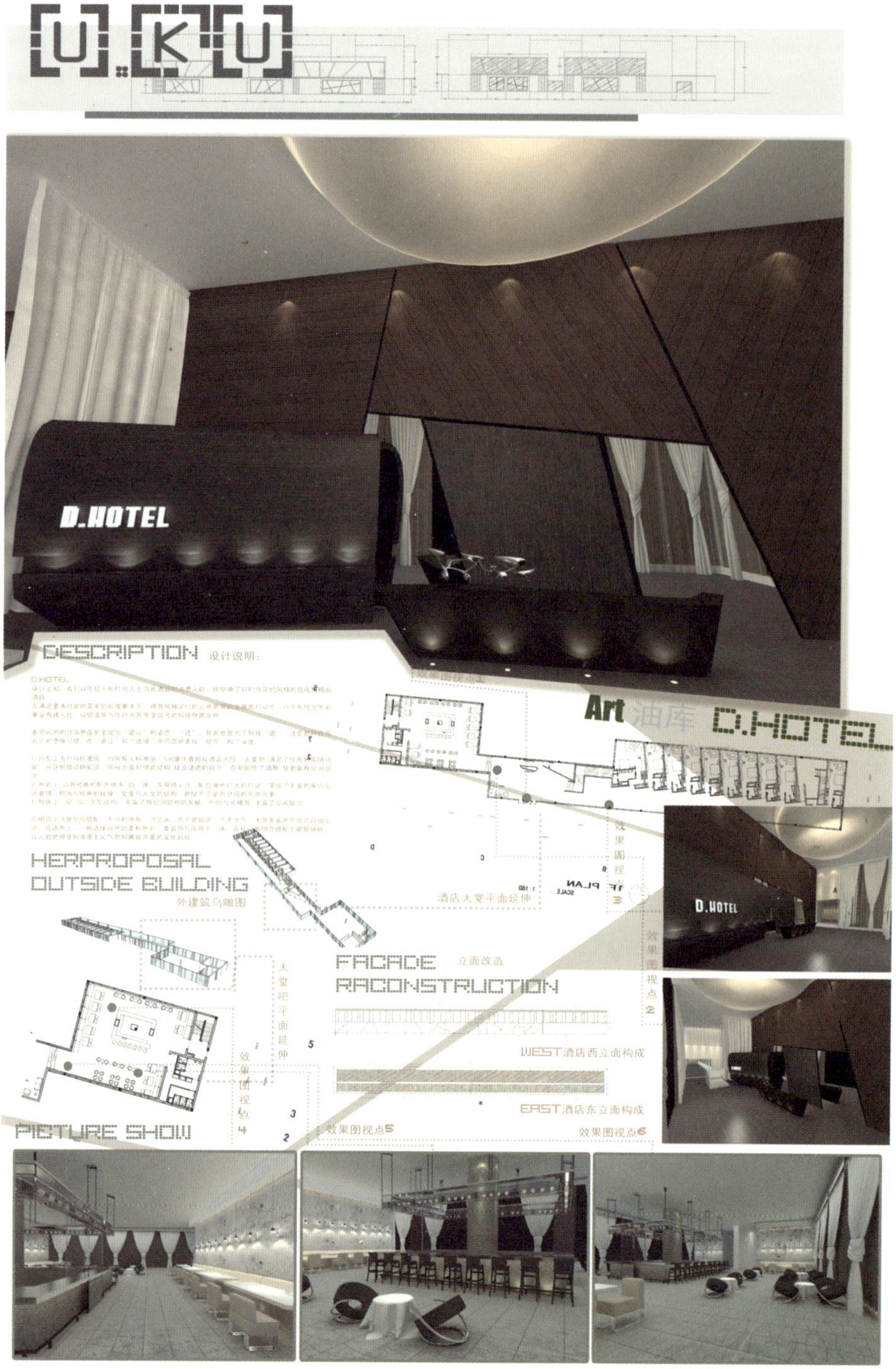
U.K.U
D.HOTEL
DESCRIPTION 设计说明：
Art 油库 D.HOTEL
HERPROPOSAL
OUTSIDE BUILDING
外建筑鸟瞰图
FACADE 立面改造
RACONSTRUCTION
WEST 酒店西立面构成
EAST 酒店东立面构成
PICTURE SHOW
酒店大堂平面延伸
大堂吧平面延伸
效果图视点1
效果图视点2
效果图视点3
效果图视点4
效果图视点5
效果图视点6

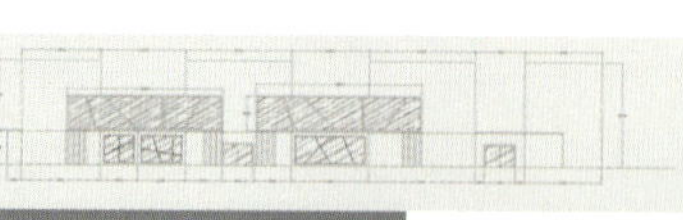

作　品：C库（杭州小河直街油库改造）设计
作　者：卢慧虹　吴睿思　林丹婷　吴瑶凤　高　峰
指导教师：孙洪涛
单　位：中国美术学院艺术设计职业技术学院

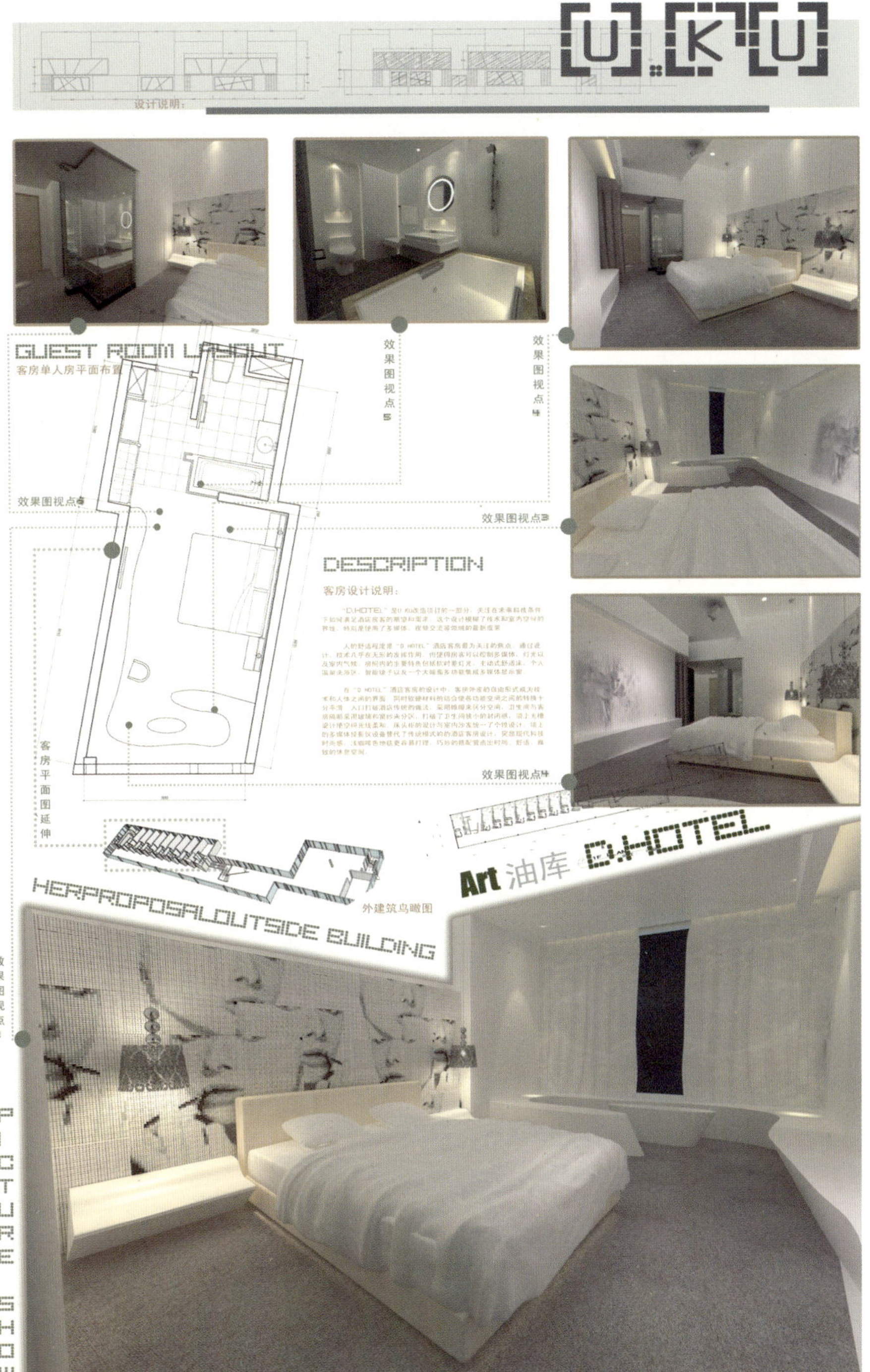

作　品：『心灵的呼吸』——天津滨海盐生植物生态研究中心设计
作　者：余文达
指导教师：彭　军　高　颖
单　位：天津美术学院

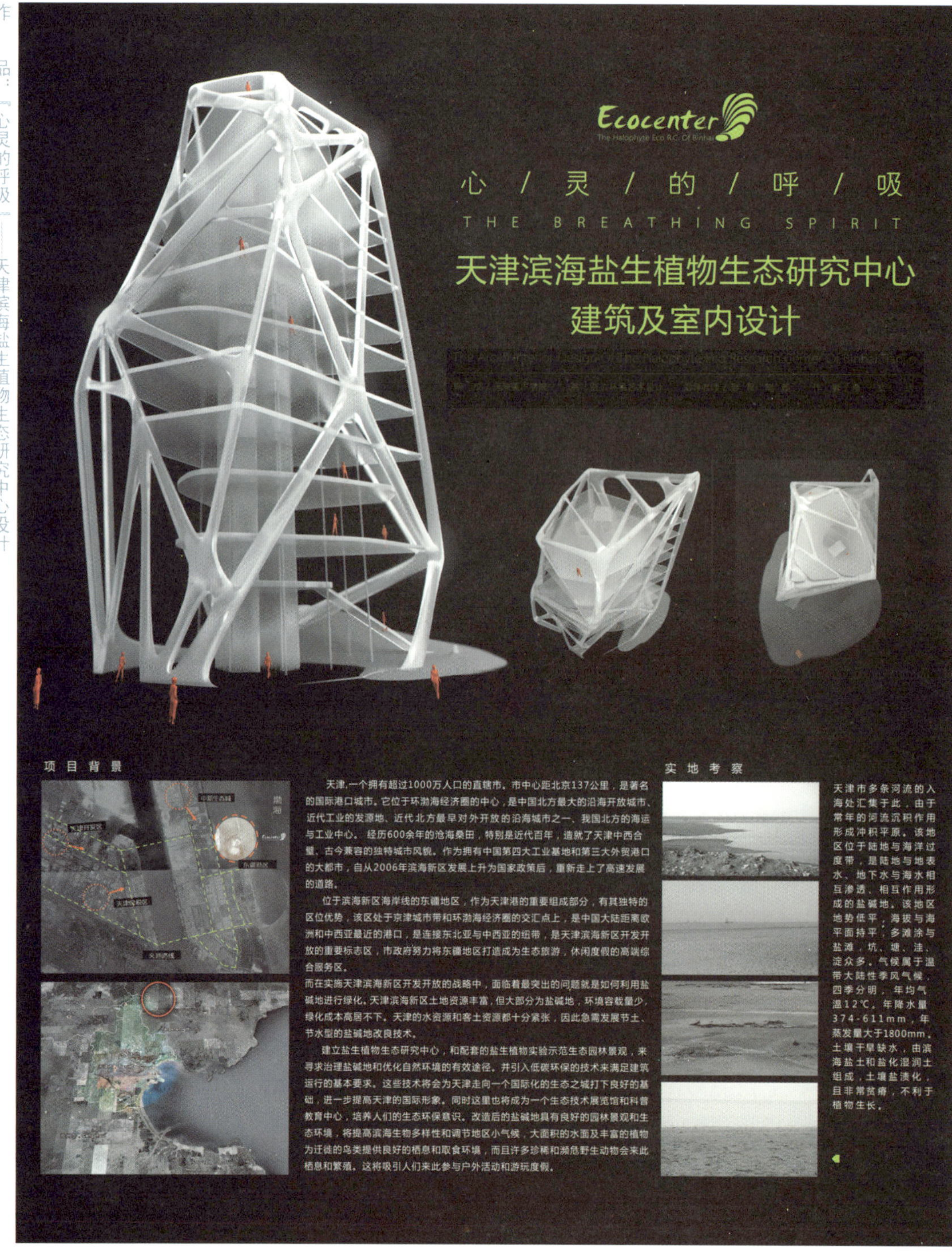

作品：『心灵的呼吸』——天津滨海盐生植物生态研究中心设计

作者：余文达

指导教师：彭军 高颖

单位：天津美术学院

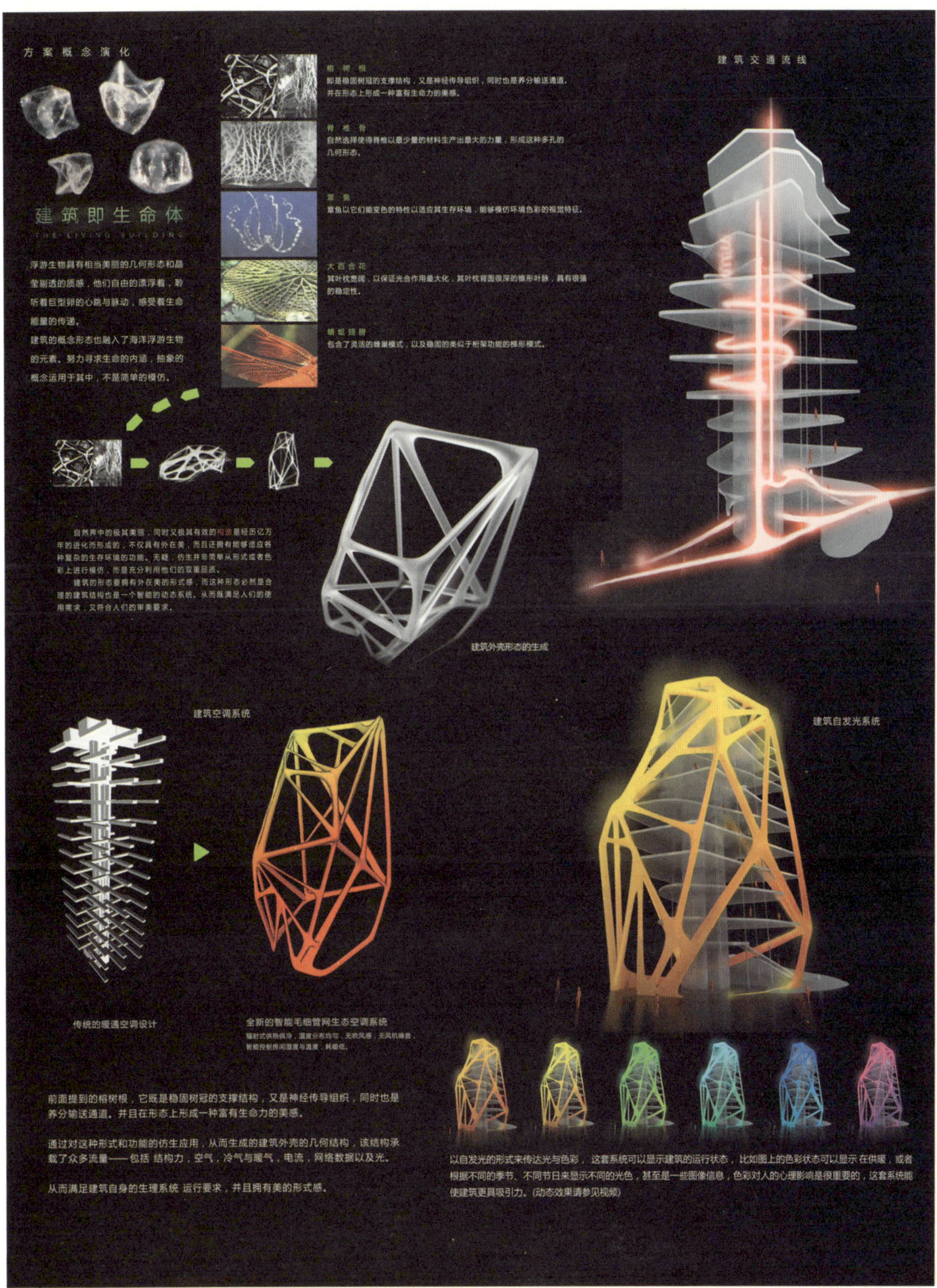

作　品：《心灵的呼吸》——天津滨海盐生植物生态研究中心设计

作　者：余文达
指导教师：彭　军　高　颖
单　位：天津美术学院

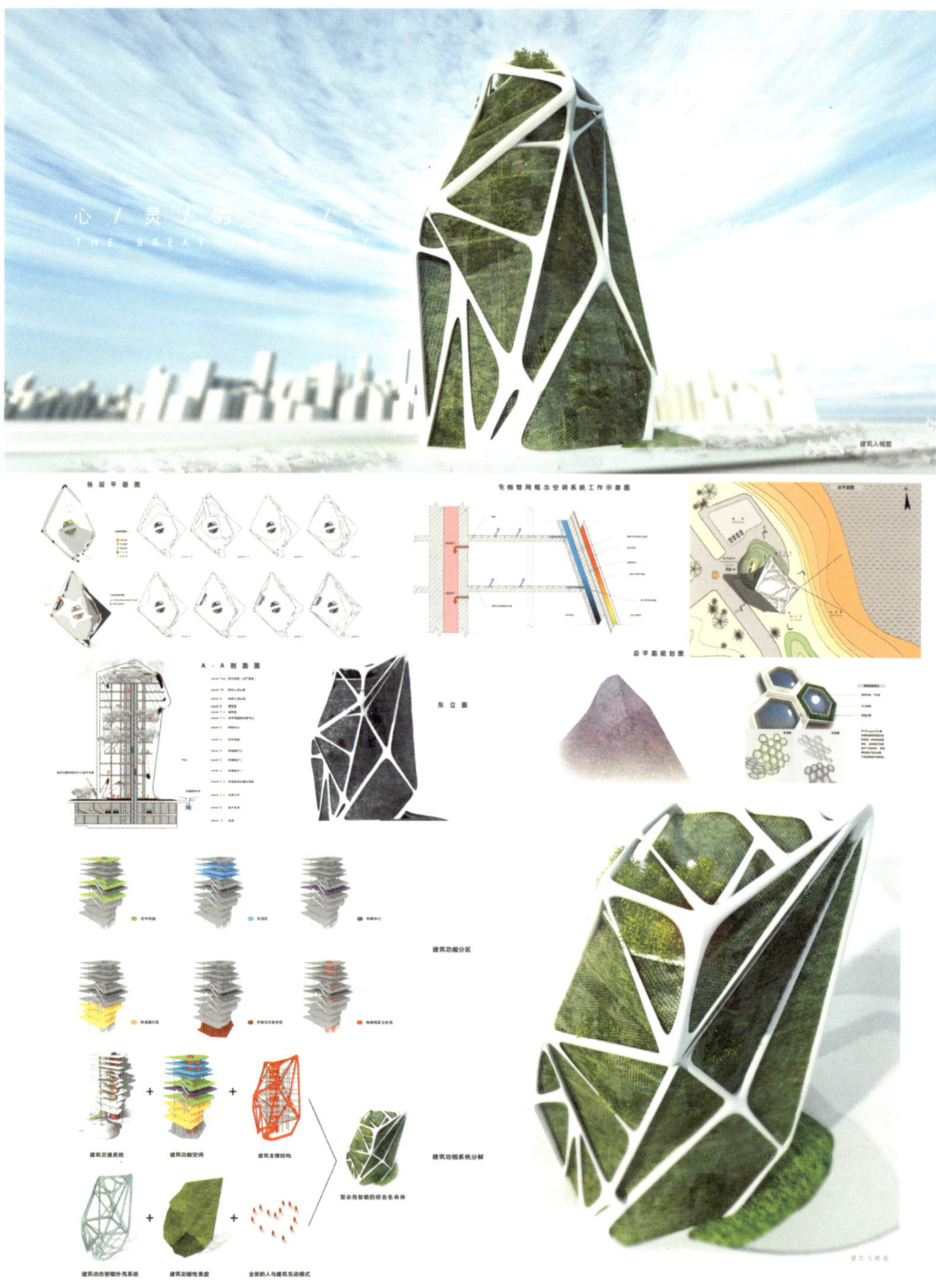

作品：『心灵的呼吸』——天津滨海盐生植物生态研究中心设计

作者：余文达

指导教师：彭军 高颖

单位：天津美术学院

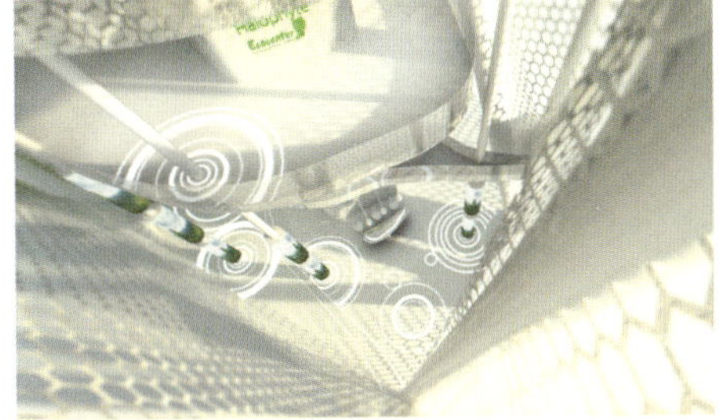

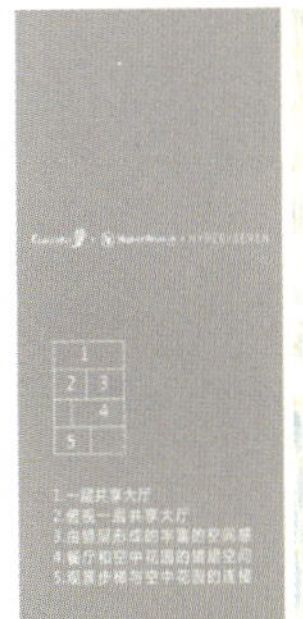

作　品：云尚——白云边酒店室内与景观设计

作　者：陈瑷　申胜楠　乐江　苏用斌

指导教师：黄学军

单　位：湖北美术学院

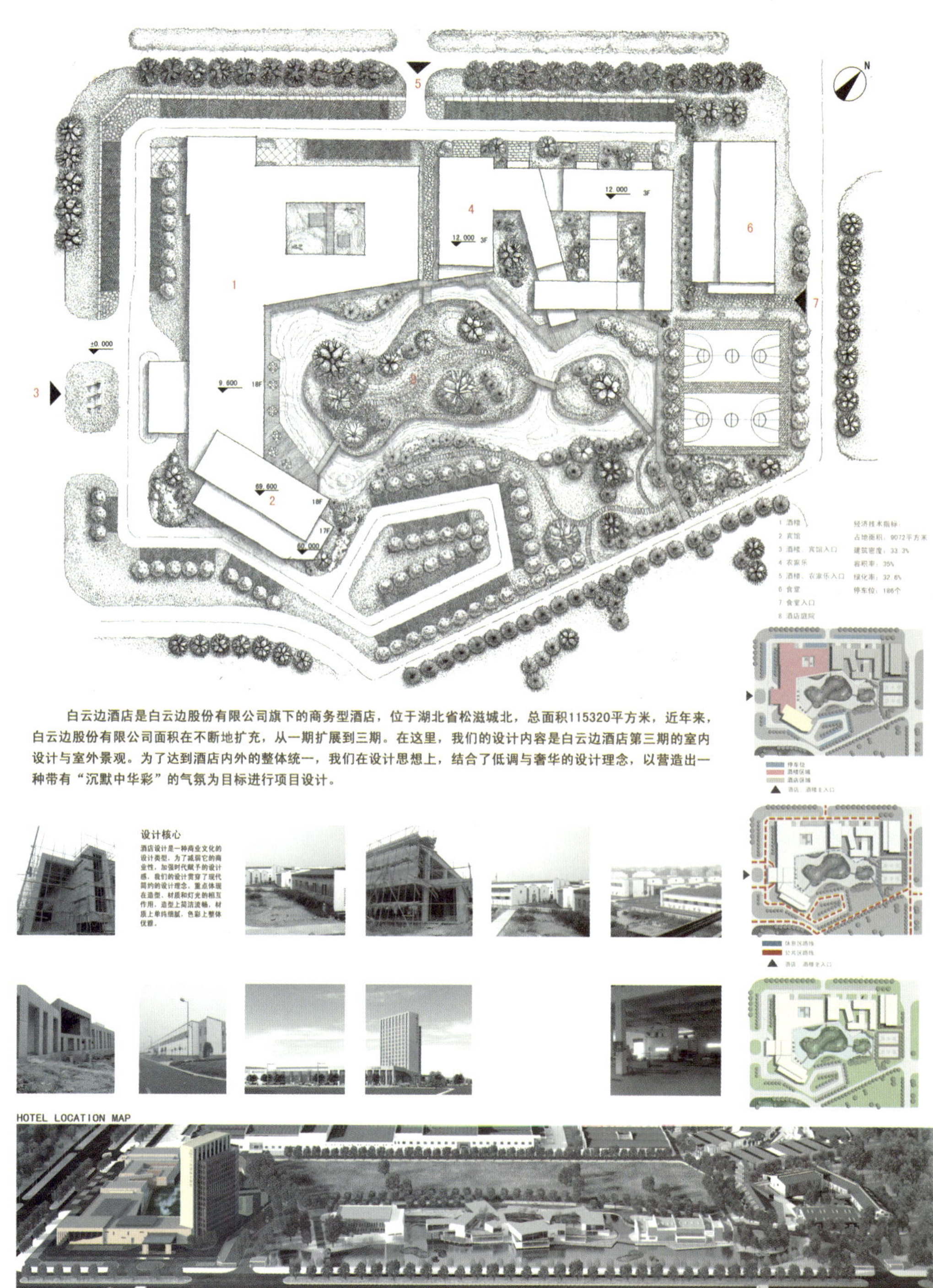

作　品：云尚——白云边酒店室内与景观设计
作　者：陈　瑗　申胜楠　乐　江　苏用斌
指导教师：黄学军
单　位：湖北美术学院

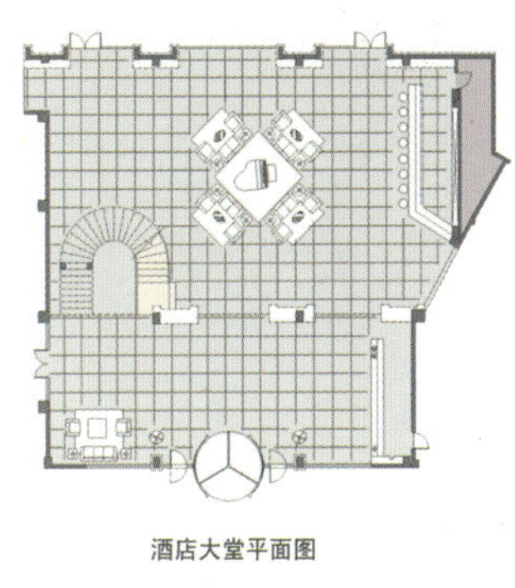

酒店大堂平面图

酒店大堂

木色的柔和和石材的厚重融汇于大堂内，让人感受到高贵的气息，具有时代感的线条交错在视线中，增加了感官的快感，白色的云木格栅悬挂在空中，仿佛整个人远离了世俗，身处白云之间。

作　品：云尚——白云边酒店室内与景观设计
作　者：陈瑗　申胜楠　乐江　苏用斌
指导教师：黄学军
单　位：湖北美术学院

酒楼大堂平面图

酒楼大堂

扶梯延伸转折，以木纹为底将整个扶手包覆，在这里我们希望营造的不只是一个过道，而是在行径中得到专属礼遇的尊贵感。大理石与木质形成材质之间肌理与色泽的含蓄对比，丰富了空间的内涵。

作　品：云尚——白云边酒店室内与景观设计
作　者：陈　瑗　申胜楠　乐　江　苏用斌
指导教师：黄学军
单　位：湖北美术学院

名酒廊平面图

名酒廊 "飘香只是一阵，甘甜却未消失，留下的是一种文化，传承的是高尚与典雅"。当客人由入口进入，随着视觉的转移，酒架与墙壁之间构成一个个会活动的幻象。廊内以大弧度的曲线塑造出一种有张力的光影及穹苍般的延伸感，加上水面的灵动，使之成为了视觉的交点，空间庄重而又有现代感。

作　品：云尚——白云边酒店室内与景观设计
作　者：陈瑗　申胜楠　乐江　苏用斌
指导教师：黄学军
单　位：湖北美术学院

中庭 橡木具有生命的质感和沉稳的色泽，让庭内显得温馨舒适，使空间有了情绪。庭内镜面、水面、天空的交融，能让人远离城市的烦恼，给人心灵的放松，融入自然体会一种发自内心的安然与安定。

宴会厅中庭平面图

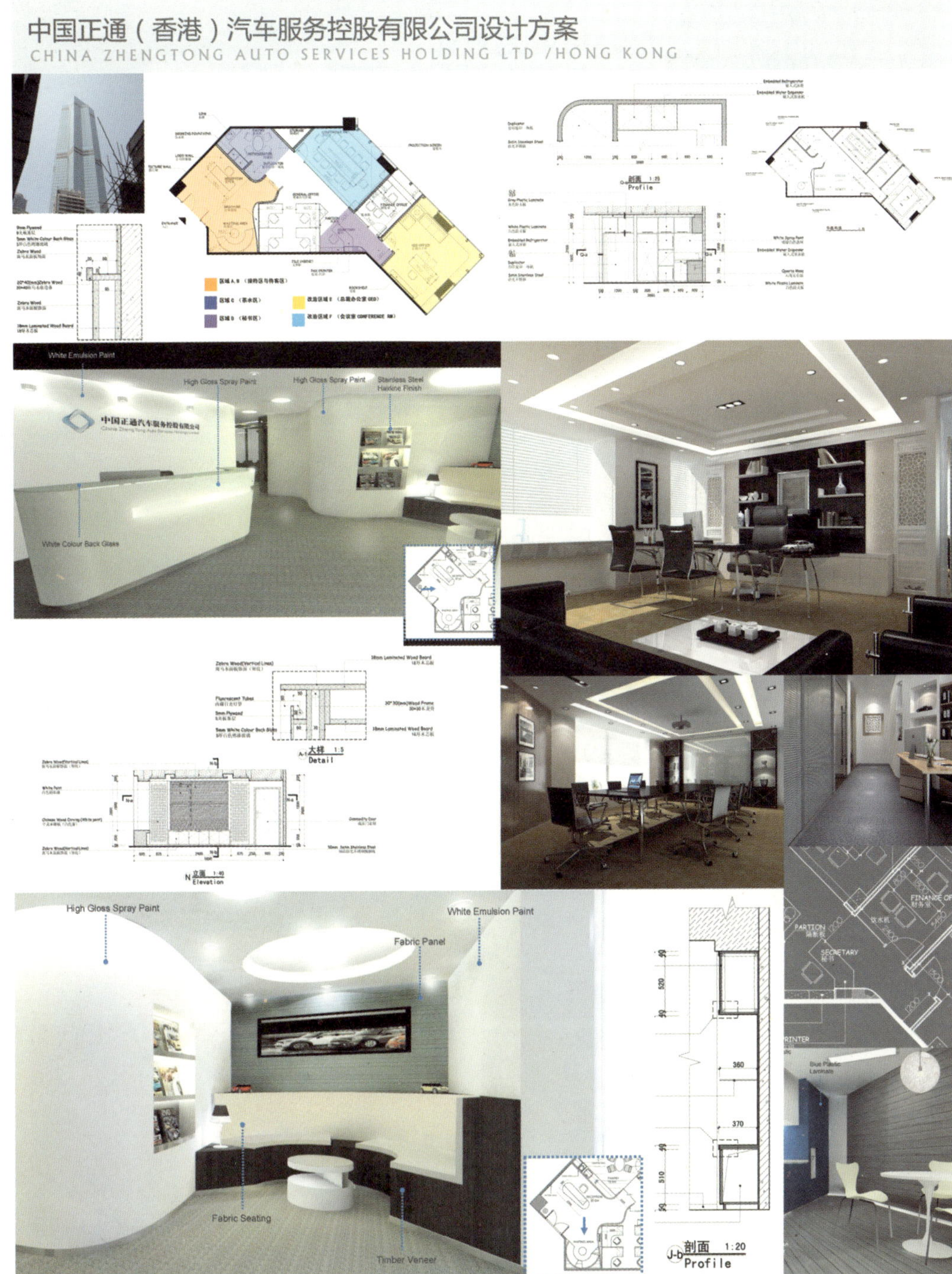

作品：中国正通（香港）汽车服务控股有限公司

作者：曹凯

单位：武汉纺织大学

作品：万科星幻情缘售楼中心概念设计
作者：杨轩铭 马铮
指导教师：孙迟 杨淘 冼宁
单位：沈阳建筑大学

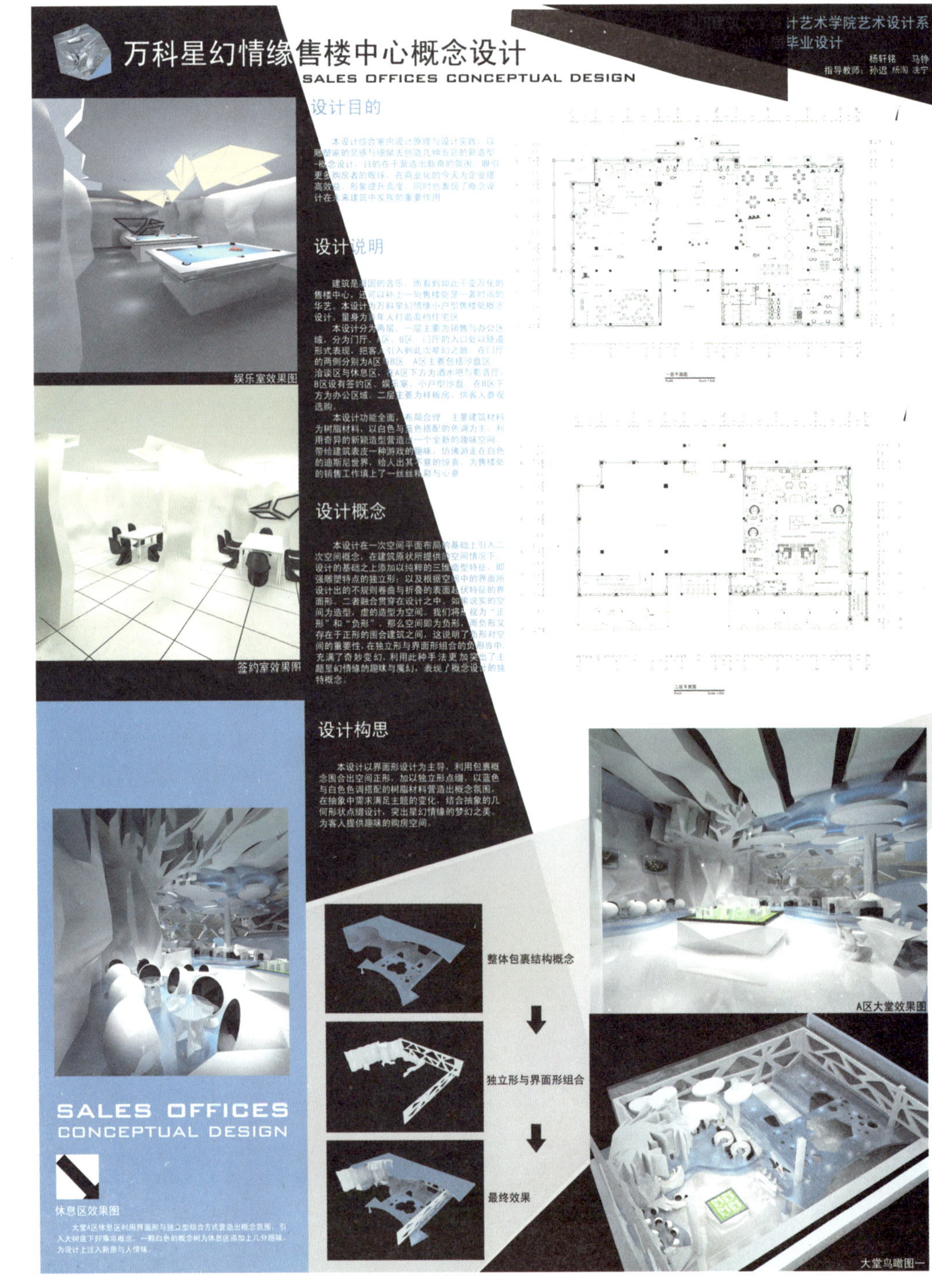

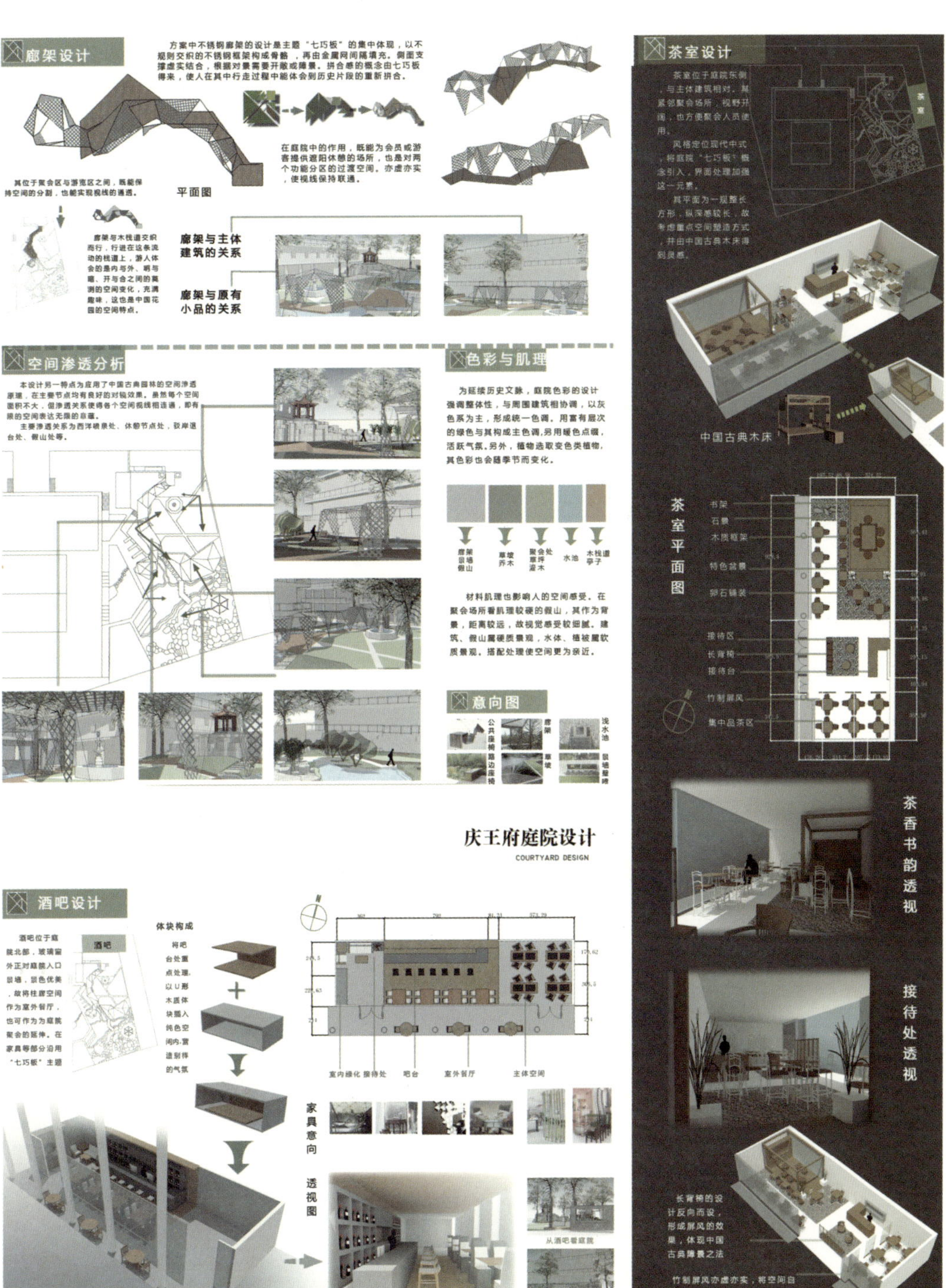

作品：历史的七巧板——庆王府庭院景观设计课题

作者：张雪

指导教师：吴静子

单位：天津大学

ART

政府办公空间设计

ZHENGFUBANGONGKONGJIANSHEJ

ARCHITECTURE . INTERIOR

设计宗旨

1. 继承优良文化传统，以"为人民服务"为宗旨，体现高度的现代文明与现代科技相结合，与时俱进，展示展现新时期大冶市政府部门的新形象。

2. 突出政府办公楼所具有的重要性以及庄重严肃、公平公正的公众形象。

3. 突出政府办公楼无微不至的人性关怀，设计中充分体现以人为本。

此设计是湖北省大冶市政府办公和对外展示城市形象的重要窗口，其装饰设计应该体现湖北大冶的地方特色和大冶发展新形象，因此我们认为，该办公楼不单是一个简单的三维设计，而应该是一个四维的多元化的设计。通过设计来提升室内的空间档次，丰富其文化内涵，深化其审美意义，彰显其大冶市的新形象。

设计原则

1. 体现庄重典雅，现代大方的整体风格与高效、积极、敬业、务实、公正的窗口形象。在借鉴了国内外最新的室内装饰设计成果基础上，在造型方面力求简洁大方，强调细部的深入刻画，用材追求整体色调冷暖相宜，使其整体空间呈现出稳重大方、严肃、理性以及在设计中充分地体现人性化。

2. 设计具有独特性与超前性，力争做到人无我有、人有我新。利用现代主义设计手法，借鉴构成主义的造型原则，充分利用铝塑板、不锈钢、玻璃等现代材料综合应用，强调点、线、面的穿插对比；强化天、地的呼应统一，追求一种富有力度与动感，富有韵律与节奏的现代审美情趣，其全新的空间效果必然能够独树一帜，引领时代。

3. 遵循国际发展潮流，引入现代办公理念与智能办公概念。强调空间共享，信息共享，强调人与人之间的互动与沟通，强调人与环境之间开放性交流，强调智能化与高科技的应用。

4. 在整体方案设计中力求从实际出发充分为甲方着想，合理利用分配资金，并努力去实现综合效益的最大化应用。一方面尽可能利用新材料、新工艺，利用我们一切可能的技术手段创造出最佳的空间效果；另一方面做好资金的分配与使用，材料应用强调档次高低。

作　　品：政府办公空间
作　　者：傅　欣
单　　位：武汉纺织大学

成就工作之美 Optimization your work

设计师眼里优质的办公空间设计方案，是以完美实现客户的要求，并且实现工作环境之感官美与服务受众之情感美的艺术与品质。写字楼的空间设计，还必须注意平面空间的实用效率。而这也正是很多使用者非常关心的问题。

设计师的最大目标就是要为工作人员创造一个舒适、方便、卫生、安全、高效的工作环境，充分地体现宁静与和谐的理念，以便更大限度地提高员工的工作效率。这一目标在当前商业竞争日益激烈的情况下显得更加重要，它是办公空间设计的基础，是办公空间设计的首要目标。

The eyes of high-quality office space designer design is based on the perfect realization of customer requirements, and to achieve the working environment of the senses of beauty and the recipients of services and quality art beautiful and emotional. Office space design, but also must pay attention to the practical efficiency of flat space. This is exactly the number of users are very concerned about the issue.

For designers, the use of space on the plane should have a certain expected to develop the vision to look at office space function, the scale changes. In the decoration process, as far as possible to adopt a flexible division of space, the location of columns, columns must have a clear understanding of outer space and the use of purpose. Biggest goal is to for staff to create a comfortable, convenient, sanitary, safe and efficient working environment to a greater extent in order to increase employee productivity. The goal of increasing competition in the current business situation is even more important, it is the basis for the design of office space, office space is the primary objective of the design.

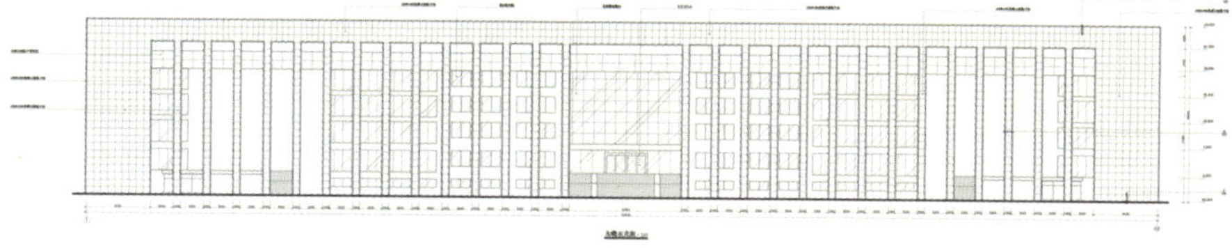

作品：跨界——石景山区城市规划馆设计
作者：雷诗琼
指导教师：韩冰
单位：北方工业大学

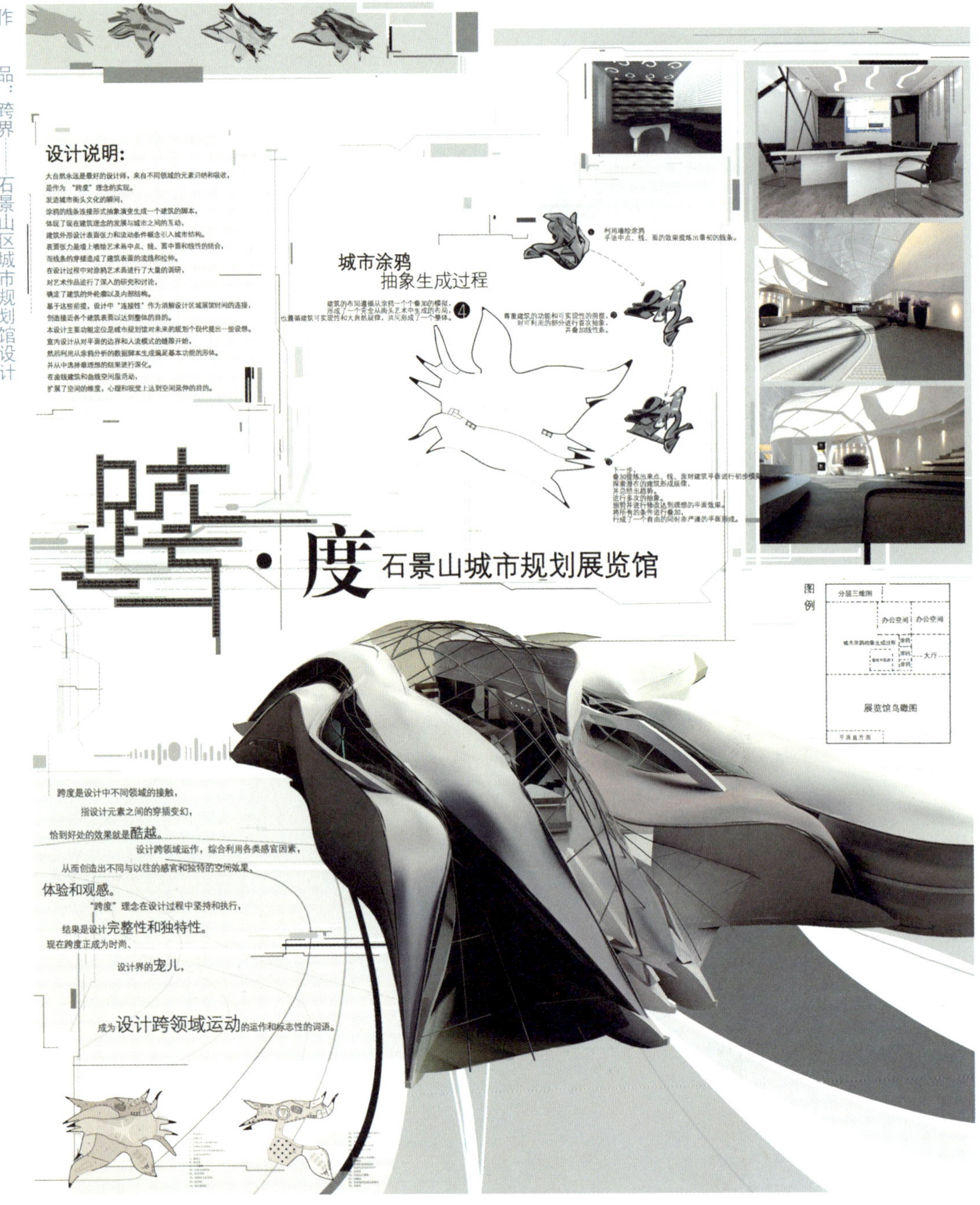

作品：跨界——石景山区城市规划馆设计
作者：雷诗琼
指导教师：韩　冰
单位：北方工业大学

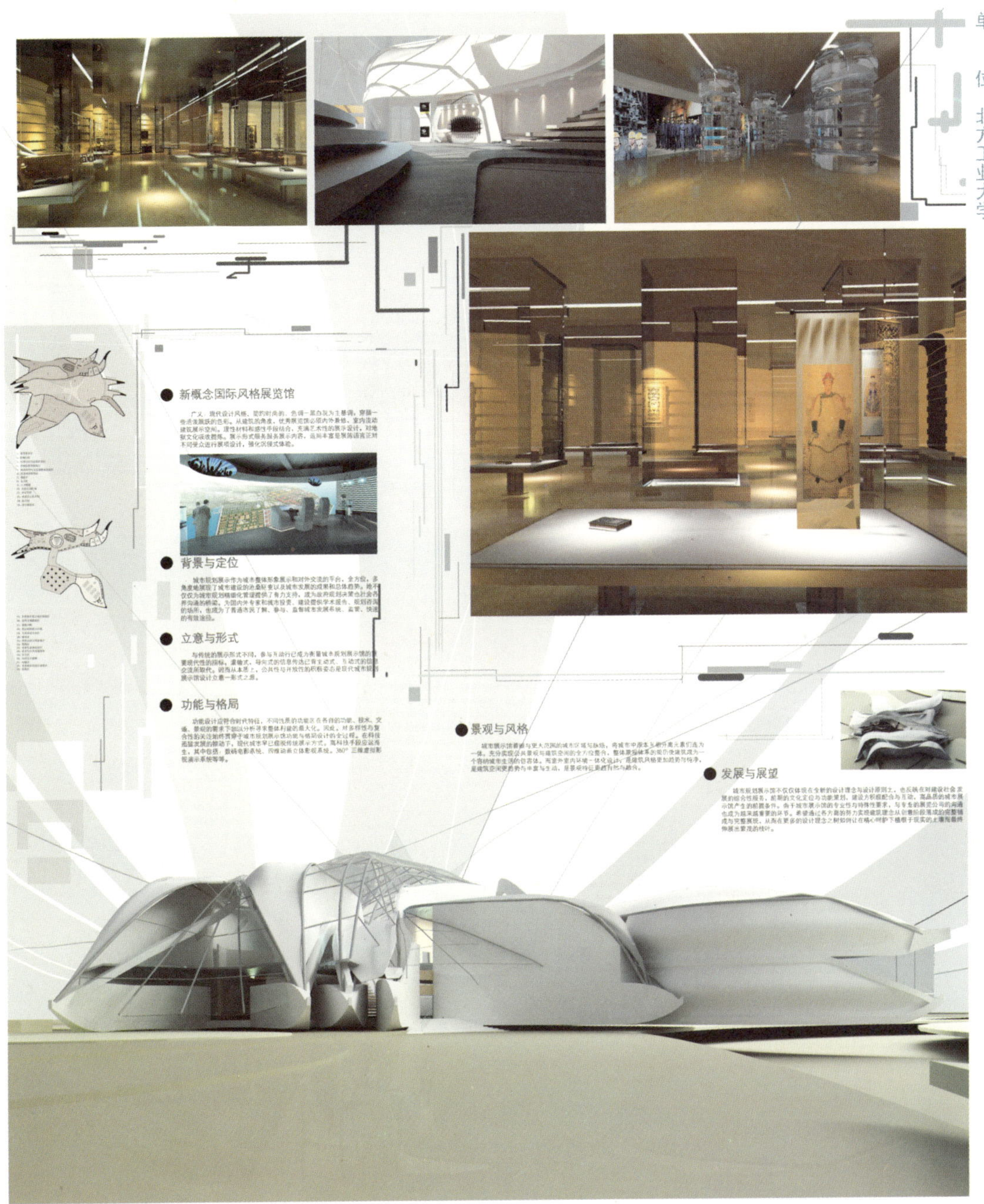

作品：江西南洋茶叶精加工基地项目厂区建筑规划设计方案
作者：邱杰
单位：武汉纺织大学

XiuShui JiangXi Province China

湖北昭洋投资有限公司

江西南洋茶业精加工基地项目厂区/建筑规划设计方案

ARCHITECTURAL DESIGN PROGRAMME OF JIANGXI NANYANG HIGH STANDARD TEA FINISH MANUFACTORY

项目地点　江西省修水县
基地面积　100亩
建筑规划总面积　20000平方米
生产车间单体总面积　1200平方米

江西南洋茶叶精加生产工车间厂房局部结构效果图

江西南洋茶叶精加生产工车间厂房侧立面透视效果图

项目设计概况
PROGRAMME IN GENERAL

江西南洋茶叶精加工基地项目隶属与湖北昭洋投资有限公司是该公司2010年规划投资项目之一
该项目与2011年年底竣工，投产后运行将成为江西省茶叶生产龙头企业

基地选址在江西省修水县依山傍水的谷地中，自然景观极佳，基地地块显矩形状
土地平整后保留局部坡地，厂房建筑设计通过地质勘测及最大化土地使用容积率，考虑
厂房建筑平面规划选择F型建筑厂群，厂房建筑为两层框架结构，建筑单体高度为12米
柱点间跨度为8.6米，厂房总建筑面积为12000平方米

建筑设计中除严格满足茶叶生产线设备规划要求及生产工序技术环节
另充分考虑建筑群与周边自然环境的融合关系，建筑形态设计采取整体与局部相统一
建筑形态单体建筑高度的把控局部空间适度的细节变化及建筑局部镂空，与周边自然景观形成相互呼应的关系
使得建筑与自然景观相互和谐，建筑外观造型采用当代设计概念，充分运用线与面的设计元素
使得建筑外观设计方案力求传递现代茶企的精神及理念

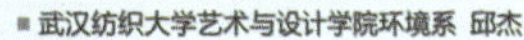
■ 武汉纺织大学艺术与设计学院环境系 邱杰

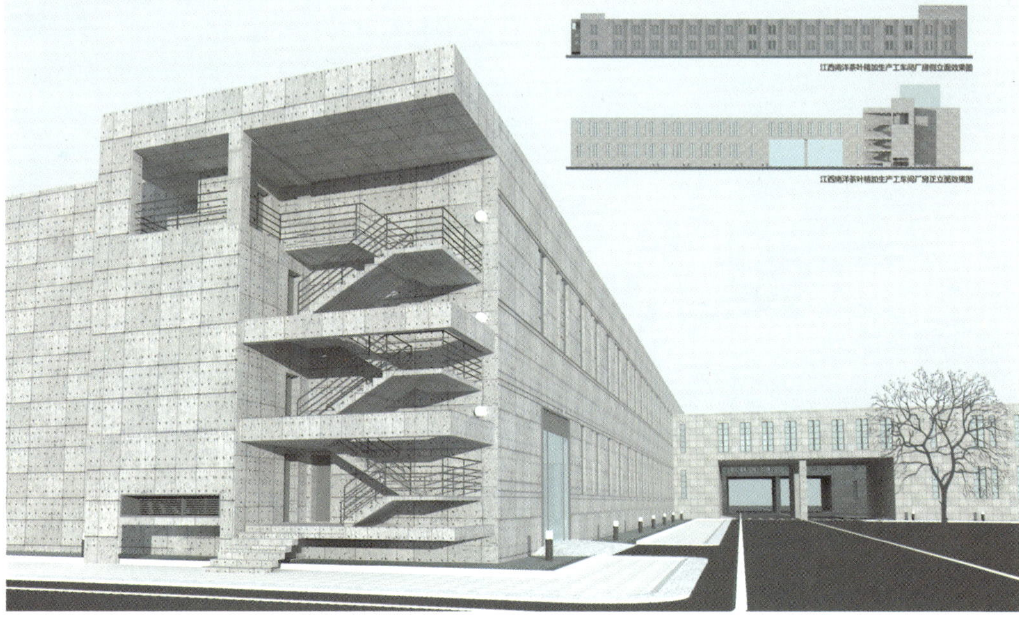
江西南洋茶叶精加生产工车间厂房侧立面效果图

江西南洋茶叶精加生产工车间厂房正立面效果图

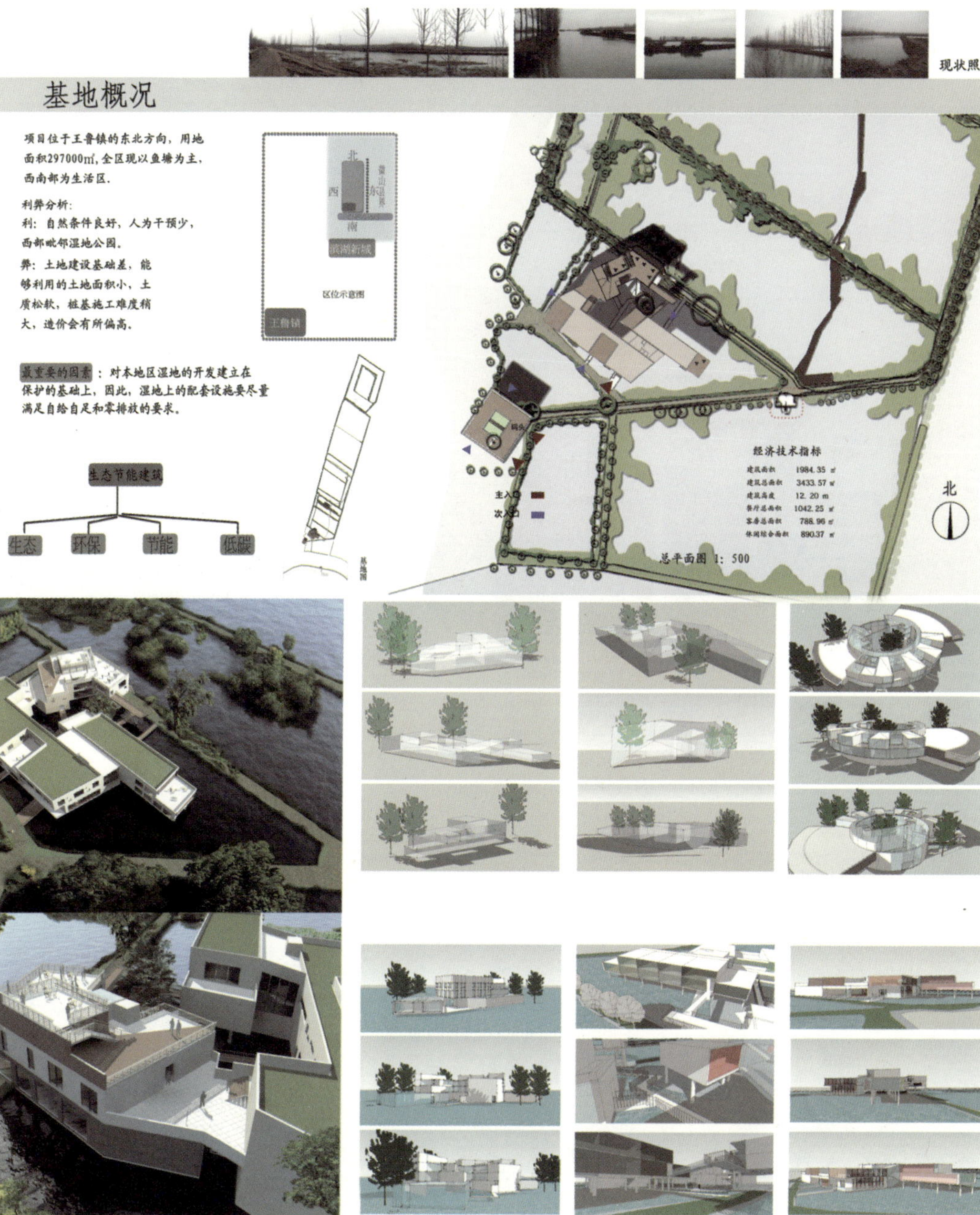

作品：《水之声·光之韵》

作者：鲍文芳 陈青 刘鹤

指导教师：龚立君 王星航

单位：天津美术学院

作品：《水之声·光之韵》
作者：鲍文芳 陈青 刘鹤
指导教师：龚立君 王星航
单位：天津美术学院

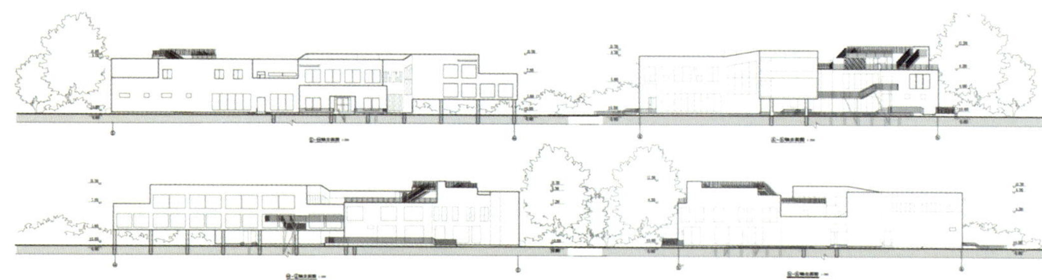

过惯了忙碌生活的都市人，心中不免向往着乡野充满绿意的日子，希望能释放心灵的疲惫，然而城市的便利繁华，却又让许多人留恋不舍离开：有没有一个好的方法，可以两者兼顾？可以在城市的生活中，尽情拥抱盎然绿意：可以在私人的庭院里，大口呼吸着新鲜空气？座落在滨湖大道旁的“滨湖湾”，给你完美的答案。

充满自然气息的湿地，远离城市的喧嚣，却有良好的生活机能，以及对内对外都极为通畅的交通条件。

在勾勒着与天与地与光与水相遇感动故事的“滨湖湾”里，你会发现，城市的喧嚣不见了，杂乱的思绪沉淀了，天光、水景以最和谐的状态呈现着。“滨湖湾”将湿地的水、光、绿，通通都邀请进来，将这些重要元素全融合在设计中，达到天人合一的境界，让人流连忘返。

由于该基地有便利的交通条件，优质的鱼塘养殖业，特殊的气候条件，让我们在设计之初给这个项目定位为“精品的特色的”。

这个基地大部分的面积都是鱼塘，只有一小块规划为建筑用地，为了在有限大的空间内克服空间限制，提供给人最别致的身心享受，我们设计时借鉴传统的庭院格局，做到园中有院，一步一景，错落别致。

建筑虽然体量不大，但是错落的空间格局并不单调。

建筑采用了纯粹的配色，简洁的材质，大量的玻璃，营造高雅别致的氛围。

建筑主要有三个功能 —— 以特色的餐饮为主，以精品SPA、养身休闲和客房为辅。

大堂，人车共享空间，提供室内充足的光线，并且起到了不同功能分区的过滤作用。
餐厅：首层为公共用餐区，超大的厨房，二层为包厢，明亮的玻璃窗，开阔的视野，让客人可以在用餐的同时有一种置身自然的感受。
客房：朝向日出，可以享受到晨曦的阳光，落地窗朝向主体自然景致。

作品：根
作者：刘非
指导教师：陈莉
单位：江汉大学

建筑空间

中国古建筑之美既不在于它的建筑空间也不在于其结构，而在于其组成围合的方式。在建筑学意义上，屋顶墙面、门窗洞口和立柱都是划分空间的核心要素。对维和的理解重在它和其周围空间的协调一致。

建筑设计概念

作为整个设计主体的建筑要体现在空间感和与外界环境的对话，首先提取"根"的自然元素并运用于建筑廊道之中，同时赋予整座建筑以大气挥洒的外部轮廓，运用大面积的玻璃幕墙将景观、建筑、室内三方面进行衔接，通过玻璃的通透性达到视觉上的从清晰到模糊，若有若无的效果，将中国古典园林的借景，移步换景的意境融入建筑之中。

北立面

建筑效果图

西立面

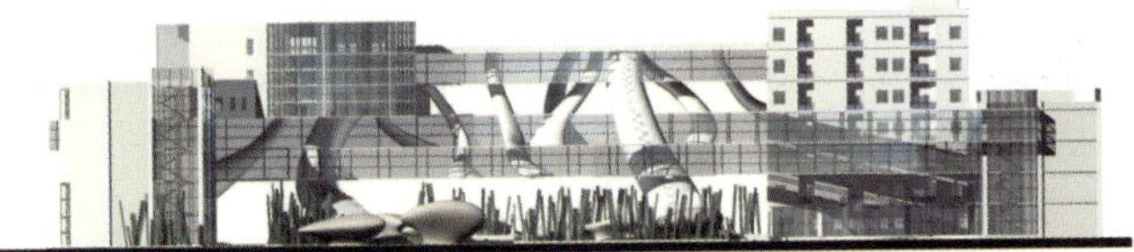

根系概念

中部廊道示意图

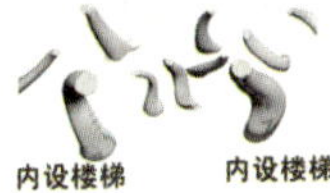

内设楼梯　内设楼梯

根部元素提取原始照片

根部细部取样

元素抽像变形

元素组合拼装

作品：根
作者：刘非
指导教师：陈莉
单位：江汉大学

设计阐释

本方案旨在展示以现代的设计手法体现中国古典文化的含蕴，用文化来穿越整个设计方案，并通过各种不同视觉角度去“透”景以大自然中的植物形态元素用于建筑设计中，使得建筑通过这些元素紧密的联系在一起，无论置身于景观、建筑还是室内，人们都可以“透”过景色去看中国文化。

根系节点图

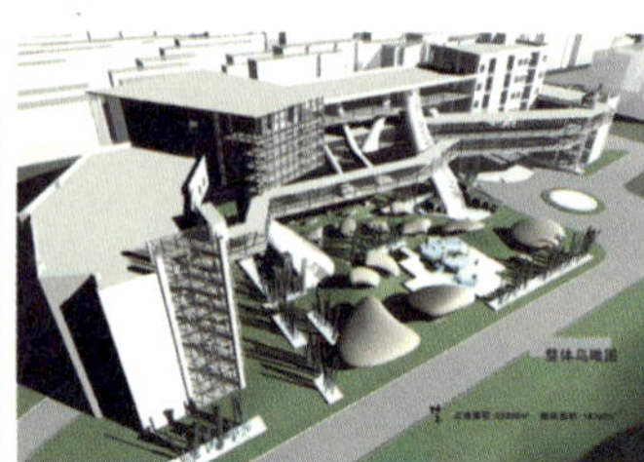

建筑效果图

南立面

东立面

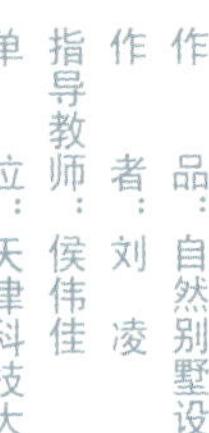
作　品：自然别墅设计
作　者：刘　凌
指导教师：侯伟佳
单　位：天津科技大学

1.dining room

自然——别墅设计
nature villa design

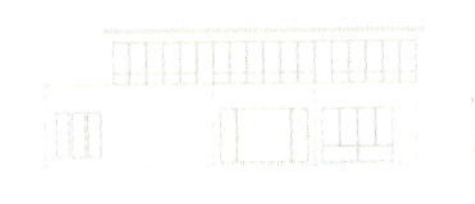

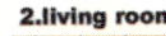

2.living room

作　品：城市·设计之间——纸业创意公司办公环境设计
作　者：张赫澄
指导教师：周丽霞
单　位：东北大学

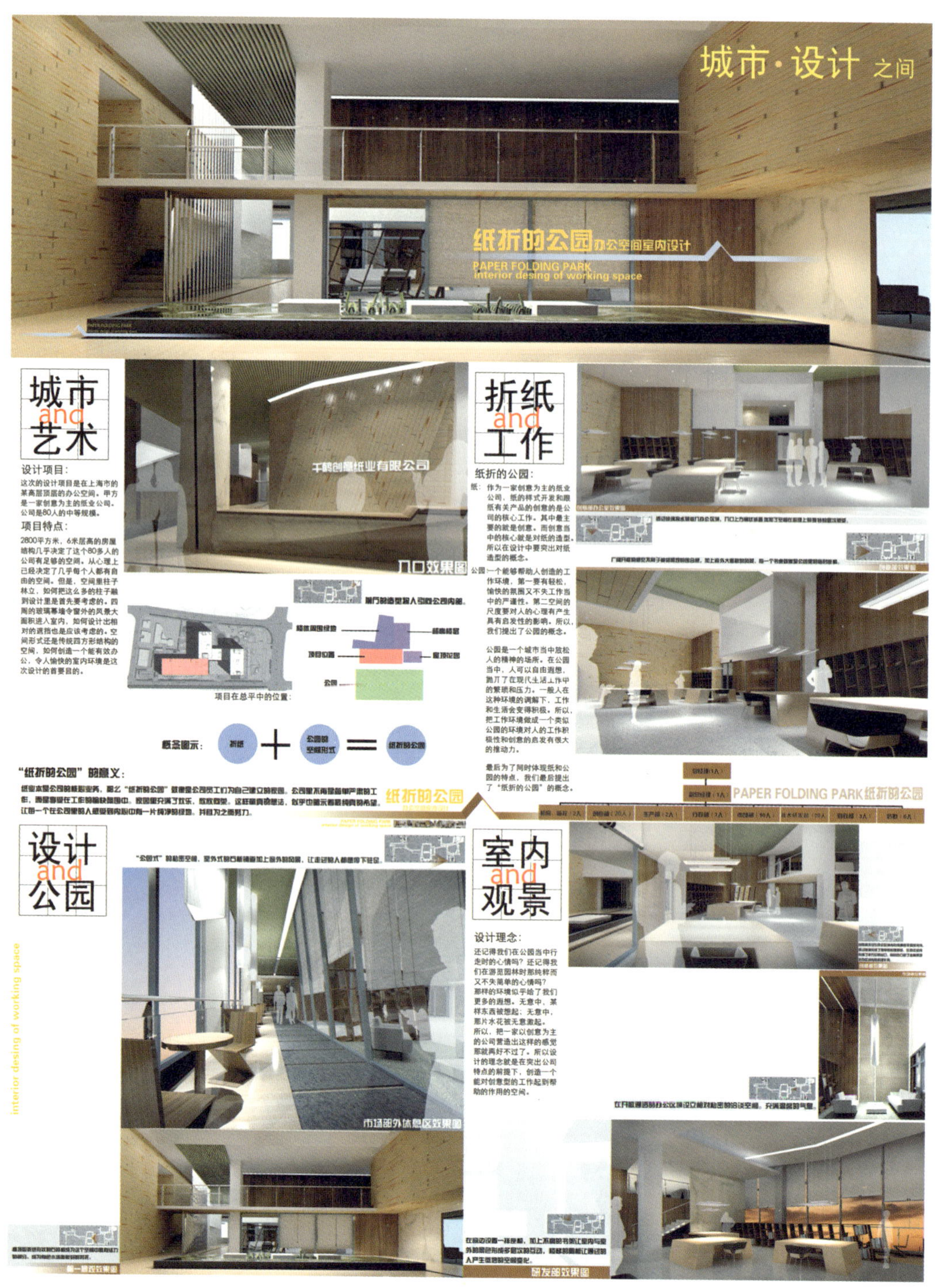

作品：城市·设计之间——纸业创意公司办公环境设计
作者：张赫澄
指导教师：周丽霞
单位：东北大学

作　　品：教师公寓室内设计
作　　者：毛　萍　孙述云
指导教师：齐　颖
单　　位：天津职业大学

1 livingroom

说明：现代家庭简约风格，简单不等于简单，它是经过深思熟虑后经过创新得出的设计和思路的延展，不是简单的“堆砌”和平淡的“摆放”，它是凝结着设计师的独具匠心，既美观又实用。

天津职业大学教师公寓室内设计

DEGIN FOR DEPARTMENT

2 reception room

3 toilet

作　品：美术馆咖啡屋设计
作　者：姚洲　蔡朗朗
指导教师：舒丹
单　位：浙江科技学院

Shell & Water

阳光 · 贝壳 · 海 — 美术馆咖啡屋设计
LIGHT OF TOMORROW

Location Xiamen
Elements Shell Water Fish

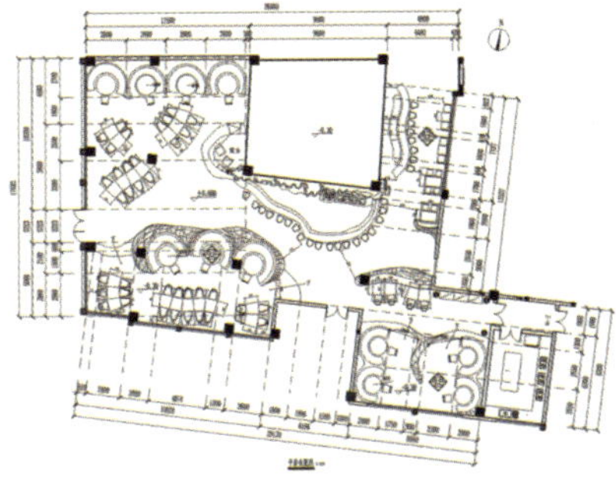

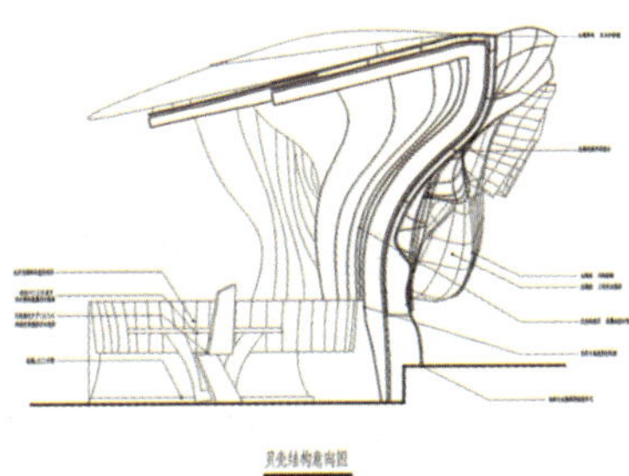

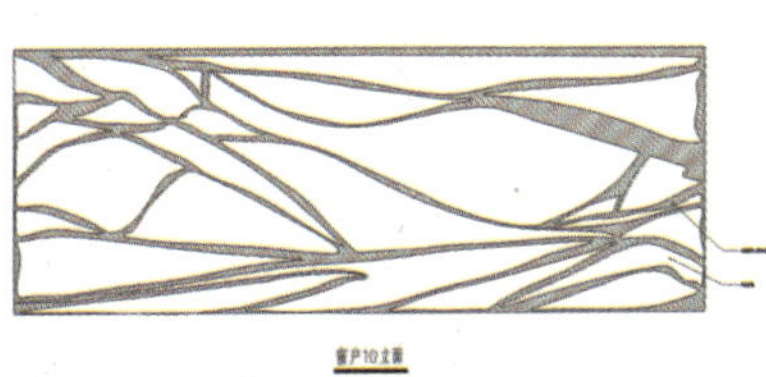

作品：泊居
作者：宋成钢 国冬生 钟玉磊
指导教师：田沛荣
单位：天津商业大学宝德学院

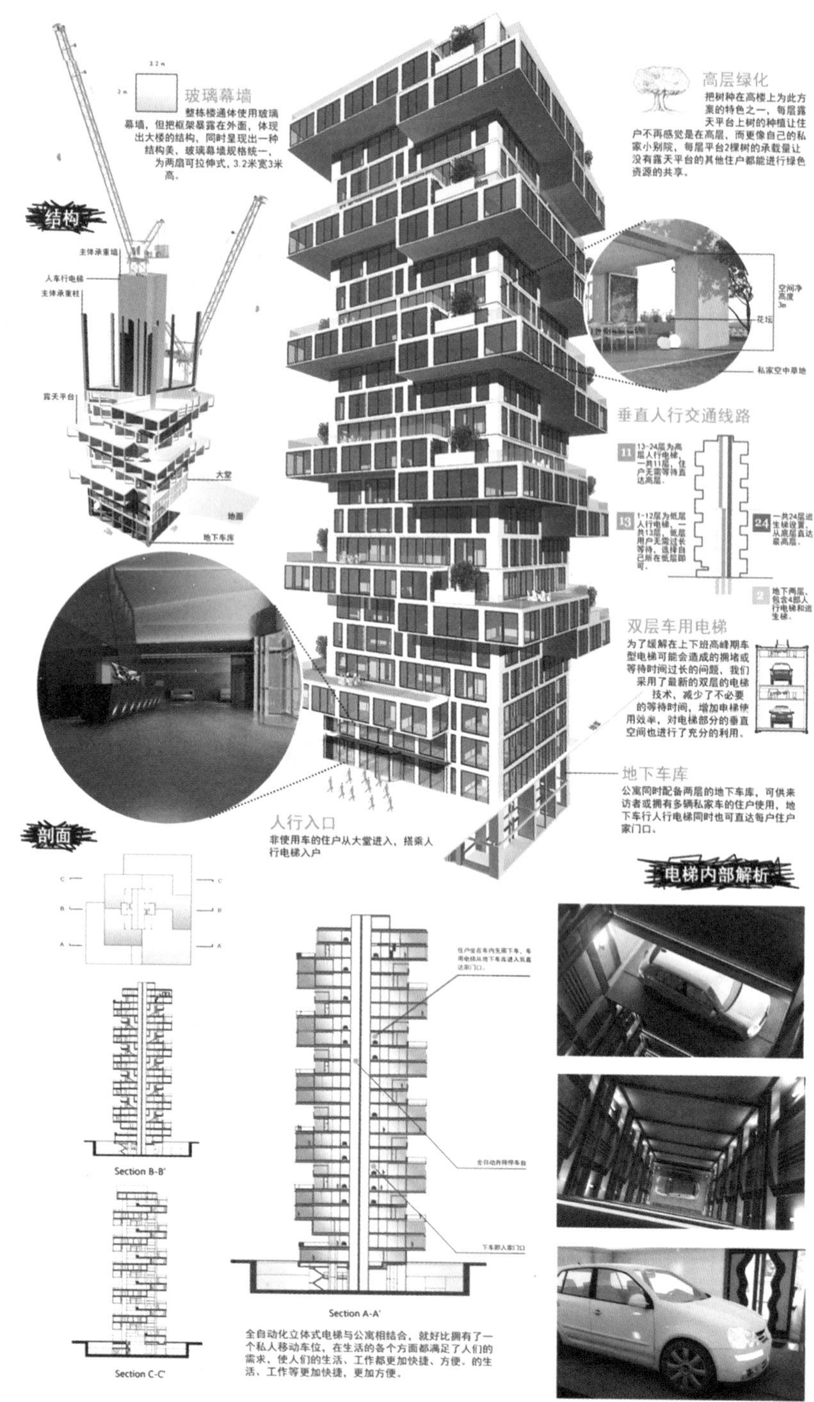

作品：徐州金鹰购物中心的建筑与景观设计

作者：沙 明

指导教师：刘秀云

单位：天津工业大学

现代购物中心与20世纪相比较，除了建筑本身的功能变得更为复杂多元外，其他设计的基本元素，诸如景观照明、图标、色彩的运用，已经变得相当复杂，已不是单靠建筑师所能完成。在专业顾问方面，在购物中心的设计团队里除了我们熟悉的空调、给排水、电气工程师以外还需要专业景观设计师、照明设计工程师、平面设计师、声学专家、室内设计师、防火消防顾问、交通停车专家、甚至历史学者，加入设计团队共同努力以完成设计。

作为商业建筑的建筑师，要设计一个成功的购物中心除了必须满足商业建筑本身的基本功能外，还必须去学习很多和建筑设计似乎无关的知识和技巧，从各种专业顾问到各种不同背景人们、商店租户中吸收各种不同的观点。建筑师不仅需要协调众多的专业顾问，而另一重要的方面是要善于与开发商沟通，了解并满足开发商的要求，说服他们接受你的建议，在购物中心上加上这些专业设计层次，这将会对购物中心的成功起着积极的作用。

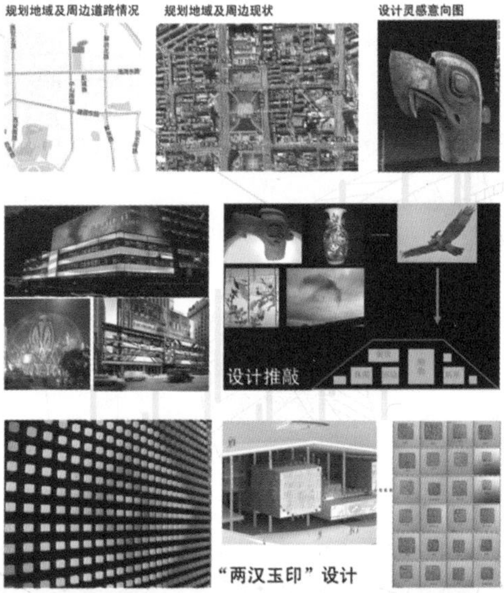

规划地域及周边道路情况

规划地域及周边现状

设计灵感意向图

设计推敲

“两汉玉印”设计

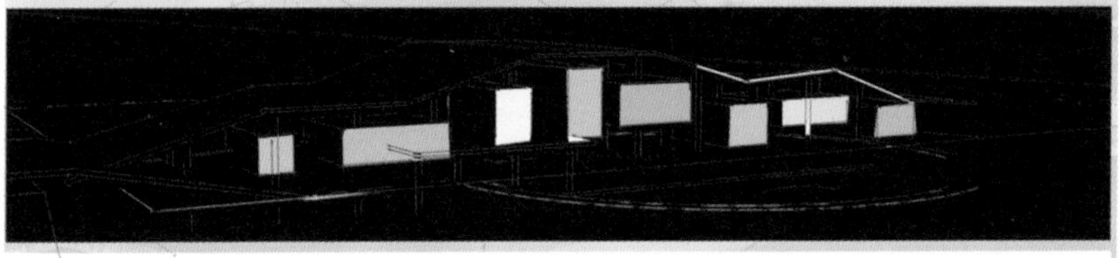

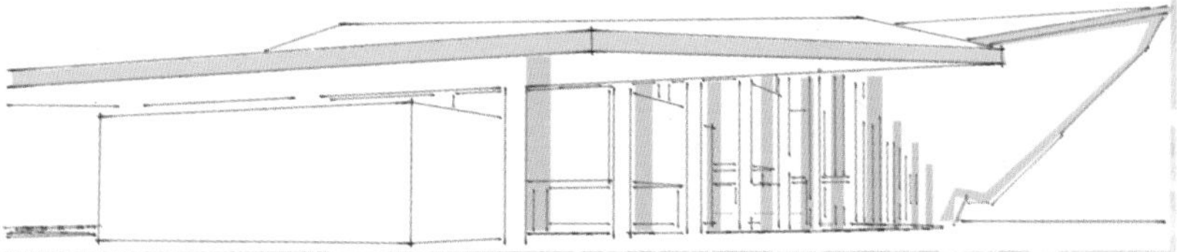

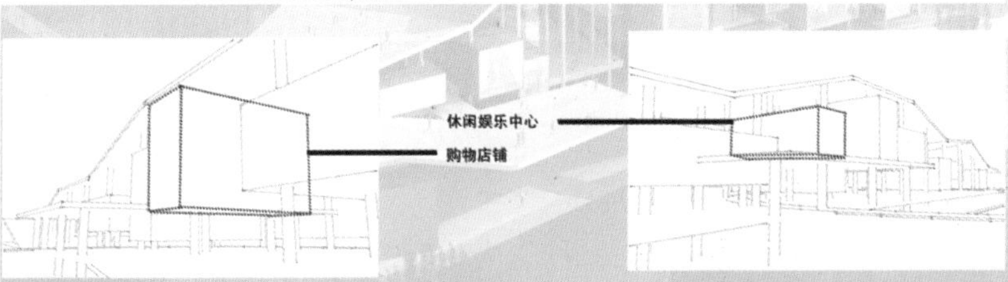

休闲娱乐中心

购物店铺

作　品：梅里展厅设计方案
作　者：兴　萌
指导教师：傅　兴
单　位：天津职业技术师范大学

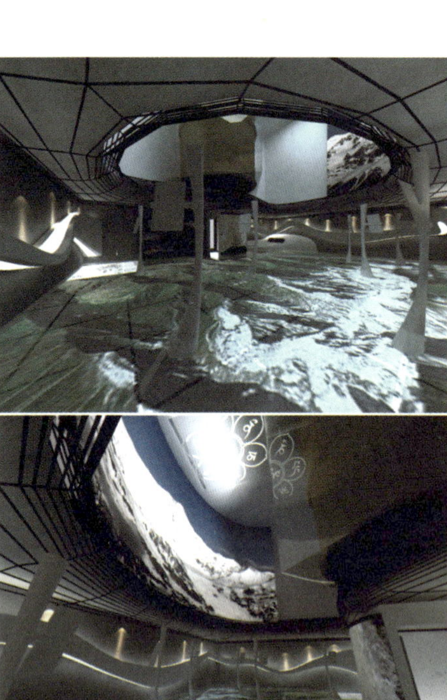

外观以藏族地区特色为基础，营造出民族气息；巨大的转经轮以及两侧带铝面孔的浮雕使整个的设计具有了一定的宗教色彩；转经轮的玻璃墙，在传统建筑的基础上添加了现代气息。整体外延没有窗户，为以梅里雪山为内容的展厅更具神秘色彩。

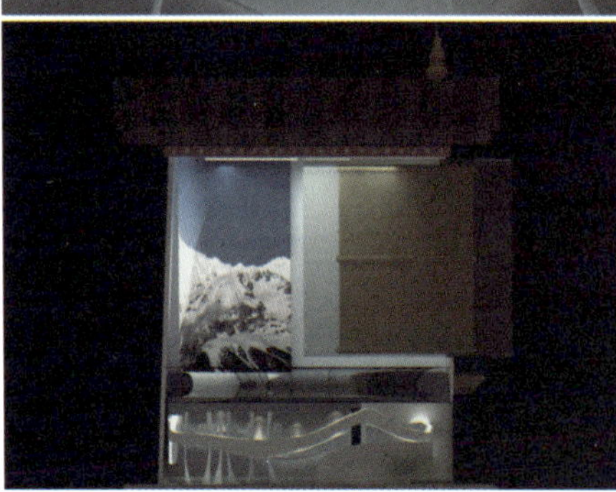

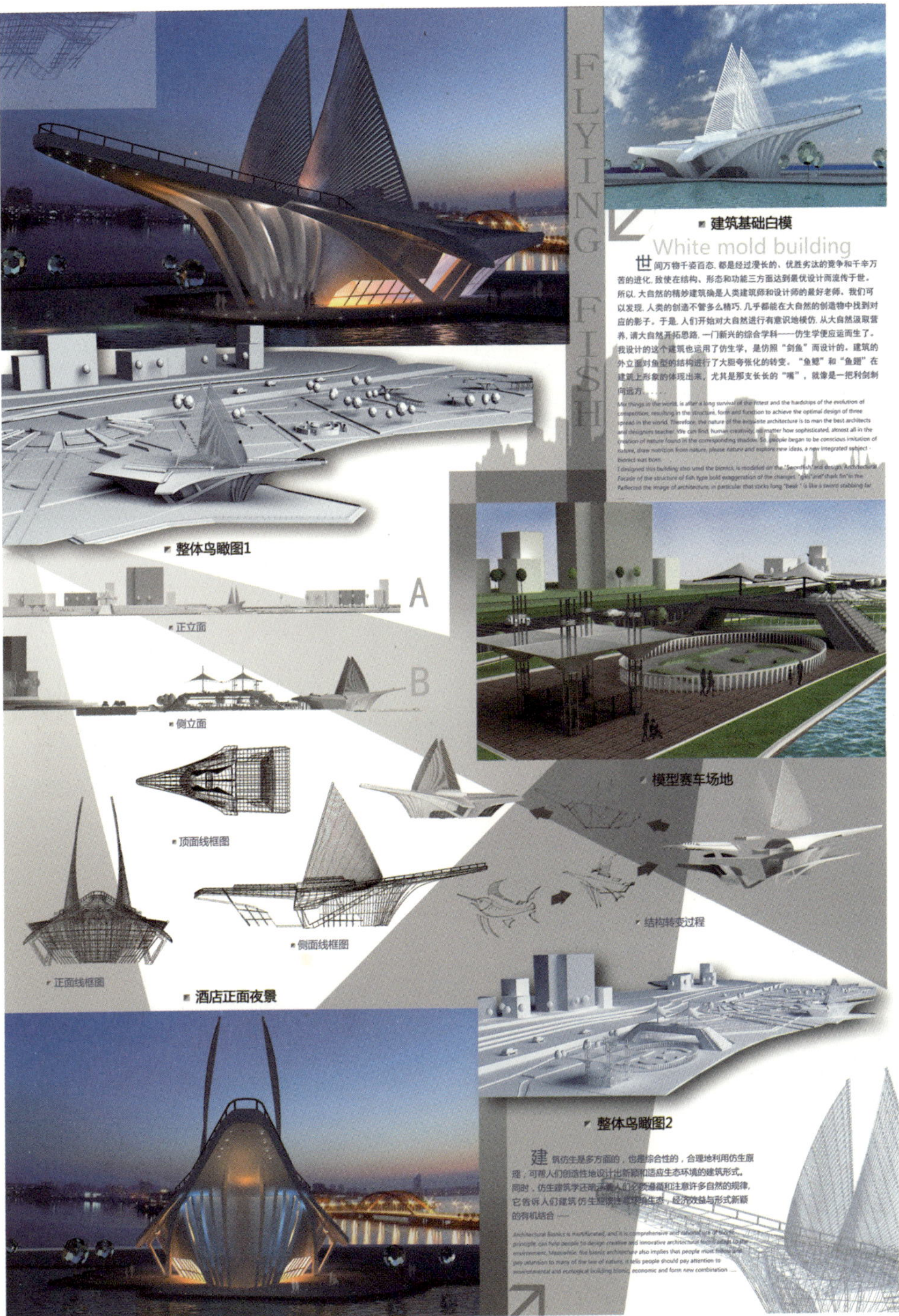

作品：鱼之舞
作者：王沫 凌秋月 张引
指导教师：郭勐
单位：海南师范大学

作品：繁昌县政务中心大楼室内设计
作者：杨之成 袁晓伟 黄俊 高飞 管辉
指导教师：张慎成 丁沛 李木子
单位：安徽工程大学

会议中心效果图一

大厅效果图一

会议中心效果图二

接待厅

接待厅

书记办公室

中型会议室

大会议室

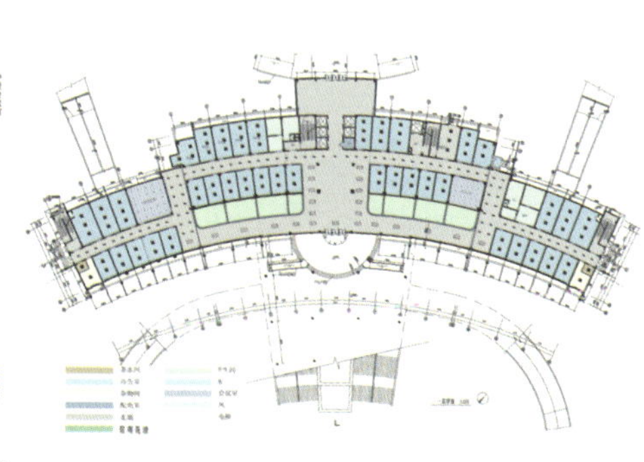

作品：Time——售楼中心设计
作者：王秋璐
指导老师：冯信群
单位：东华大学

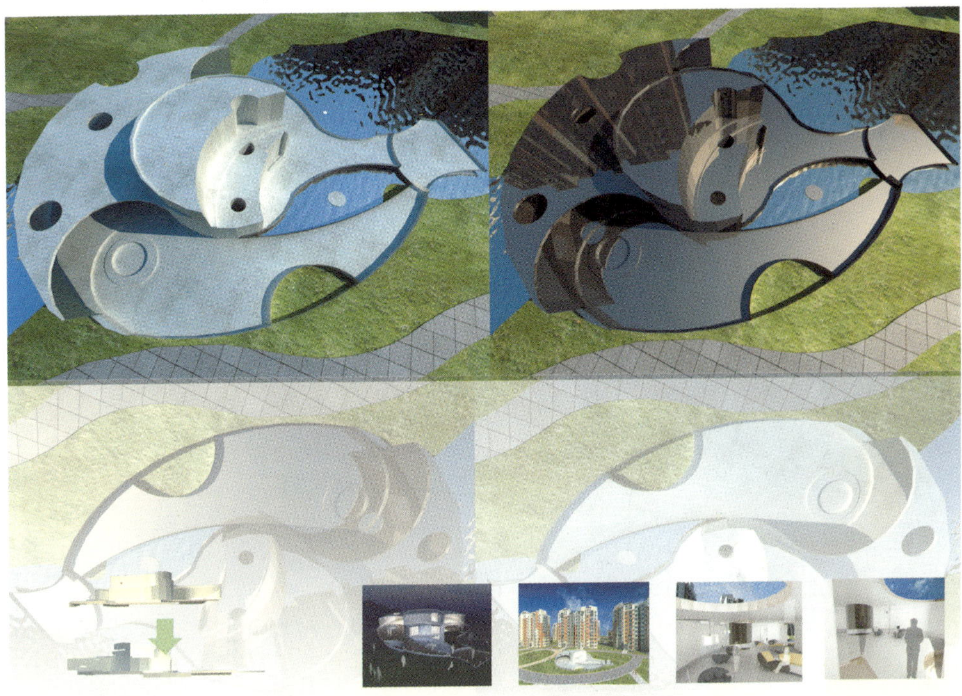

TIME-The Distribution Center Of House

楼房销售中心设计

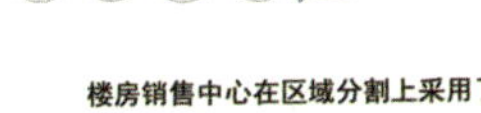

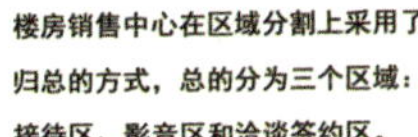

楼房销售中心在区域分割上采用了归总的方式，总的分为三个区域：接待区、影音区和洽谈签约区。

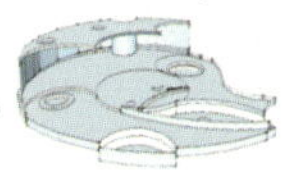

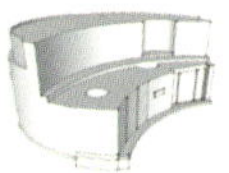

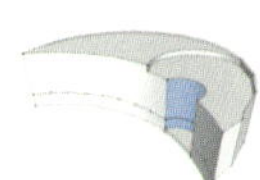

售楼中心的空间大部分为曲线空间，单一的空间布置是为了让售楼中心的使用可以更长久

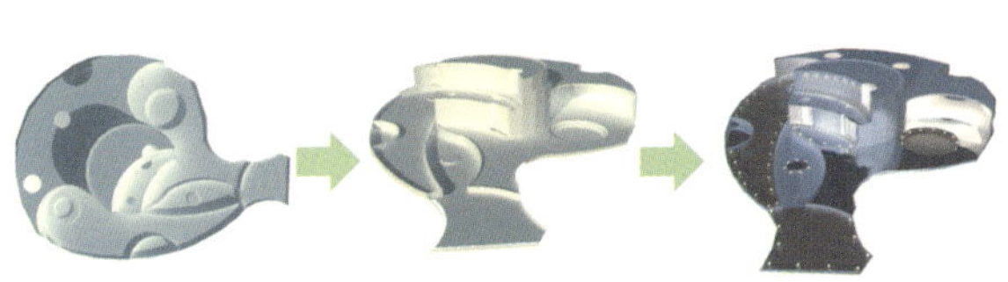

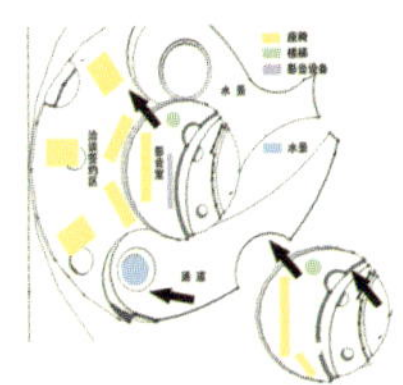

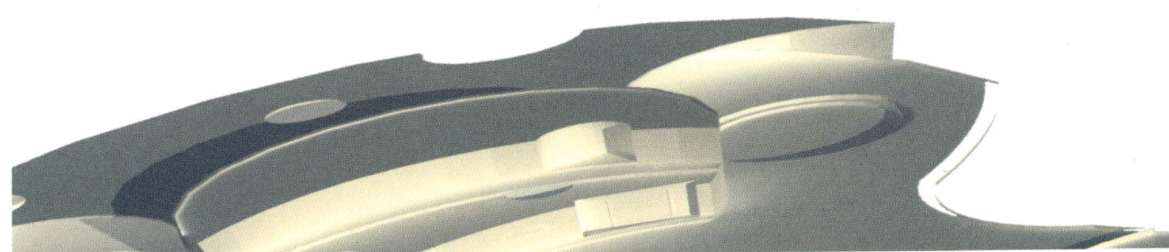

作品：Time——售楼中心设计
作者：王秋璐
指导老师：冯信群
单位：东华大学